国家林业和草原局研究生教育"十四五"规划教材

林火生态学前沿

郭福涛　主编

中国林业出版社
China Forestry Publishing House

图书在版编目(CIP)数据

林火生态学前沿 / 郭福涛主编. —北京 : 中国林业出版社, 2025.4
国家林业和草原局研究生教育"十四五"规划教材
ISBN 978-7-5219-2427-5

Ⅰ.①林… Ⅱ.①郭… Ⅲ.①森林火-生态学 Ⅳ.①S762

中国国家版本馆 CIP 数据核字(2023)第 223351 号

图字:01-2025-2468 号

策划、责任编辑:范立鹏
责任校对:苏 梅
封面设计:睿思视界视觉设计

出版发行:中国林业出版社
            (100009,北京市西城区刘海胡同 7 号,电话 83143626)
电子邮箱:jiaocaipublic@163.com
网址:https://www.cfph.net
印刷:北京中科印刷有限公司
版次:2025 年 4 月第 1 版
印次:2025 年 4 月第 1 次
开本:850mm×1168mm 1/16
印张:13.75
字数:326 千字
定价:56.00 元

《林火生态学前沿》
编写人员

主　　编：郭福涛

副 主 编：王光玉　郭　蒙　房　磊

编写人员：(按姓氏拼音排序)

房　磊(山东大学)

郭　蒙(东北师范大学)

郭福涛(福建农林大学)

郭新彬(国家林业和草原局华东调查规划院)

彭徐剑(南京警察学院)

孙帅超(福建农林大学)

王光玉(加拿大不列颠哥伦比亚大学)

吴志伟(江西师范大学)

杨　光(东北林业大学)

姚启超(应急管理部国家自然灾害防治研究院)

张厚喜(福建农林大学)

前　言

近年来，随着气候变化和人为活动的加剧，全球范围内森林火灾频繁发生，林火生态学的研究也得到了高速发展并逐渐成为生态学领域的一个重要分支。

林火生态学是一个快速发展的研究领域，从林火的物理过程、历史研究，到与植物、动物、土壤环境、水体环境、大气环境、森林生态系统、人为环境变化的关系，再到林火预警与行为预测、卫星遥感技术的应用，不断涌现新的理论和研究成果。为将最新的研究成果和发展趋势引入教学中，帮助学生系统了解林火生态学前沿知识，拓宽视野，编写团队汇聚了国内外林火教学科研的多位学者，基于对学科发展的全面研究和分析，结合对教学实践的深入探索编写本教材。

本教材从宏观到微观、从理论到实践全面展示了林火生态学的各个重要方面，力求为读者呈现林火生态学研究领域的最新进展和前沿思想，帮助读者了解和把握林火生态学研究领域的最新趋势和发展方向。本教材的编写采用综合性的视角，将林火生态学与其他学科(如地理学、生态学、物理学、遥感技术等)进行有机融合，读者可以全面了解林火生态系统的复杂性和整体性，有助于促进学科交叉研究和综合思考。本教材的编写采用系统化框架，将林火生态学的各个方面有机地组织起来，每个章节都有明确的主题和逻辑结构，内容之间有着密切的联系和衔接，形成了一个完整的知识体系。读者可以按照章节顺序学习，也可以根据自身需求选择特定章节进行阅读。

本教材由郭福涛担任主编，王光玉、郭蒙、房磊担任副主编，共 12 章，具体编写分工如下：第 1 章由孙帅超编写；第 2 章和第 5 章由郭福涛编写；第 3 章由郭蒙编写；第 4章由彭徐剑编写；第 6 章由吴志伟编写；第 7 章由张厚喜编写；第 8 章由杨光编写；第 9章由姚启超编写；第 10 章由郭新彬编写；第 11 章由王光玉编写；第 12 章由房磊编写。全书最后由郭福涛负责统稿。研究生张珍、黄紫颜、林海川、詹笑宇、郑陈悦、李春辉、何燕等在书稿核对、文献检索、资料收集等过程中提供了帮助，在此表示感谢。

由于我们所掌握知识领域的广度和深度具有一定局限性，书中难免存在不足之处，可能会有一些遗漏，欢迎大家批评指正。教材的不断改进和提升需要广大读者和同行们的宝贵意见和支持，让我们共同努力，为林火生态学的发展作出更大的贡献。

编　者

2025 年 3 月

目　录

第1章

林火燃烧的物理过程

【本章导读】本章系统探讨了森林的燃烧过程及其影响因素，包括燃烧的化学反应、火势蔓延机制、可燃物特性、林火天气的作用以及野火行为的表征。详细分析了燃烧的4个阶段、火势蔓延的热传递机制，以及可燃物的物理和化学特性对林火行为的影响。同时，本章还探讨了天气条件如何影响林火发生和蔓延，并通过定量和定性指标揭示了林火的复杂性。这些内容为理解林火的物理和生态过程提供了全面的框架。

1.1 燃烧

1.1.1 燃烧的化学反应

光合作用是以二氧化碳（CO_2）和水（H_2O）为原料，利用太阳能量，通过化学反应产生有机物和氧气（O_2）的过程，其中有机物主要由纤维素和其他碳水化合物组成。该过程可用化学反应式表示为：

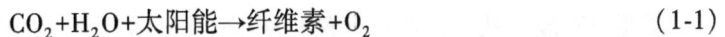

$$CO_2+H_2O+太阳能\rightarrow 纤维素+O_2 \tag{1-1}$$

然而，火的燃烧可以逆转这一过程，燃料由于外部热源而燃烧并释放热能，可用下列表达式描述：

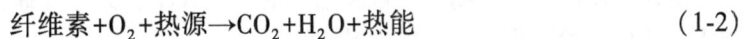

$$纤维素+O_2+热源\rightarrow CO_2+H_2O+热能 \tag{1-2}$$

从这个角度来看，燃烧和光合作用在化学上具有某种联系。与光合作用相比，燃烧是一个快速、混乱的化学氧化过程，可燃物必须被引燃或达到起火温度才能进行燃烧。

燃烧和产生火焰需要具备3种基本元素：可燃物、热量和氧气（即空气），这3种元素之间同时相互作用形成了著名的"火三角"概念［图1-1（a）］。通常情况下，燃烧是一种化学链式反应，前面化学反应过程中产生的热量会变成催化剂，从而进一步增加后面化学反应的速率。"火三角"是燃烧链式反应的基本环节，而"火四面体"［图1-1（b）］则包含了燃烧中不受抑制的化学链式反应成分，能够更准确地反映出火焰的发展过程（即产生的热量大于维持燃烧所需的热量，从而造成点燃后的持续燃烧过程，但前提是存在"火三角"元素且可燃物保持点燃状态）。

　　用四面体而不是用正方形来表示燃烧过程，是因为四面体的每条边都与其他边相互接触，与火三角形类似。这两个表征模型简单描述了点火和燃烧的必要组分，即氧气、可燃物和热量。燃烧一旦开始，通过产热的化学反应就会持续进行。如果这四种组分中的任何一种不存在、耗尽或比例失衡，那么燃烧就会逐渐停止或不能发生。

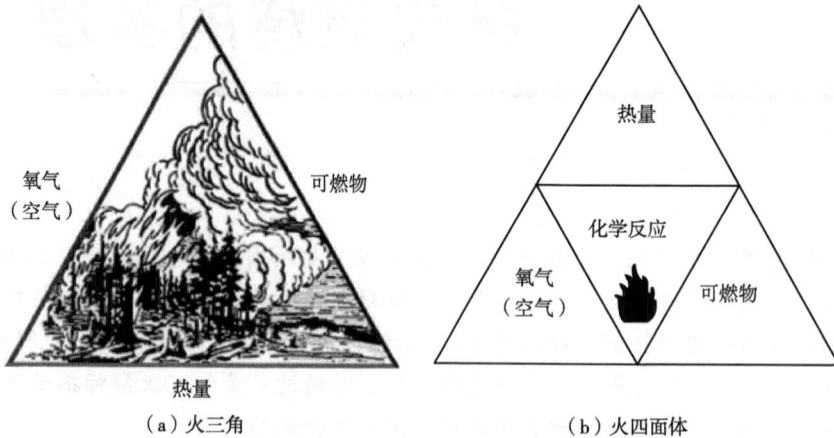

（a）火三角　　　　　　　　　（b）火四面体

图 1-1　火三角和火四面体的含义

1.1.2　燃烧的阶段

　　过去通常认为，燃烧是一个简单的两阶段过程，即阴燃（无可见火焰燃烧）和明燃（有可见火焰燃烧）。但实际上，野外火灾的燃烧至少包括以下 4 个不同但可能会重叠的阶段。

　　①预热或预点燃阶段。当尚未燃烧的可燃物受到火焰的加热升高到其点火温度时，水蒸气会被推到可燃物表面，并被排出到周围空气中。随着可燃物内部温度的升高，纤维素和其他化合物开始分解，并释放可燃的有机气体和水蒸气。

　　②明燃阶段。从可燃物表面逸出的可燃性气体在氧气存在的条件下被点燃，产生热能和光能。根据可燃物层的组成不同，明燃阶段可分为主动燃烧（密集火焰区）和二次燃烧（不连续火焰区）。

　　③阴燃阶段。可燃物上方可燃蒸气的浓度太小，无法支撑持续的火焰。当可燃蒸气逸入大气中时，冷凝形成可见的烟雾。

　　④灼烧阶段。大部分挥发性气体已被排出，几乎看不到烟，可燃物中残留的碳被氧化并继续产生大量的热量，只有余烬可见，无法形成火焰。

　　当燃烧速率变慢时，人们不难辨认出这些不同的燃烧阶段。但当燃烧速率较快时，人们很难通过肉眼来辨认。Taylor et al.（2004）在加拿大西北地区的树冠火灾模拟实验中，通过在被烧毁的地块内拍摄视频，可以将快速蔓延的野火燃烧的 4 个阶段进行可视化辨认。

1.1.3　火势的蔓延

　　无论林火是通过活的还是死的可燃物蔓延，van Wagner（1983）强调了一些适用于所有野火的普遍原则：必须有足够的可燃物，并且大小和分布合适，才会使火能从头烧到尾；这些可燃物必须足够干燥，以支撑燃烧反应的扩散；一定有引燃剂。

一般来说，火势蔓延的理想前提是有一层连续的表面可燃物（如针叶、硬木叶、草、地衣、苔藓、细碎灌木或其他较小的植被）。如果不存在这样的条件，火灾从着火点蔓延的可能性就会很小。

虽然可燃物必须足够干燥，但很难确定一个具体的水分含量阈值。这一阈值称为"消光水分"，实验室和实地研究都发现其大小取决于可燃物的数量和空间分布以及风力强度。但一般来说，当地表凋落物和干草层的含水率高于30%时，火的蔓延会很慢或根本不蔓延，而当这些可燃物水分含量为100%或更高时，林火可能通过灌木可燃物或针叶树叶快速蔓延形成树冠火。

点火过程可由自然或人为引起。雷击是最常见的自然点火源，而由人为引发的野火主要包括以下原因：意外事故或人为疏忽（如被风吹起的篝火或燃烧的碎片、丢弃的香烟、庆祝活动的烟花、电弧电线等）；人为纵火（即恶意使用火柴、燃烧弹等纵火）；一些林业或农业经营行为（如烧荒、炼山等）。此外，还有许多其他人为引起的不必要火源。

燃烧产生的热量通过3种主要机制传递：热对流、热辐射和热传导。

①热对流。是热量在气体或液体中的运动。当你把手放在篝火上时，便可以感觉到热能的对流移动。当林火发生时，热量从燃烧的锋面上升，对流将热量传递到树冠，预先加热离火焰近的可燃物，可能会导致树木烧伤并引发树冠火。对流的热量传递会随着风和坡度的增大而加强，这可能会导致在燃烧的锋面之前产生新的火苗，称为"飞火"。

②热辐射。发生在穿过透明固体、液体和气体的直线上。热辐射会使可燃物预热并引起自燃，因此其是火势逆风而行或向坡下蔓延的主要机制。当你站在火堆前时，就能感受到这种热量，而且它与火源的距离成反比。因此在林火发生时，被风吹弯的火焰或由于斜坡而靠近邻近可燃物的火焰能更加有效地预热和烘干这些可燃物。

③热传导。发生在热量从一个分子转移到另一个分子的时候，是唯一可以通过固体传递热量的机制。热传导可以使热量通过树枝进入树干中心，导致树木整体温度升高，从而将水分蒸发排出。地表可燃物的多孔特性使其成为热传递的不良导体，此时热传导在野火的蔓延中起着次要作用。然而，当燃烧到树干和深层有机层时，热传导就变成了主要的传热机制（图1-2）。

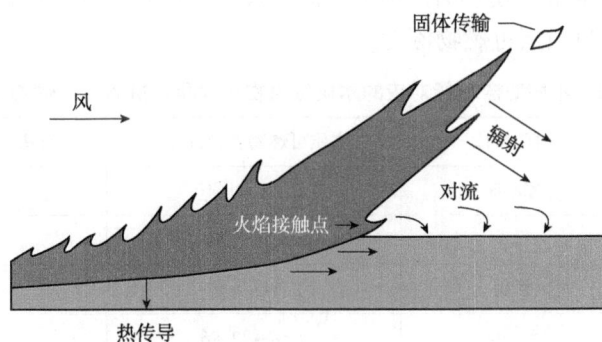

图 1-2　地表风驱动的热量传递示意

1.2　可燃物特性

可燃物是维持燃烧过程的源头，其物理性质和化学性质直接影响到燃烧和火的行为。在一个特定的地理区域内，可燃物可以反映出该地区植被类型的组成和范围，在更广泛意义上，则是该地区气候、地貌和土地利用历史的反映。因此，气候影响着可燃物的数量和状况。例如，野火在特别干旱的气候区域是罕见的，因为可燃物通常太稀少，无法维持火势的蔓延。梯状或桥状可燃物(如下层针叶树更新、高大灌木、针叶悬垂、乔木地衣和树干树皮)提供了地表和树冠可燃物之间的垂直连续性，从而使燃烧从单一树木向群体蔓延，并引发树冠火。

在恒定的天气和地形条件下，可燃物的特性决定了燃烧速率。例如，在风速为 8 km/h、坡度为 20°的山坡上基于干草可燃物发生的火灾，其蔓延速率和强度都将高于在相同条件下由同等重量的木质碎片引发的火灾。一个高大的灌木丛会比一个面积更大但厚度更小的可燃物复合体燃烧得更猛烈。细的、多孔的可燃物比粗的、致密的可燃物加热更快，更易燃烧。此外，草本、木材或灌木中所含的水分多少也会影响燃烧——可燃物越干燥，燃烧就越快。

(1)表面积与体积比

可燃物的粗细程度是可燃物颗粒尺寸的函数。想象一下，如果你试着用一根火柴去点燃柴炉里的一根原木，那么原木很难被点燃，因为你不能把它的温度升高到点火温度。相反，如果把木头分成许多单独的引火碎片，虽然木材的总体积没有变化，但增大了引火的表面积，点燃就会变得更加容易。可燃物颗粒的尺寸越小，其表面积与体积的比例就越大。表面积与体积比的单位是 m^2/m^3，也可直接简化为 m^{-1}。这个比例是一个非常重要的可燃物特性，因为更大的表面积可以使可燃物更容易加热，更快地蒸发内部的水分，从而在短时间内进入燃烧状态。

(2)可燃物时滞等级

含有水分的可燃物颗粒比例是影响燃烧行为的主要决定因素，可燃物颗粒与周围环境湿度的相互作用取决于它的大小或它在可燃物床层中的深度。传统上，用于可燃物分类的尺寸类别可用可燃物水分时滞等级来表示。时滞是指在给定的温度和相对湿度下，可燃物含水量达到其平衡含水量的63%时所需的时间。表 1-1 列出了各种时滞等级以及相对应的木质可燃物尺寸和有机质层可燃物深度。

表 1-1　不同时滞等级对应的木质可燃物尺寸和有机质层可燃物深度

时滞等级	时间阶段	木质可燃物直径(cm)	有机质层可燃物深度(cm)
1 h	每小时	0.00~0.64	0.00~0.64
10 h	每天	0.25~2.54	0.64~1.91
100 h	每周	2.54~7.62	1.91~10.16
1 000 h	每季度	7.62~22.86	>10.16

　　1 h 时滞可燃物由枯死的草本植物、小树枝以及森林地面最上层凋落物组成，这些可燃物会对相对湿度每小时的变化作出反应；每天的水分变化反映在 10 h 时滞可燃物中；100 h 时滞可燃物能捕捉数天到数周的水分变化趋势；而 1 000 h 时滞可燃物则反映了水分的季节性变化。

　　(3) 可燃物填充比

　　可燃物层的填充比反映的是可燃物的紧密度，是影响燃烧行为的另一个重要特性。可以想象一下，如果把刚劈开的所有木柴压紧成一捆，然后试着点燃，这些木柴很难燃烧；但如果把这些木柴松散地搭在一起，就很容易点燃了。虽然木材的体积没有发生变化，但可燃物层中的空气量增加了。

　　填充比是可燃物层的致密程度，用可燃物层（包括可燃物和空气）的堆积密度除以可燃物的颗粒密度来衡量。因此，一块实心木块的填充比为 1。如果填充比过高，没有足够的氧气可以接触到可燃物，则燃烧不能发生。相反，如果填充比过低，随着可燃物颗粒之间距离的增加和辐射的减少，火就很难在可燃物颗粒之间传递。能使可燃物能量得到最大释放的密实度称为最佳填充比，实际填充比越接近最佳填充比，火焰便越剧烈。

　　(4) 可燃物载量

　　可燃物载量是可用于燃烧的可燃物数量，其对火灾的蔓延速率和强度有不同的影响。作为热源，可用的可燃物越多，释放的能量就越多。然而，随着可燃物载量的增加，火灾的蔓延速度可能会下降，因为额外的可燃物会成为一个更大的散热器，需要更多的热量来将其升高到点火温度。此时，燃烧反应在很大程度上取决于可燃物的大小、填充比以及它是死的可燃物还是活的可燃物。

1.3　可燃物模型

　　具有相似特性的可燃物类型被归类为程式化的"可燃物模型"，其中包括影响燃烧发生的重要变量。Rothermel(1972)开发出了用于预测地面火灾蔓延速率的可燃物模型，并由 Albini (1976)和 Deeming et al. (1977)分别用于预测火灾行为和评估火灾危险等级。其中，Rothermel(1972)的地表火蔓延模型不能用来预测树冠火的蔓延，而是用于解释火线经过后大量可燃物的燃烧，或预测有机质层消耗和烟雾产生等火灾影响。Albini(1976)和 Deeming et al. (1977)的模型都包含计算反应强度和扩散速度所需的可燃物信息，但这两个模型系统使用不同的算法来确定代表整个可燃物阵列的特征值，火灾行为系统使用表面积与体积比来加权，而危险等级系统则使用可燃物载量。

　　认识到上述可燃物模型的这些局限性，Sandberg et al. (2001)提出了一个新的火灾特性等级系统，该系统能提供预测火灾行为、火灾危险和火灾影响所需的所有信息，可燃物特性等级定义为一个植被类型，包含多达 6 个地层的可燃物数据，代表潜在的独立燃烧环境。例如，西黄松(*Pinus ponderosa*)类型可能包含了树冠、灌木、木材和地面等多个可燃物层，每个可燃物层可以包含一个或多个能提供可用生物量和易燃表面的可燃物类别。同时，在乔木层中可能有上层林和下层林，在木质可燃物层中可能有完好木材、腐烂木材和枯立木，在灌木层有树叶和细枝等，每个可燃物类别的外观都决定了一组定义可燃物层组分的物理、化学和结构特征。

(1)树冠可燃物

树冠层包含导致和维持树冠火的下层和上层可燃物，这些可燃物在垂直分布上的连续性为火焰蔓延到上层树冠提供了路径。冠层的定量变量包括平均活冠基高、平均冠层高度、冠层容重和郁闭度。低矮的活冠基部和下层林木的存在有助于梯状可燃物层的形成，从而使火能够到达上层树冠。树冠容重的单位是 kg/m^3，其大小直接影响树冠火的蔓延速率。郁闭度则与冠层的空间均匀性有关，会影响冠下风速和可燃物的遮阴程度。

(2)灌木可燃物

灌木层主要由活冠基高度、平均灌木高度、活灌与死灌的比例和盖度来描述。同时，活枝叶和死枝的热含量、消光水分、表面积与体积比以及可燃物载量也是需要量化的额外变量。在所有这些变量中，平均灌木高度和总可燃物载量都是火灾行为最重要的决定因素。

(3)草本可燃物

草本可燃物包括禾草、莎草和其他草本植物。根据这些可燃物的表面积与体积比，以及它们是一年生植物还是多年生植物，可以对其进行分类。禾草和莎草的定量变量通常用平均高度、可燃物载量、盖度和最大存活率来描述。其中，平均高度和可燃物载量影响其填充比，存活率则影响活草和死草的比例，进而影响其含水率。

(4)木材可燃物

木材可燃物层包括原木、腐木、枯木和树桩。完好的木质可燃物可以根据可燃物时滞等级划分为不同的组分，对于其中的每一个组分，都要规定其可燃物载量、表面积与体积比、可燃物层深度、热含量和消光水分。直径小于 7.62 cm 的可燃物有助于燃烧的火焰前缘的蔓延，大致与它们对应的表面积和体积比成比例。虽然较大的可燃物会被火焰锋面点燃，但它们并不能推动地表火的蔓延，相反，它们会燃烧或闷烧数小时甚至数天，产生的热量和排放物会导致火灾效应，如树木死亡和烟雾。腐烂木材通常不会随着火焰锋面的经过而燃烧，但之后会阴燃，导致烟雾和其他燃烧产物的排放。枯立木一旦被点燃就会产生火苗，其燃烧的余烬可能会被抛向空中，随风飘下，引发飞火。

(5)凋落物可燃物

凋落物可燃物包括苔藓、地衣、针叶或落叶，所有这些都可能会导致火焰锋面的蔓延。凋落物可燃物的表观变量包括苔藓类型、凋落物类型和凋落物排列，这些可燃物的生物量可以利用覆盖度和平均深度来进行推算。

(6)地面可燃物

地面可燃物层可分为上层有机质、下层有机质、基部堆积体和动物堆积体可燃物层。上层有机质被定义为风化层或发酵层，而下层有机质成分由腐殖质或分解层组成。这两种有机质成分在燃烧时都会产生排放物和烟雾，并通过它们的深度、载量和腐烂木材的百分比来衡量。动物堆积体或大树基部周围的可燃物堆积可以非常深，在地下长时间闷烧，会产生足够的热量杀死形成层和细根毛，从而导致树木死亡。

1.4　火灾天气

对于野火的发生，起火源必须存在，但仅仅在地面上有足够的可燃物是不够的，天气条件也是保证起火后的火势会继续蔓延的必要因素。火灾天气是指影响野火行为的地表上方 8~16 km 内的天气变化状况，包括气温、大气湿度、大气稳定性、风速和风向、云和降水等多个方面。

(1) 气温

空气温度会影响可燃物的温度，是决定火灾何时开始和如何蔓延的关键因素之一。空气温度和可燃物初始温度这两个因素，都会直接影响到将可燃物内部水分蒸发并将其温度升高到燃点所需的热量，而可燃物初始温度也会受空气温度的影响。因此，随着气温的上升，可燃物被点燃所需的热量就会逐渐减少。林火对周围环境的影响(如烧焦高度)也会受到空气温度的影响。此外，气温还能通过影响风、大气湿度和大气稳定性等因素间接影响火灾行为。

(2) 大气湿度

大气湿度是火灾天气的关键要素之一，其不仅直接影响可燃物的湿度，而且与雷暴、闪电等火灾天气因素间接相关。空气中可容纳的最大水分量与气温和大气压直接相关。在一定的气压下，随着温度的升高，空气中可容纳更多的水蒸气。

空气中的实际水蒸气含量称为绝对湿度，而在任何特定的温度和压力下，水蒸气实际量和最大量之间的比值称为相对湿度。空气和死可燃物之间不断地进行着水气交换：当相对湿度较低时，死可燃物会释放水分，直到与空气水分含量达到平衡；当相对湿度大于可燃物含水率时，死可燃物则会吸收水蒸气。二者之间的水蒸气交换速率与它们的含水率差值以及可燃物的表面积与体积比有关。同时，极低的相对湿度也会影响活可燃物的含水量，因为随着温度的升高，植物会散发越来越多的水蒸气。

(3) 大气稳定性

火灾行为在很大程度上受到大气运动及其特征的影响。当空气从高压地区移动到低压地区时，地面风是大气压差异带来的最明显结果。与此同时，大气中的垂直运动会对火灾行为产生显著影响，大火产生的热量会在地面附近产生垂直运动，并形成对流柱，对流柱会直接受到大气稳定性的影响。不稳定的空气会使对流柱增长，使对流柱表面的气流进入火源，最终导致对流柱坍塌时形成向下气流(图 1-3)。这些风可能会导致难以预测和极为恶劣的火灾后果，但从另一个角度来说，不稳定的空气提供了将烟雾分散到大气中的最佳条件。空气通过一个陡峭的压力梯度移动，从高压区域向低压区域下沉会带来强烈的干热风。例如，美国南加州的圣安娜和内华达山脉的莫诺都是梯度风对火灾行为产生极端影响的典型例子。

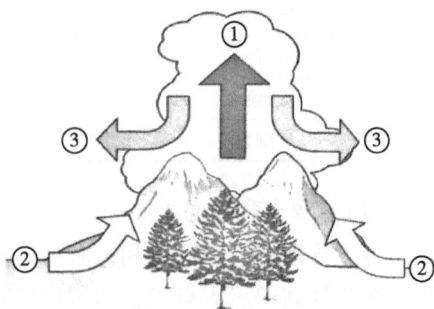

1.火的热量上升形成上升气流；2.引起近地面的空气吸入气流；3.随着对流柱倒塌，强烈的下降气流可以把火吹向几个不同方向。

图 1-3　大气的不稳定条件

(4)风速和风向

在所有影响火灾行为的天气因素中,风是变幻莫测的。风可以带走空气中的水分,从而使可燃物变干燥,并通过增加氧气供应和加速燃烧来影响火灾行为。梯度风、锋面风与气压差和大气团运动有关。干燥冷锋的通过可引起强风和干燥、不稳定的空气,局部的加热和冷却以及地形地貌则影响着地表附近的对流风。例如,白天的上峡谷风和夜间的下峡谷风便是地形表面加热和冷却差异的结果。风可以通过对流传递热量,并使火焰更靠近可燃物,从而增强火的蔓延。此外,燃烧的树木和树枝的余烬可能会被风吹走,并在主火焰之外引发飞火,从而增加野火在直线和平面上的蔓延速率。

(5)云和降水

云和降水主要通过对可燃物水分的影响来影响火灾行为。一方面,云层的遮挡会降低空气温度,并提高空气相对湿度。因此,可燃物温度也会随之降低,可燃物含水率增加,火灾发生概率下降。然而,雷暴云的出现可能预示着不稳定的大气、难以预测的风和严重的火灾行为的发生。另一方面,由于降水对提高可燃物的含水量有直接作用,因此,降水量及其季节分布决定了火灾季节的开始、结束和严重程度。

1.5　野火行为表征

由于野火行为包括很多方面,因此有很多定量指标来描述自由燃烧的野火行为。野火也通常用定性术语来描述,如"冷"与"热"、"轻微"与"严重"等。此外,一些描述性术语,如"闷烧""匍匐"和"奔跑"(指迅速蔓延的、具有明显头部的地表火或树冠火)通常被用来描述火灾的蔓延情况。

野火最基本的特征包括:会蔓延;消耗可燃物;产生亮光、热和烟。因此,从野火的传播速度、蔓延方向、外观(如火焰的尺寸以及从远处看它的感觉和声音)等方面来考虑野火的行为会很有帮助。甚至,火产生烟的颜色也可以粗略地表明其一般行为表征(表1-2)。

表1-2　烟雾颜色区分森林火灾行为特征

烟雾颜色	可燃物水分状态	相对火强度
浓白色	非常潮湿	轻度
灰色	潮湿	轻度到中度
黑色	干燥	高强度
青铜色	非常干燥	高度到重度

(1)点源火和线源火

野火管理中有点源火和线源火两种基本的火源类型。点源火通常被认为与单一的、意外的或非计划的点火有关,如闪电引燃的火灾或逃逸的营火。线源火通常与故意点火(使用手持点火枪或悬挂在直升机下方的点火枪)有关,一般在计划火烧中使用或作为野火灭火操作的一部分。椭圆形火焰模式的一个关键属性是长宽比(即基于前后传播距离的火焰总长度与其最大宽度的比值),理想椭圆形火焰的长宽比约为2.0[图1-4(b)]。在没有风和斜坡的情况下,如果可燃物是均匀的,初期火灾会发展成一个大致的圆形(即长宽比为

1.0)[图 1-4(a)];如果风向相对恒定,火就会被拉长成椭圆形,其长轴与主风方向平行[图 1-4(b)];但如果风向变化,火的长宽比就会比单向风情况下小得多[图 1-4(c)]。

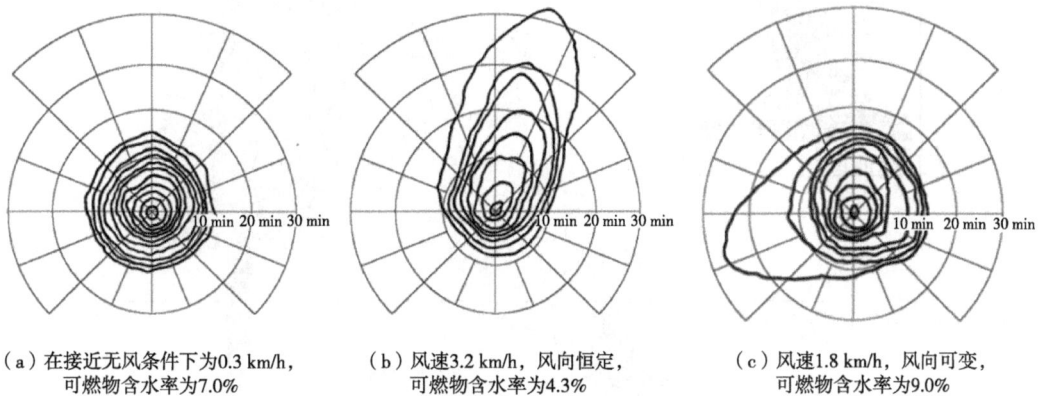

(a)在接近无风条件下为0.3 km/h,
可燃物含水率为7.0%　　(b)风速3.2 km/h,风向恒定,
可燃物含水率为4.3%　　(c)风速1.8 km/h,风向可变,
可燃物含水率为9.0%

图 1-4　在平地上进行的点源火实验,每隔 2 min 记录火灾范围
(Andrew et al.,2014)

线源火的火焰在点燃后将很快达到其最大燃烧潜能,相比之下,点源火则需要更长的时间来发展。源自单一点源的火灾会随着时间推移而稳步增加其蔓延速率,最终在主导环境条件下达到近似平均或准稳定状态,而火焰达到这种理想的平衡状态所需的时间是随环境变化而变化的。Cheney et al.(2008)在澳大利亚北部地区不同草地类型中进行的火灾实验发现,对于给定的水分含量,这一速率取决于风速和火头的宽度,火头的宽度可能高达200 m。一般来说,草原火的燃烧需要 30 min 才能达到最快速度,然而该实验可能需要12 min 至 1 h,这取决于风向的波动,风向决定了火头的总体宽度。森林的燃烧条件比草原更为复杂,因此,在森林可燃物中,火可能需要更长的时间才能达到"准稳态"的蔓延。

(2)火焰锋

火焰锋是指火焰的前缘区域,其通常由火焰的向前蔓延速率、停留时间和火焰区域深度确定。尽管在稳定移动的野火中存在明显的波动,但仍有可能识别出有一定高度、深度、长度和角度的火焰锋(图 1-5)。火焰高度代表从地面开始的火焰垂直延伸的平均值,一般不考虑偶尔高出一般火焰水平的闪光;火焰深度表示位于火焰锋后部连续性火焰区域的宽度;火焰长度是从火焰高度处到地面上火焰深度中点处的距离;火焰角度是火焰锋与地面形成的角度;火焰倾斜角度则是火焰锋与垂直方向形成的角度。在水平地形且无风的情况下,火焰长度和火焰高度是相等或接近的。此时,火焰倾斜角度为 0°,火焰角度为 90°。

在火焰锋前方一段距离,散发出的热辐射量由火焰的大小和方向决定,图 1-6 显示了热辐射随火焰高度和距离变化的规律。当火焰高度为 1 m 时,距离火焰锋 2 m 处的热辐射量约为 20 kW/m^2。如果一个人站在离火焰锋如此近距离的地方,大约 30 s 后,裸露的皮肤就会感到难以忍受的疼痛。

为了描述野火的热环境特征,Wotton et al.(2012)采用了一种很好的方法,当移动的火焰锋经过一个特定地点时,记录其经过前后的时间—温度轨迹。图 1-7 记录了野火燃烧蔓延各个阶段的"热脉冲"。火焰燃烧的持续时间通常用火焰锋的停留时间来表示,即火焰深度带经过可燃物层表面上特定某点所需的时间。根据可燃物的类型特征,火焰锋的停留

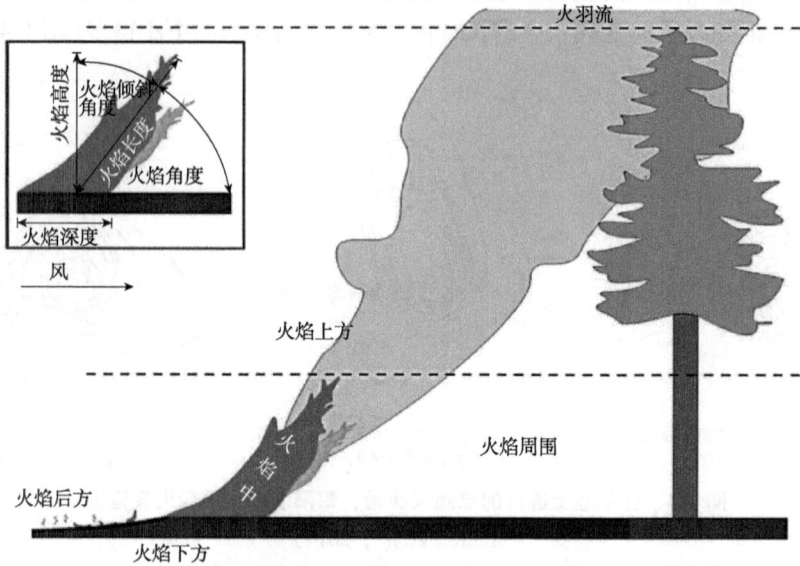

图 1-5 水平地面由风引起的地表火的火灾影响区域和火焰锋示意

(Andrew et al., 2014)

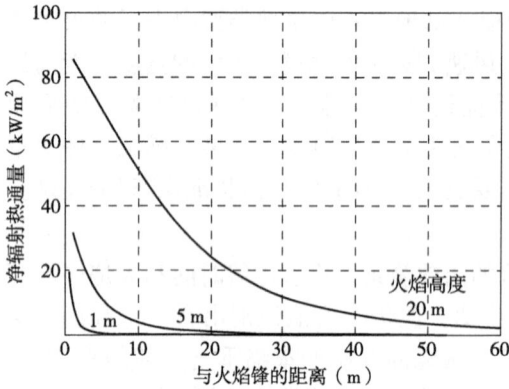

图 1-6 接受面的热辐射通量随火焰高度和火焰锋距离的变化

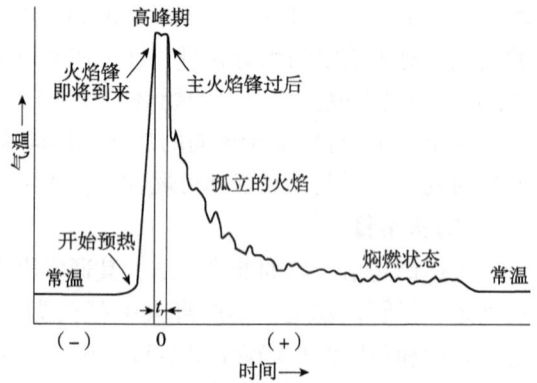

图 1-7 地表火经过某个特定地点的时间—温度轨迹示意

时间由可燃物层的结构所决定,如可燃物载量、紧实度以及可燃物颗粒大小和密度等。例如,火焰锋在松树林分地表燃烧的停留时间通常为 30~60 s,而在草地上的停留时间为 5~15 s,在采伐迹地上的停留时间为 1~2 min。基于此,可以利用火焰锋停留时间来计算火焰蔓延速率,进而对火焰深度进行估算。

在燃烧的锋面经过后,可燃物继续阴燃或发光灼烧的总时间会更长。在草原上,这个时间可能只有 1 min 或更短。但在可燃物较多的情况下,这个时间取决于剩余可燃物量和干燥程度,当燃烧面积很大时,持续时间会更长(如 10~30 min 甚至更长)。国外许多火灾管理人员在对某一地区的地表火或地下火有几年管理经验后,已经能够将火灾危险程度与阴燃和发光灼烧情况联系起来,从而制定科学的林火管理方针。

（3）地表火蔓延

Fons（1946）首次尝试用数学模型来描述火的蔓延。他的理论认为，由于火焰锋需要足够的热量来点燃邻近的可燃物，所以火的蔓延可以看作由点火时间和可燃物颗粒之间的距离控制的一系列连续的点火。从概念上说，这相当于把一个可燃物层看作一组可燃物单元的排列，每个单元依次被点燃，并产生足够多的热量来点燃邻近单元。此时，被点燃的单元就变成了热汇，而当前燃烧的单元则是热源（图1-8）。

Frandsen（1971）将能量守恒原理应用于火焰锋前方的单位体积可燃物，建立了描述这一过程的第一个理论模型。当前燃烧的可燃物单元作为前方单元的热源，而前方的可

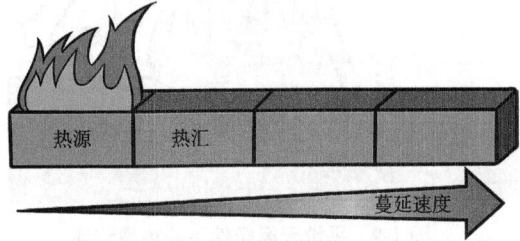

图1-8　火蔓延速率是热源与热汇比率

燃物则吸收热量，热源必须产生足够多的热量来点燃邻近的单位，而火灾蔓延速率由邻近可燃物单元被点燃的速率决定。Frandsen（1971）模型的计算公式包括分子和分母两部分：其中分子是热源，包括水平传递的热通量和垂直热通量梯度两项；分母是热汇，包括相邻可燃物的有效堆积密度和将其点燃所需热量两项。

由于 Frandsen（1971）模型中的一些项目包含未知的传热机制，对此 Rothermel（1972）设计了实验和分析方法，使用可燃物、天气和地形等变量来确定这些未知过程。自20世纪70年代中期以来，Rothermel（1972）的地表火蔓延模型一直都是美国最常用的模型。此模型计算公式如下：

$$R = \frac{I_R \xi (1 + \Phi_w + \Phi_s)}{\rho \varepsilon Q} \tag{1-3}$$

式中，R 为火焰锋向前蔓延的速率，m/min；I_R 为反应强度，用单位面积火焰锋的能量释放速率表示，kJ/(m^2·min)；ξ 为热传递的通量比，指反应强度到达邻近可燃物单元的比例；Φ_w 为风力系数，描述风力对增加热传递通量比的影响；Φ_s 为坡度系数，描述坡度对热传递通量比的影响；ρ 为可燃物层堆积密度，用可燃物层单位体积的可燃物量来表示，kg/m^3；ε 为有效加热数，指可燃物被升高到点燃温度的比例；Q 为预燃热量，指点燃 1 kg 可燃物所需的热量，kJ/kg。

式（1-3）中，反应强度（I_R）由反应速率、净可燃物载量、可燃物热含量、水分阻尼系数和矿物阻尼系数这5个因子相乘计算得到。反应速率是实际填充比、最佳填充比以及表面积与体积比的函数，实际填充比由可燃物层堆积密度除以干燥的可燃物颗粒密度得到，最佳填充比是表面积与体积比的函数。草和长针叶凋落物等精细可燃物具有接近最佳的填充比和较大的表面积与体积比，使其能在短时间内彻底燃烧，具有最高的反应速率。

净可燃物载量＝烘干的可燃物载量×（1-可燃物矿物含量）

大多数可燃物模型都采用 5.55% 的矿物含量值。可燃物热含量提供维持可燃物燃烧所需的热量，不同种类可燃物的热含量存在差异，针叶树的热含量一般高于阔叶树，硬叶灌木叶片中的油和蜡会使其自身热含量增加。水分阻尼系数和矿物阻尼系数分别用于解释水分和矿物对降低潜在反应速率的影响，水分阻尼系数由可燃物含水率和灭火含水率求得，

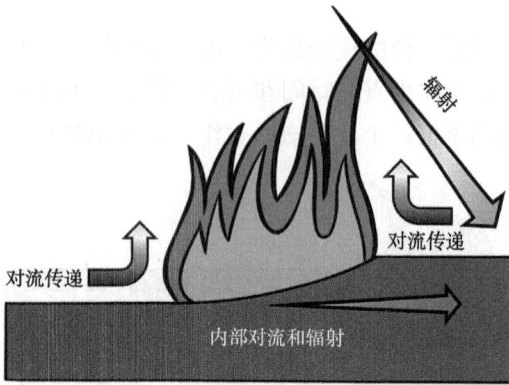

图 1-9　平地无风条件下的热量传递

矿物阻尼系数则是有效矿物含量的函数，标准可燃物模型中通常采用 1%。

热传递的通量比(ξ)是假定火在无风和平坦地形的燃烧情况下计算的。它是一个无量纲分数，解释了并非所有反应强度都能到达邻近可燃物这一事实。例如，在图 1-9 所示的无风、无坡情况下，大部分热能通过对流向上运动，只有小部分热能通过辐射和对流传递到相邻的可燃物。热传递通量比的理论取值范围为 0~1，但由于大部分热量向上对流，因此，现实燃烧情况中的通量比一般为 0.01~0.20。表面积与体积比和填充比都是影响热传递通量比的决定因素，随着这两个比值的增大，通量比也会增加，其中精细可燃物的影响最为显著。

风力系数(Φ_w)和坡度系数(Φ_s)都能够增加热量到达邻近可燃物的比例。在无坡度的情况下，松散堆积的精细可燃物中风速的增加会使风力系数迅速增加，当风使火焰向未燃烧的可燃物倾斜时，火与可燃物便会直接接触或增加对流和辐射传热(图 1-10)。风力系数受表面积与体积比、填充比和风速的影响，细可燃物比粗可燃物有更多的表面积暴露在热辐射中，增大表面积与体积比会增加风力系数，而在风速较高时，火焰与可燃物之间的距离减小，这种影响会更加显著。当填充比超过最佳值时，密集的可燃物颗粒开始阻碍对流作用，风的影响就变得不太明显。此外，Burgan et al. (1984)发现存在一个最大风速，超过这个风速后，风力系数也不会增加。对于稀疏可燃物的典型草原火，其蔓延速率在风速超过 19 km/h 后就不会增加；而在高茎草火灾中，火的蔓延速率在风速达到 68 km/h 后才不会增加。

在无风条件下，坡度系数随着坡度的增大而增大。其效果与风的作用相似，但不如风明显。虽然坡度使火焰更靠近未燃烧的可燃物，但如果没有风使热空气接触可燃物，便只会轻微地增加对流作用(图 1-11)。坡度系数通常用填充比和坡度来计算。填充比对增加坡度系数的敏感性有轻微的影响，但与其他影响因素相比，填充比变化带来的影响很小。风力系数和坡度系数之间不会相互作用，但二者的组合会对火灾行为产生显著的影响。

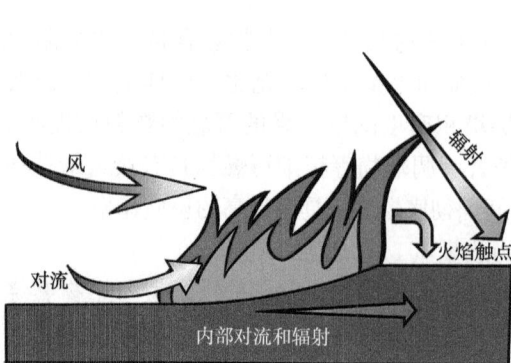

图 1-10　无坡度有风条件下的热量传递

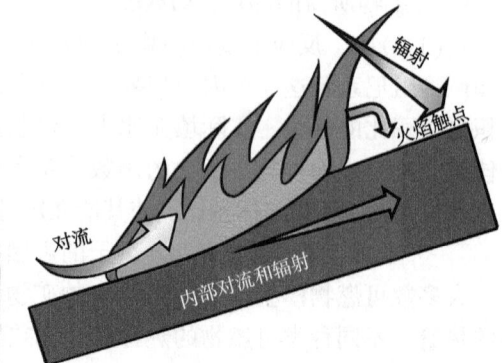

图 1-11　斜坡无风条件下的热量传递

可燃物层堆积密度(ρ)即潜在可用可燃物的总量,其定义是每单位体积可燃物层的烘干可燃物重量,计算方法是用烘干可燃物载量除以可燃物层深度。ρ 位于式(1-3)中的分母上,表示堆积密度的增加会导致火蔓延速率的降低,这种情况往往会发生在可燃物载量增加或可燃物层深度减小时。然而,可燃物载量的增加也会导致反应强度的增强。此外,堆积密度的增加也会导致热传递通量、风力系数和坡度系数的变化,其变大或变小取决于相对填充比的改变。

有效加热数(ε)定义了当火焰锋经过时燃烧的可燃物比例,该比例取决于由表面积与体积比计算出的可燃物颗粒大小。并非所有的可用可燃物都会随着火焰锋的经过而燃烧,较小颗粒的可燃物会完全加热并燃烧,但随着尺寸的增加,大颗粒可燃物的点燃比例会下降,大原木通常只有外部部分会被加热到点燃温度。较薄的可燃物不仅会使其加热充分,而且它们增加的表面积也会使辐射加热迅速产生。将可燃物层堆积密度乘以有效加热数,就可以得到必须加热到点燃温度的可燃物量。

预燃热量(Q)是指将 1 kg 湿可燃物的温度从环境温度提高到其燃点所需的热量。此过程首先必须将水分蒸干,然后再将可燃物加热,这些温度值大部分是相当恒定的,可以预先计算出来。其中,水分含量是变化的,可用于计算点燃所需的热量。可燃物水分含量越高,其预燃热量也会相应地增加。将可燃物层堆积密度(ρ)、有效加热数(ε)和预燃热量(Q)相乘,便得到了点燃邻近可燃物单元所需的单位面积热量(kJ/m^2)。

(4)树冠火蔓延

树冠火是指火从地表蔓延到树冠并在树冠间蔓延的火烧。虽然灌木的冠也可以认为是树冠,但大多数预测树冠火行为的模型都是基于乔木树种开发的。Van Wagner(1977)定义了树冠火的 3 个阶段:第一阶段,地表火开始沿着树木向上燃烧,称为被动树冠火;第二阶段,这些火通过树冠与地表火协同蔓延,称为主动树冠火;第三阶段,树冠火在地表火前方很远或没有地表火的情况下蔓延,则形成了独立的树冠火。

在被动树冠火中,只有单株或成群的树被烧毁,火才可能会蔓延到邻近的树冠(图 1-12)。在低风速和相对较低冠体密度的情况下,如果冠基部低到可以被地面火点燃,便会引发"烛炬火"。虽然被动树冠火不会在树冠之间蔓延,但树木燃烧的余烬可以在火焰锋的前方引发新的火灾,当地表火的强度达到点燃树冠的条件时就会转变为树冠火,这取决于活冠基部高和叶面含水量。冠基高度的计算需要将梯状可燃物考虑在内。在叶片含水率较低的情况下,而且当表面火强度足够大时,火焰可以通过直接接触或对流传热将树冠点燃。一旦点燃,火会在树冠内部蔓延,但只要其实际蔓延速率小于主动树冠火蔓延的阈值,就仍然属于被动树冠火。实际蔓延率可由地表火蔓延速率、同一冠层的树木比例和树冠火最大蔓延速率计算得到。

当风速增大时,火焰会从燃烧的树木蔓延到邻近树的树冠,引发主动树冠火。树冠下燃烧的地表火所产生的热量支撑着火在树冠之间蔓延,从地表到树冠之间的火焰形成了一个实体面,并随着地表火向前蔓延(图 1-13)。与被动树冠火相比,主动树冠火则需要更低的冠基高度、更高的风速和更高的冠体密度。Alexander(1988)研究发现,从被动树冠火过渡到主动树冠火的阈值取决于冠体密度和一个常数,该常数与火焰在树冠持续燃烧所必需的临界流量有关。只要地表火强度超过引发树冠火的临界强度,并且实际蔓延速率大于树冠

图 1-12　低风速和低冠体密度下的树冠火

图 1-13　较高风速和高冠体密度的树冠火

火的临界蔓延速率，主动树冠火就会持续存在。Scott(1999)发现，当冠体密度从 0.01 kg/m³ 增加到 0.05 kg/m³ 时，主动树冠火的临界蔓延速率就会迅速下降，从而使树冠火蔓延所需的实际蔓延速率变得更低。随着树冠越来越低、越来越密，火能更容易地在树与树之间蔓延，当冠体密度达到 0.15 kg/m³ 后，临界蔓延速率的作用便微乎其微。一旦引发主动树冠火，其强度可通过地表可燃物与树冠可燃物的组合载量以及树冠火蔓延速率计算得到。

独立树冠火是一种罕见的、短暂的现象，是指火焰在远超地表火的前方树冠中蔓延燃烧(图 1-14)。在过去的几个世纪，由于缺乏大面积的同龄林植被，这种林分替代火灾不太可能广泛发生，但随着当前人工同龄林的面积越来越大，发生独立树冠火的风险也越来越高。研究认为，独立树冠火发生在地表火强度超过临界强度、实际蔓延速率大于临界蔓延速率，而且是在前方的实际能量通量低于独立树冠火的临界能量通量情况下。通常来讲，陡峭的地形、非常高的风速以及大于 0.05 kg/m³ 的冠体密度容易引发这种极端的火灾行为。

(5)飞火

在树冠火任一阶段燃烧的树木、枯立木都可能会变成飞火的火源。如果火焰锋前方形成了众多飞火火点，那么火势的蔓延将会急剧加快。Albini(1979)开发了一个模型来计算从燃烧树木到飞火火点的距离，并在后来改进了该模型，将风引起的火焰余烬也考虑在内，利用该模型可以计算出余烬被抛起的高度、持续燃烧的时间以及飘落的距离(Albini,

图 1-14　高风速和高冠体密度下的树冠火

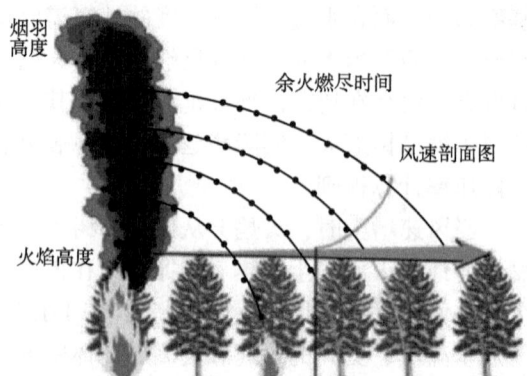

图 1-15　不同大小余烬的飘落特征

1983)。燃烧树木和余烬的特性、中间区域和下方可燃物层一起决定了飞火点的距离和着火概率：大的余烬不像小的余烬升得那么高、飘得那么远，因此，它们在着陆时通常还在燃烧，并引发飞火，而小余烬通常在着陆前就烧尽了(图1-15)。树种、树高、直径以及燃烧树木的数量会影响火焰的高度和稳定燃烧的时间，余烬的特征则包括大小、形状、密度和起始高度。当余烬在空中飞行时，风速、风向以及中间地形的平坦度和植被覆盖率会影响其飞行的距离。如果余烬落在可燃物层上，细粒可燃物的湿度和温度就决定了此位置是否会被点燃。

1.6　火灾的影响

火一旦被点燃，就会开始影响生态系统的其他组成部分，植物、动物、土壤、水和空气都以不同的方式与火相互作用。本节主要介绍影响火灾严重程度、树木烧焦高度、植物死亡率、生物量消耗和小气候的火行为物理参数，而关于这些影响的生态后果将在后续章节中进行讨论。

(1)火灾严重程度

火灾严重程度是指火灾对环境影响的程度，在很多生态系统组分中都有应用。不同类型的火线强度、火灾持续时间以及死可燃物和活可燃物的数量都会影响火灾的严重程度。例如，持续时间短的高强度火灾与持续时间长的低强度火灾造成的严重程度可能会相同。而且，同样的火行为会对土壤、下层植被和上层植被产生不同的严重影响。一场快速穿过树冠的高强度火灾可能会杀死所有树木，但对土壤的影响相对较小；而一场低强度火灾可能会让树木毫发无损，但会闷烧数日，进而导致土壤严重升温。根据不同生态系统内部组分的生物和物理特性的不同，对火灾严重程度的测定结果也会存在明显差异。

(2)树木烧焦高度

当火烧使植物的叶片或针叶的内部温度上升到致命水平时，就会发生烧焦现象。温度和持续时间是影响烧焦的主要因素，Davis(1959)研究发现，植物组织暴露在49℃以下1 h会被杀死，在54℃的环境中几分钟就会被杀死，而在超过64℃的环境中则是瞬间致死。Van Wagner(1973)将树木烧焦高度与周围空气温度、火线强度和风速联系起来(图1-16)。在气

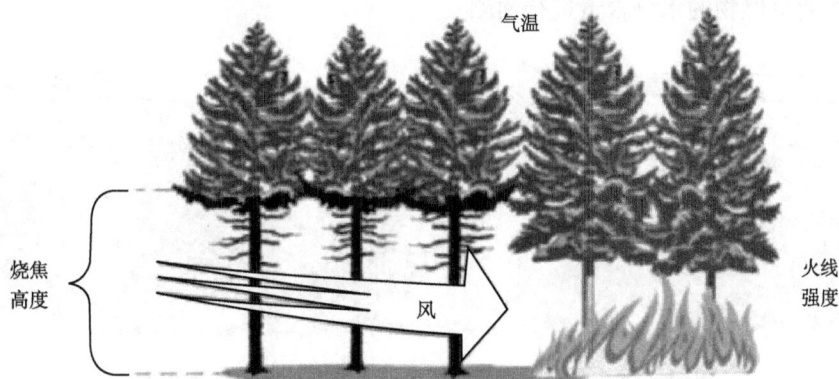

图1-16　树木烧焦高度受火线强度、风速和气温的影响

温较高的情况下，将植物组织温度升高到致死水平所需的火强度较小。对于给定的火线强度，树冠烧焦高度随着风速的增加而急剧降低，因为当火焰产生的热气流通过树冠时会被风力冷却。

(3)植物死亡率

当植物被火完全耗尽或大部分植物组织被升高到致死温度足够长的时间时，就会导致植物死亡。一些树种在树冠被完全烧焦后仍能发芽，但对其他大部分树种而言，太多形成层或树冠被杀死后便无法存活。Ryan et al. (1988a)对道格拉斯冷杉(*Pseudotsuga menziesii*)成熟林的火灾致死率进行了长期研究，发现形成层死亡数量是树木死亡率的最佳预测因子，而树冠烧焦比率的预测效果比树冠烧焦高度更好。Ryan et al. (1988b)开发了一个基于树冠焦化率和树皮厚度的死亡率预测模型，树皮厚度由树种和直径计算，树冠焦化率由烧焦高度、树高和冠长率计算得到。Stephens et al. (2002)的研究则发现，内华达山脉针叶混交林的死亡率与树冠焦化率和地面可燃物的消耗有关。

(4)可燃物消耗量

火焰锋消耗的生物量可以通过单位面积火烧所释放的热量计算得到，而火烧效应往往与火焰锋经过后释放的热量有关。Van Wagner(1972)根据凋落物和发酵层的平均含水率，提出了估算其可燃烧量的方程。之后，Kauffman et al. (1989)在内华达山脉也得出类似的结果，并发现凋落物和发酵层的消耗与有机质下层的水分含量成反比。Albini et al. (1995)模拟了大型木质可燃物的燃烧情况，并考虑了有机质层阴燃可能会产生的影响，这些可燃物的燃烧速率是可燃物热传递速率和将可燃物的温度升高到热解温度所需热量之间的平衡。Ottmar et al. (1993)开发了一个计算机程序 CONSUME，该程序可以根据气象数据、可燃物数量和含水量以及其他一些因素来预测单位木材的可燃物消耗量。

(5)小气候

火对小气候的影响可以通过比较火烧前和火烧后的冠层密度来确定，这些次生效应会通过植被的变化表现出来。例如，一场使林分变稀的火烧会增加地表的风速和温度，并降低相对湿度和可燃物的含水量(图 1-17)。更小的郁闭度可以让更多的阳光照射到地表可燃物，风在上层树冠的阻力也会变小，这些变化将会反作用于后续的火行为。Rothermel et al. (1986)基于可燃物颗粒大小、天气条件以及可燃物在阳光和风中的暴露程度来构建模型，对精细死可燃物的水分含量进行预测。

图 1-17　火后林分变稀会增大地表风速和提高地表温度

复习思考题

1. 燃烧包括哪些阶段？燃烧产生的热量是如何传递的？
2. 什么是可燃物时滞等级？请选取一个具体的生态系统举例说明。
3. 雷暴天气会对林火产生怎样的影响？
4. 为什么人工林中发生独立树冠火的风险更高？
5. 树木燃烧产生的余烬可能会引发飞火，余烬的大小和密度对飞火有何影响？

第 2 章

林火历史研究

【本章导读】火作为关键自然因子贯穿生态系统演化进程，其分布特征受制于环境与人类活动，同时反演二者的变迁规律。本章系统解析古火重建的五大标志物——黑炭、年轮火疤、木炭、多环芳烃及左旋葡聚糖的示踪原理，通过对比各方法的时空解析能力，构建多尺度火历史反演体系，揭示火动态与气候—人类活动的耦合机制，为全球火演变研究提供多维证据支撑。

2.1 火历史重建代用指标

对火历史进行重建，必须在地质体中寻找其代用指标，这只能在火燃烧的产物中选择。燃料燃烧释放大量二氧化碳（CO_2）、氮气（N_2）、氨气（NH_3）等气体，但它们进入大气后在较短的时间内就会被生物利用，因此不可能被地质体所保存。此外，还有一些不完全燃烧的产物，包括黑炭、树木火疤、木炭（炭屑）、多环芳烃和左旋葡聚糖等。这些物质都有较强的化学惰性，能在地质体中保存足够长的时间，又是物质燃烧的特征产物，统称火成碳，并可用于火的历史重建。

现各种指标已有不少火历史的重建结果。Robson et al.（2015）研究了德国中部一处褐煤矿中的炭屑，发现在早古新世气候较暖的时期，当地火强度比现在要高，而且湿润期过后气候转干时野火更容易发生。Bird et al.（1998）对撒哈拉沙漠下风向海域一处钻孔的黑炭做了分析，发现近40万年来，在间冰期向冰期转换的时期，撒哈拉地区野火强度较大。美国西部是野火多发的区域，Trouet et al.（2010）研究了美国西部4个区域的森林火疤，重建了该区域自公元1400年以来野火的时空分布情况。他们发现，在干旱年代的夏季，火分布最广；到16世纪末，因小冰期的影响，异常的低温使野火强度明显降低。Zennaro et al.（2015）对格陵兰冰芯中左旋葡聚糖的分析结果表明，气候变暖会使野火增多，距今约2 500年，LG沉积通量达到最大，是人类通过焚烧来开发森林所导致的。

（1）黑炭

黑炭是指生物质或化石燃料在不完全燃烧的情况下形成的具有高度热稳定性的含碳物质，根据来源、分析方法的不同，常有一些其他称谓，如炭屑、焦炭、烟炱和石墨炭等，这些含碳物质在形成条件(燃烧温度)上略有差异(图 2-1)。从定义上讲，炭屑也属于黑炭的范畴，指在燃烧温度较低的条件下形成的粒径较粗(毫米级至微米级)的那一部分含碳物质。因此，黑炭与炭屑指标在重建火历史的原理上是基本一致的，都适用于追溯长时间尺度(数千年至数万年)的火历史。但两者也略有差异，首先，黑炭所涵盖的燃烧释放物质更多，因而可以提供更多火信息，如可以记录化石燃料燃烧的历史；其次，黑炭包含大量细粒物质，能够实现更远距离的输送和沉积，因而更适用于反映大区域的火历史。另外，黑炭的定量是通过元素分析仪测得，相对于人为统计炭屑，黑炭的定量更具有客观性。

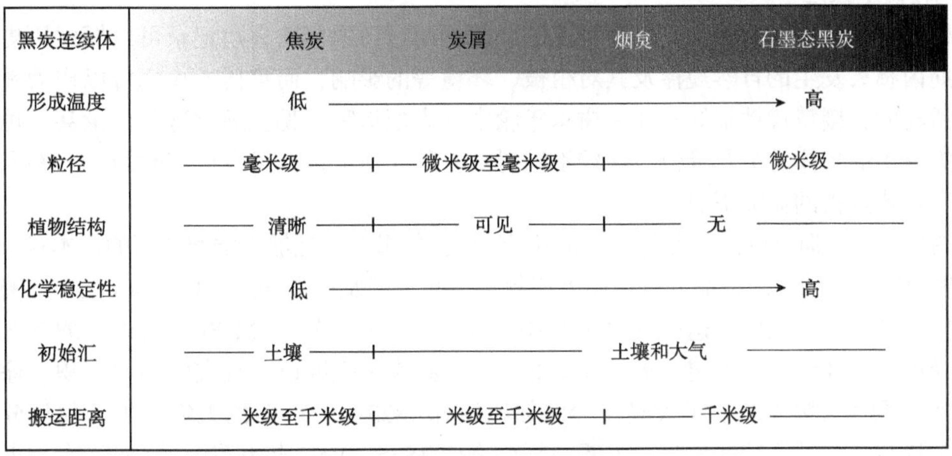

黑炭连续体	焦炭	炭屑	烟炱	石墨态黑炭
形成温度	低		→	高
粒径	—— 毫米级 —+—	微米级至毫米级 —+—		微米级 ——
植物结构	—— 清晰 —+—	可见 —+—		无 ——
化学稳定性	低		→	高
初始汇	—— 土壤 —+—		土壤和大气	
搬运距离	—— 米级至千米级 —+—	米级至千米级 —+—		千米级 ——

图 2-1　黑炭燃烧连续体的特征
(裴文强，2020)

黑炭产生于燃烧过程且具有相对稳定的物理化学性质，使其成为重建火历史的重要指标，并被广泛应用于黄土、冰芯、泥炭、海洋沉积物等多种沉积介质的火重建当中。火灾产生的黑炭，少部分可成为气溶胶的组分，可以经空气远距离搬运至异地沉积，但绝大部分黑炭以吸附于其他矿物颗粒表面的方式残留于原地或附近的土壤，并可通过地表径流随其他沉积物一并输送至湖泊或海洋。由于黑炭在沉积环境中所受到的光化学和微生物作用小，加上自身的惰性，使其可以在沉积物中存在几百万年，因此，黑炭的沉积记录可能包含很多古环境的信息。在人类使用化石燃料之前，黑炭主要来自生物质燃烧的特点结合自身的难降解特性，使黑炭成为大火事件的指示物，其在沉积物中的记录提供了可靠的天然植被火事件的历史记录。

从 1973 年有学者第一次发表海洋沉积物中的黑炭测量结果以来，科学工作者们一直在扩展和完善黑炭对于火的指示作用，以此来重建大火历史并反演过去的气候环境变化。有学者利用黑炭研究了湘江流域在过去 1 300 年的火灾模式，根据黑炭含量的峰值表明，在距今 1 300~1 100 年的潮湿气候条件下，当地发生的火灾主要是阴燃，这些峰值与铜官窑考古遗址的规模相吻合，这导致了附近山区森林覆盖的减少和土壤侵蚀。随后，在距今600~1 100 年，研究区处于一个温暖的时期，随着铜官窑的衰弱，火活动频率下降到一个非常低的水平。在过去的 600 年里，随着人口的急剧增长，人们为了在寒冷的季节里开垦土地种植耐旱作物，该地区火灾的规模达到了前所未有的程度，而这又导致了环境的进一步恶化。

沉积物中不同类型的黑炭对应于不同的来源，并且具有不同的理化性质，其在古环境变迁、全球碳循环及火灾历史重建过程中有着非常重要的意义。然而，目前对黑炭的定义不统一，也不精确，一些研究中只分析了黑炭连续统一体中的某一类或几类组分，或者是将黑炭作为一个整体来测量。已有的少量不同测试方法的对比研究发现，使用不同分析方法分析同一样品结果误差在 2 个数量级上变化，这也表明了不同测量方法之间难以对比，或者说没有可对比性。

(2) 树木火疤

树木火疤是森林以往火灾发生情况的记载，通过树木年轮火疤记录可以探索历史上一定时期内林火发生的自然规律及其对植被、环境等的影响，而且树木火疤可以作为重建过去火活动的直接替代性指标。如果树木年轮中的火疤清晰可见，通过这些记录甚至可以确定火灾发生的具体季节及月份。比较不同树木上的火疤记录，可在极高时间分辨率和空间尺度上重建过去的火灾历史。

树轮火疤不但可以记录火灾发生的不同年代，如果获得足够大空间范围的样本量，还可以开展火灾发生的空间特征分析，如火灾频率、间隔期及火灾强度。Kilgore et al. (2001) 通过对美国加利福尼亚内华达山脉地区 1 800 hm² 的针叶混交林内 220 个树桩上的 935 个火疤记录进行统计分析，确定了火灾发生的时间、频率、强度以及火灾的延伸面积。徐化成等 (1997) 利用火疤木重建了大兴安岭北部原始林 1825—1993 年的火灾历史，并且分析了火灾干扰与林分结构特征之间的关系，研究表明 1825—1993 年共发生火烧 14 次，火烧平均间隔期为 37 年，火烧轮回期仅 30 年。同时，胡海清 (2003) 通过对火疤木的调查与分析，研究了大兴安岭北部原始林区的森林火历史，发现大兴安岭原始林区平均森林火间隔期为 37.2 年。刘广菊等 (2008) 通过调查树木形成层至木炭层的年轮数来确定火烧年代，以火疤木的火烧年代为标准，结合样地的年龄结构和林冠层结构，综合判别每个样地的火烧次数及年代。此外，对黑河地区近 20 年的火烧迹地天然次生林的调查分析结果表明，高频度（多次）火烧对植被稳定性比同强度下一次火烧的影响大，多次重度、多次中度及一次重度火烧对植物群落稳定性均有很大影响。

虽然树轮火疤能在时间上精确重建火灾历史，但是在估计火灾频率和空间格局时存在内在的不确定性，比如，发生较晚的火灾可能会毁掉之前残留的火灾记录。如果最近一次发生火灾的时间比研究区域内树木存活的时间还长，就很难确定火灾发生的时间，而且随着时间的延长，火灾历史重建的精度也会降低。为了加强对火疤数据的理解，有些学者将树轮火疤记录与其他的代用指标（如孢粉、湖泊木炭沉积、遥感和档案资料等）相结合来提高火灾历史重建的精度。另外，有学者认为可以利用树木年轮记录中某一年树轮宽度的增加作为火灾活动的一个标志。他们认为，火灾会导致草本和灌木层植被的消失，而且林木和植被燃烧后的灰烬及残留物中含有丰富的养分，这些都能够促使树木的生长速度加快。

(3) 木炭（炭屑）

木炭是一种无机碳化合物，是在 280~500℃ 温度条件下由有机物质不完全燃烧产生的，也叫作炭屑。湖泊、海洋和土壤等沉积物中保存的木炭，在时间上可以提供几千年甚至几万年野火活动的连续记录，通过炭屑的定量统计和形态分析，可以恢复地质历史时期野火发生的频率、强度及其变化，因此常被用来作为古火灾记录的一个指标。利用沉积物中丰富的木炭，研究人员已经重建了全球约 1 000 个地点的"火灾历史"(全球古火灾数据库，2009)。

根据粒级范围的不同，可以将木炭分为显微木炭和肉眼可见木炭。显微木炭的粒级范围通常为 5~100 μm，这些燃烧过程中产生的细粒木炭会被周围空气产生的热气流卷入高空，然后随风远距离输送到几百甚至几千千米以外的地方，因此可以指示本地火灾或区域火灾；而肉眼可见木炭的粒级较大(小于 125 μm)，通常会直接在火烧地点原地沉积，或者是后期被流水等侵蚀过程搬运至沉积地点，常被用来指示本地火灾的发生。Clark(1988)指出，粒径为 5~80 μm 的木炭颗粒很难被风扬起，但是一旦被风扬起便会在正常地表风速下长时间悬浮；而粒径为 50~10 000 μm 的木炭颗粒则在相对较低的风速下就能被风扬起，但是在正常风速下不能悬浮。因此，他认为粒径为 5~80 μm 的木炭数据代表了区域性的火灾记录，而粒径为 50~10 000 μm 木炭数据则反映了本地火灾的发生。

沉积物中木炭含量的多少取决于火灾的强度以及木炭传输距离的远近。Gardner et al. (2001)对美国俄勒冈州喀斯喀特山脉附近的 35 个湖泊表层沉积物中的木炭记录做了对比研究，结果发现，燃烧地附近湖泊沉积物表层的木炭(粒径小于 125 μm)含量明显高于远离火灾发生地的湖泊，而且位于火灾下风向的湖泊中的木炭含量比上风向的湖泊要高。这也表明木炭的峰值一般会出现在火灾发生地或者火灾发生地下风向的湖泊中。

木炭记录是由一次源和二次源共同组成的，一次源是指在某次火灾事件发生期间或者火灾发生后的较短时间内沉积下来的木炭；二次源是指在非火灾发生时期，由于风力的搬运、沉降作用或某种侵蚀混合作用而被埋藏的木炭。现代湖泊沉积记录研究也表明，火灾发生几年以后木炭仍然会在湖泊中沉积。因此，沉积记录中的木炭峰值很可能是由两部分共同组成的，仅通过湖泊沉积中的木炭记录还很难确定过去发生火灾的强度及大小。

Ramesh et al. (2021)对卡姆拉湖(雅库特西南，西伯利亚)湖泊沉积物跨越约 2 000 年的木炭进行了分析，包括木炭颗粒大小和形态。他们发现，在 600~900 年，木炭积累增加了，表明在该时期有较高的火灾频率和较高的燃烧生物量；随后是近 900 年的低碳积累时期，没有明显的峰值，这可能与较冷的气候条件有关。1750 年之后，火灾频率和燃烧的相对生物量开始再次增加，这与俄罗斯殖民后气候变暖和人为土地开发相吻合。在 20 世纪，尽管火灾频率较高，但总木炭积累再次减少到非常低的水平，这可能反映了火灾管理策略的变化或火灾状况向更频繁但低强度的转变。

目前，大多数木炭重建火灾历史的研究都是以湖泊、泥炭和海洋沉积物为研究对象，而针对土壤中木炭指示生物质燃烧历史的研究很少。Huang et al. (2006)以中国黄土高原 4 个黄土—古土壤剖面为研究对象，通过炭屑浓度探讨了全新世野火活动与生态环境演变的关系。在末次冰期以前，蒋阳村地区野火较少；全新世早期处于干冷向温湿转变的过渡期，生物量积累增加，中粒炭屑浓度出现较高峰值，表明野火活动较为频繁；全新世中期，气候温暖湿润，植被茂盛，但是该地区似乎野火极少发生；全新世晚期，气候向干旱化发展，火活动频繁发生，可能是人类放火毁林、开垦土地等活动加强的结果。虽然 Huang et al. (2006)对不同粒级的炭屑进行了区分，也反映了全新世以来火活动的变化历史，但是没有从空间尺度上分析火灾是本地的还是区域性的。

基于木炭的火灾重建的一个重要前提是在火灾中会产生较大的宏观木炭颗粒，研究人员指出，126~1 000 μm 的碎片通常距离火场 7 km，而大于 1 mm 的碎片距离火场不到 100 m。但是，在适当的条件下，宏观木炭可以传播得更远。此前有记录的最长运输距离是美国蒙大拿州大火中约 1 cm 长的宏观木炭颗粒传播了约 20 km，但是有学者从澳大利亚悉尼大火中观察到大型木炭颗粒(粒径不大于 5 cm)传播了至少 50 km。在火灾强度相似的区域，地形对宏观木炭运输距离起着重要的控制作用。通常情况下，宏观木炭运输在地质异质性较高的景观中更受限制，更高地形异质性的景观将包含更多的障碍(如山脉)，可能会阻碍气流。这一论点得到了加拿大和美国西部的宏观木炭对比研究的支持，这两个地区都能产生高强度的火灾，但在美国黄石国家公园大火中，宏观木炭传播的距离比加拿大东北部大火的传播距离要短。这是因为黄石地区的地形异质性更高，阻碍了宏观木炭颗粒的长途运输。

(4) 多环芳烃

多环芳烃(PAHs)是一种持久性的污染物，由两个或两个以上苯环以直链状、角状或聚合状组成，广泛存在于大气、水体、土壤、沉积物、生物、沉积岩等各类环境介质中。作为一种不完全燃烧的特征产物，多环芳烃有较强的化学惰性，难以被生物利用，能在地质体中保存较长时间。

自然火的规模或频率能够反映当时的气候背景与环境状态。因此，多环芳烃对火的历史重建可间接反映过去的气候和环境的变化。Jiang et al. (1998)研究了澳大利亚西北部的早三叠纪和中侏罗纪地层中的多环芳烃，结果表明，湿润的季风性气候是火频发的主要原因。Tan et al. (2018)研究了中国黄河流域中游考古遗址沉积物中的多环芳烃，结果表明，在 4 500~4 000 年前，随着气候变得更加湿润，高强度洪水的发生，火灾频率显著下降。Hossain et al. (2013)分析了孟加拉国东北部始新世以来的多环芳烃浓度序列，发现该序列很好地反映了喜马拉雅山隆升对南亚地区气候的深刻影响，主要表现为：在喜马拉雅山隆起之前，南亚地区受副热带高压控制，气候干旱，多环芳烃分子谱指示当地只发生小规模的草原火灾；隆起中期，气候逐渐转湿，多环芳烃分子谱表明森林火灾多发；后期海拔进一步提高，气候已非常湿润，火灾明显减少。

在千年尺度上，多环芳烃能够反映不同历史时期人类的生产方式、生产力水平以及社会文明的兴衰等。从整体上看，地层中多环芳烃的沉积速率和人类活动强度呈正相关。Bandowe et al. (2014)研究了德国玛珥湖多环芳烃的沉积序列，结果表明各地层多环芳烃沉积速率有显著差异，从低到高的排列顺序为：早中世纪<前罗马铁器时代<罗马时代<晚中世纪与文艺复兴时期<早工业化时期<后工业时代。这个顺序表明多环芳烃的沉积速率与生产力水平呈显著的正相关。另外，在较复杂的沉积物中，一些低分子质量的多环芳烃很难被快速、精确测定，给多环芳烃的定量带来了困难。目前，由于在不同的沉积环境及成岩和变质作用条件下，多环芳烃的化学稳定性、持久性及其生物降解机制还需进一步研究。Thiele et al. (2002)发现，在缺氧条件下植物中的芳香碳和腐殖质前体可形成 3 环以上的高环芳烃，而萘、菲更容易在厌氧条件下由生物合成。除此之外，沉积物中多环芳烃的含量也可能因为某些低分子质量多环芳烃被微生物分解而降低，这些都给沉积物中多环芳烃的来源解析产生一定的干扰。

(5) 左旋葡聚糖

左旋葡聚糖学名为 1,6-脱水-β-D-吡喃葡萄糖酐，简称 LG，是纤维素中快速热解的产物。左旋葡聚糖在生物质燃烧中排放量很大，其化学性质稳定，可在大气、水体、土壤中传播，并沉积于地质体长期保存，使土壤、近代沉积物及远古时期沉积物中的左旋葡聚糖记录可以被用来指示生物质燃烧的历史。因此，左旋葡聚糖被科研工作者用作研究火的示踪物质。但是与木炭、黑炭、多环芳烃不同的是，左旋葡聚糖只可能来源于含纤维素燃料的燃烧，因而用来示踪生物质燃烧（特别是森林火灾或草原火灾）更准确。近几年来，在河流和三角洲沉积物以及亚马孙地区的土壤中都发现了左旋葡聚糖的踪迹，而且在卡里亚科海沟（Cariaco Trench）海沟更新世（距今 27 000 年）以来的沉积物中也发现了它的存在，这充分表明左旋葡聚糖可以在更长的时间尺度上用来示踪或重建生物质燃烧的历史。

有学者以中美洲的一处湖泊沉积物的钻芯为研究对象，分析了其中炭屑和左旋葡聚糖的全新世沉积记录，结果发现两者在沉积速率上有很好的相关性，这说明左旋葡聚糖也能用来重建全新世轨道尺度的火历史。其中木炭和左旋葡聚糖的高峰均出现在距今 95 000~6 000 年、3 700 年、2 700 年。通过援引前人的孢粉数据和古土壤序列，研究人员判定距今 95 000~6 000 年火频发主要归因于有利于火发生的气候背景，距今 3 700 年左右的炭屑与左旋葡聚糖的高通量源自人类活动；距今 2 700 年的峰值则指示了玛雅文明。研究发现，格陵兰冰芯中左旋葡聚糖的沉积速率从距今 15 000 年开始升高，于距今 2 500 年达到最大值。他们认为左旋葡聚糖逐渐增多是因为气候变暖使火有所增多，距今 2 500 年的最大值则是人类焚烧式地开发森林所导致的。

在生物质燃烧过程中，左旋葡聚糖产量的高低会受到一些外在因素的影响，如燃料的水分含量和燃料类型。实验表明，裸子植物燃烧排放烟气中的左旋葡聚糖含量水平占提取烟雾颗粒物总量的 10%~92%，被子植物占 20%~100%，而禾本科占 22%~100%。此外，火的强度、持续时间和燃烧温度也对左旋葡聚糖的产生和排放产生重要的影响。

2.2　火历史重建方法

火的燃烧绝大多数都是消耗含碳元素的生物质或化石燃料，其不完全燃烧产物，主要有炭屑、树木火疤、黑炭、多环芳烃和左旋葡聚糖。它们都对化学过程与生物代谢呈现惰性，能在环境中长期稳定地保存，是研究火历史的良好材料。其中前两种的实验分析主要通过光学显微镜观察计数，是物理分析法；后 3 种通过元素分析或色谱分析，是化学分析法。

2.2.1　基于黑炭的火历史重建

有机质的不完全燃烧能生成更小的黑炭颗粒，这类颗粒粒径通常为 0.1~1.0 μm，进入空气中以气溶胶的形式存在，这种颗粒通常被称为黑炭。黑炭会在风力作用下，甚至在大气循环的作用下传播，最后在重力的作用下沉积于多种地质体中。它也可能会被地表径流搬运至湖泊或海洋而沉积。研究者对含黑炭的样品，通过光学方法、元素分析法和苯多羧酸法等方法进行分析，从而确认火的存在与否和规模大小，再根据样品所在地层的定年结果来获得火的发生年代。苯多羧酸法就是以苯多羧酸作为黑炭分子标志物的方法在表征黑炭来源和稳定性方面具有较大的优势，其基本原理是在高温条件下浓硝酸将黑炭氧化为不同的苯多羧酸单体，根据测定的苯多羧酸单体含量，再计算出黑炭的浓度。吴圣捷等（2018）通过苯多羧酸法发现稻田土壤黑炭主要来自稻田作物燃烧。

在利用黑炭重建古火的研究中，通常会将样品中的碳元素进行 $\delta^{13}C$ 同位素分析，以了解火发生的植被和气候背景。Zhang et al.（2015）将黑炭与 $\delta^{13}C$ 的联合分析运用于云南省 5 处湖泊沉积的研究中，结果表明，近 18 500 年来，我国西南地区火的强度与印度夏季风强度呈显著的负相关。

2.2.2　基于树木年轮的火历史重建

基于年轮的火历史重建包括 3 个基本阶段：样本现场收集、实验室方法（处理和测年）和数据分析。下面将详细介绍如何利用树木年轮来重建火历史。

（1）确定研究区域

森林面积巨大，因此，在发生火灾后选择一个研究区域确定火灾历史及其变化是非常重要的。由于是利用树轮来研究火历史，那么研究区域就需要有火疤的树木作为抽样单位。使用无人机和视频技术可以方便地对研究区域进行侦查，以提供更广阔的景观视图。

在研究区域内，确定相同大小的取样地点，以便于比较。抽样地点的面积大小为 $50\ hm^2$、$5 \sim 50\ hm^2$ 或 $5\ hm^2$ 以下，视研究区域面积、被烧毁树木的可获取性和研究目标而定。

（2）抽样策略及注意事项

①在研究区域内，通常使用选择性抽样，也就是说，在研究区域内，选择已知含有被火烧毁树木的地点。

②采用选择性抽样，选择有证据表明发生过火灾并有火灾疤痕记录的地点。一些地区虽然有最近发生过火灾的迹象，但没有过去火灾的疤痕证据，如树木被完全烧焦或烧毁，则不适合重建火灾状态[图 2-2（a）]；但如果研究目标是测量火灾对树木的破坏及其生长率的影响，或评估火灾后这些森林的恢复情况，这些地区无疑是理想的。然而，由于目标是确定火灾历史及其随时间变化的程度，这需要在树木有过去火灾产生的疤痕但已经开始愈合的地点[图 2-2（b）]。

③考察研究区域，并确定一个有大量火疤树木的地点[图 2-2（c）]。记录所有被火烧毁树木的位置（GPS 坐标），使用这些点来划定研究区域的界限。

④在地理信息系统或其他绘图软件中绘制场地的空间表面，以确保场地大小相似。

（3）样品采集（采集火疤树）

在收集任何样本之前，都需要一份现场数据表，以便于收集相关信息，主要包括以下信息，一般信息：如研究区域和代码、站点号、样品号、样品状况、收集日期和收集器；确定采样地点的湿度、温度、坡度和坡向；确定树的属性：树种、直径、高度以及状态等；确定地理位置：坐标、高程；确定样品信息：树干上样品的高度和方向、取样数量、样品可见疤痕数量以及疤痕是否暴露。

为获得充足的树木年轮火疤样品，对研究区域进行目标火疤木收集。首先对研究区域

（a）受近期火灾影响（烧焦）的松林，但树木没有疤痕，这些地点不能用于重建火历史；（b）有过火痕迹的松林，树干底部有明显的烧焦部分，呈三角形，称为"猫脸"，这些地点被认为具有重建火灾历史的潜力；（c）一棵过火树的底部特写，每个不同的层代表一个火疤，在该图片中可以看到11个火疤。

图 2-2　是否具有火灾历史重建潜力的研究地点

（Julián et al.，2020）

进行系统性踏查，检查遇到的每一棵有明显火疤且健康的火疤木。经过筛选，选出有多个火疤、记录较长火灾历史的、最具代表性的样木。在完成火疤木确认的同时，将研究区域网格化(网格是进行火灾点定位和空间格局分析的标准)。对于采集的每一个火疤木，记录其胸径、横截面的数量、样木上可见的火疤数量、火疤的朝向、横截面的高度和 GPS 定位（最好精确到厘米级）。树的状态也被记录，活立木、枯立木、残桩或伐桩。在进行火疤木取样的同时，也要对其周围健康树木进行生长锥取样，以便交叉定年确定火疤年代。

从原木中提取火疤，需要取完整的横截面。然而，要从直立的树桩或活立木中提取样本，可能需要切割部分截面。如果可能的话，尽量选择对死树取样以减少对活树的损害。采样的主要工具是链锯，杆长至少有 20 in*，以便从小胸径树和大胸径树中提取样本。在取样时还建议配备额外的设备部件，以便在发生机械故障时现场取样不会延迟。

在选择要提取的火疤样本的侧面和高度时，应考虑可见火疤数量最多且保存最好的侧面和高度。通常，靠近地面的火疤数量更多。但火疤通常可以达到几米高，因此，在树干上部观察到的疤痕可能不会出现在树干底部。在这种情况下，需要分别从一段树干底部到更高部位收集多个样本，以便从中获取尽可能完整的火历史记录。然而，在树干底部收集火痕通常更困难和危险，特别是使用重型链锯切割截面时。而且底部取样时可能需要保持跪姿，如果发生危险时可能会导致无法快速撤离现场。首先，从这棵树上截下一部分横截面。沿着被火烧伤的树干一侧的横截面，从树皮延伸到树的中心，并切割所有需要提取的疤痕。在做了第一个水平切口后，在第一个切口的上方或下方 2~3 cm 处做第二个水平平行切口。切口间的距离越短，对树的伤害就越小，但样品厚度要取决于树干的坚固程度。

---

　* 1 in≈2.54 cm。

如果树形高度恶化，样品应更厚(>3 cm)以提供更大的稳定性。在对树干做了两个水平的切割之后，要做两个切入，一个从树的背面，另一个从树的前面朝向树的中心，以便从树的横截面移除。在两个平行的水平切割结束的地方，用锯片的尖端斜着切入树干，切割任何将横截面固定在树上的木材，从而成功提取出横截面。

提取完样本之后，使用站点代码、树号和样本号对样本进行标记(例如，站点 CRN 中的第一个样本将被标记为 CRN-01-a。数字 1，2，3，…表示树号，字母 a，b，c，…表示样本号)。最后用绝缘胶带或保鲜膜将火疤样品和所有的单个样品尽可能地贴近原始布置，这对有一定程度变质或腐烂的火疤样品尤为重要。将样品包裹牢固能在运输到实验室时起到保护作用。采完的样品最好拍摄现场照片或绘图，如果样品在运输途中发生散落时，可以根据现场照片恢复原本排列。

虽然大多数火灾重建研究使用部分或完整的横截面，但在横截面提取难度大的情况下，利用生长锥提取树芯也是一种重要的替代方法。对树芯的采样只在活立木或枯立木中进行，在采样过程中需要考虑如图 2-3 所示的影响因素。

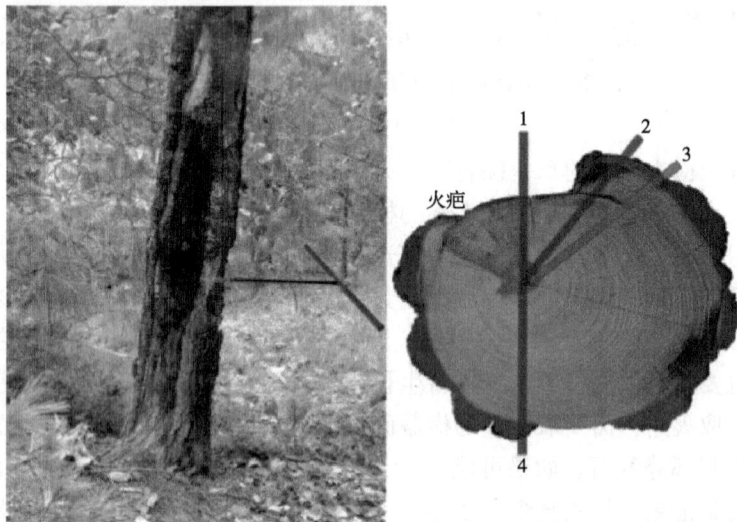

采样角度1穿过火疤的树芯不完整，火疤之后的年轮数据丢失；在采样角度2，第一个火疤之后的年轮也会丢失；理想情况是采样角度3，钻取的树芯拥有所有的生长年轮，可以识别和确定火疤产生的确切年份和季节；采样角度4离火疤很远，虽然可得到所有年轮，但不能用来识别火的日期，可以作为该树的参考年表。

图 2-3　用生长锥对被火烧毁的树木进行取样，提取树芯

(Julián et al.，2020)

(4)实验室样品制备

①当树轮样品到达实验室后，应小心地打开包装，将其由多个部分组成的截面中分离出来。识别样品的所有碎片，将不同的碎片粘在一起(用白色胶水粘木头)，从而还原样品。如果需要，可以使用现场拍摄的照片来确定每一个碎片的排列方式。

②年代测定过程中需要进行打磨、抛光，仅使用胶水固定可能不够坚固。在组装完这些样品的所有部件后，可将其安装在一个木质表面(如胶合板)。如果需要，在黏合过程中也可以使用机械订书机加固所有样品。

③制备过程完成后，将样品放在室外阴凉处 3~5 d 进行晾干。不能将样品直接放在阳光下暴晒，这会导致样品因为突然失去水分而开裂。

④样品干燥后，将较厚的样品(>3 cm)切成 2~3 cm 厚，以便在显微镜和测量系统下处理。

⑤分别选用不同规格的 40~1 200 μm 砂纸，用砂带机对所有圆盘和树芯样品进行打磨，砂纸打磨顺序是由粗到细。圆盘可不必全部打磨，但要重点打磨火疤区以及完整的年轮区，打磨至年轮清晰可见。在双筒显微镜下对年轮进行标记，每 10 年标记"–"，在每个火疤轮(黑色痕线处的一轮)标记"+"。这将有助于在年轮上识别火疤痕的位置(图 2-4)。

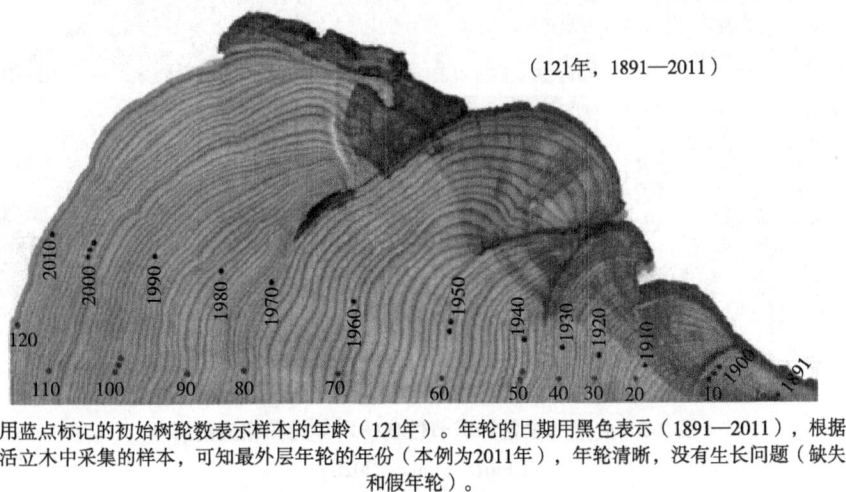

（121年，1891—2011）

用蓝点标记的初始树轮数表示样本的年龄（121年）。年轮的日期用黑色表示（1891—2011），根据活立木中采集的样本，可知最外层年轮的年份（本例为2011年），年轮清晰，没有生长问题（缺失和假年轮）。

图 2-4　经过预处理或砂磨后的松树样品

（Julián et al.，2020）

(5)树木年轮定年

①计算每个样本的年轮以确定年龄。从中心到树皮，每 10 年标记 1 个点，每 50 年标记 2 个点，每 100 年标记 3 个点。

②通过比较生长模式，确定每个年轮形成的确切年份。

③活立木样本中，最外层年轮(毗邻树皮)的日期是已知的，也就是采集样本的年份。在此基础上，通过计算从外部(树皮)到样品中心的年轮数直接在样品上标注日期。例如，如果样本是在 2011 年最后几个月收集的，当年的生长将接近完成，因此，最外层年轮的日期是 2011 年。从这个年轮开始倒数，并标记接下来年轮的日期，直到最内层的年轮，并用 1 个点标记第 10 年，2 个点标记第 50 年，3 个点标记第 100 年(图 2-4)。

(6)火疤定年

①在每个样本完成树木年轮测定后，识别样本中所有的火痕，并确定火灾发生的年份[图 2-5(a)]。

②利用火灾疤痕的位置确定火灾发生的季节。通常，将每个火痕的位置划分为以下类别之一[图 2-5(b)~(d)]：EE(早材初期)、ME(早材中期)、LE(早材晚期)、L(晚材)和 D(休眠或环形边界)。

（a）一个火疤截面的例子，红色箭头表示单个火疤，图中记录了1902—2003年发生的每一次火灾；
（b）年轮内休眠（D）；（c）早材初期（EE）；（d）早材中期（ME）火痕放大。

图 2-5　火疤的位置和季节性在树木年轮和相应的历年

（Julián et al. , 2020）

2.2.3　基于木炭（炭屑）测定火灾发生年代

炭屑是有机质不完全燃烧所生成的小团块，广泛存在于各种地质体中。它可直接指示火的存在，是最早用于重建火的代用指标。沉积物中炭屑的分析方法有薄片法、筛选法、孢粉流程法、化学分析法等。炭屑的含量和大小一直被作为恢复自然火发生规律的重要指标，燃烧的温度、燃烧物的组成成分也影响着沉积物中炭屑的大小和形态。随着燃烧温度的增加，炭屑的产量会相应减少；随着火灾频率的增加，炭屑颗粒会相应增大。根据炭屑粒径大小的不同，其提取的方法也不同。李小强等（2006）利用筛选法提取粒径>125 μm 的炭屑，利用孢粉流程法获得粒径<125 μm 的炭屑。炭屑粒径的大小影响了它们在环境中的迁移和沉积的情况。其中较小的颗粒易被风力或流水运送而最终沉积，可指示上风向或流域内的火；较大的颗粒会沉积在离火源较近的地方，指示附近的火。一般通过光学显微镜或扫描电镜对炭屑进行观察和统计。从光学上量化木炭的大小可分为两大类，分别是微观木炭和宏观木炭。更小的木炭颗粒通常用显微镜结合孢粉学来定量，因此称为微观木炭。较大的木炭颗粒（通常>100 μm）主要是通过湿筛分离出来的，因此有时被称为"筛过的"或"宏观的"木炭。细炭碎片通常小于 125 μm，可在孢粉制剂中遇到。在透射光下研究时，可以发现这些黑色的角状或条状碎片。然而，在这种情况下，除少数例外情况外，无法查明木炭的来源。小的烧焦草角质层碎片具有独特的表皮结构，可用于广泛的鉴定。

在使用孢粉分析法前，需要对炭屑进行前处理，其目的是尽可能去除样品中的杂质，提取样品中的孢粉,使得到的孢粉尽量纯净且密度适宜。孢粉提取的方法有酸碱法、重液浮选法、氢氟酸法和筛选法等。其中,氢氟酸法因其低成本、低污染和耗时短等优点被更广泛地使用,具体操作步骤如图 2-6 所示。孢粉鉴定是孢粉分析中最基础性的工作,关系到孢粉分析结果及其解释。将制作完成的孢粉样片置于生物显微镜下进行鉴定用于后续分析。孢粉和炭屑联合分析,不但能重建火的历史,还能了解火发生时的气候背景和植被条件,甚至有助于认识人类用火的变迁。Tinner et al. (2006)对阿拉斯加两处湖泊沉积物的炭屑—孢粉进行联合分析,结果表明从末次冰消期到中全新世,孢粉种类变化与自然火强度的变化有很好的对应关系。

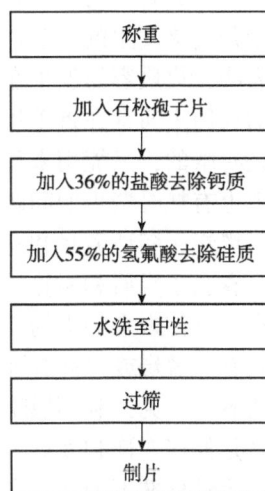

图 2-6　孢粉实验步骤
(汪启容,2021)

称重 → 加入石松孢子片 → 加入36%的盐酸去除钙质 → 加入55%的氢氟酸去除硅质 → 水洗至中性 → 过筛 → 制片

沉积物中的木炭可通过化学消解方法进行定量。测定沉积物中木炭含量的最常用方法之一是酸氧化法,含碳沉积物经过一系列步骤处理,去除基质,从而能够确定元素碳的含量。在古环境研究中使用最广泛的方法是用浓缩的 HNO_3 处理(它消化有机碳,但不消化木炭),然后在 550℃ 的温度下进行燃烧。元素碳被量化为着火前与着火后的质量差,表示为烘箱干燥的沉积物样品质量的百分比。但是化学消解不能区分生物质燃烧和化石燃料燃烧的产物,这也就意味着化学消解无法区分是森林火灾还是化石燃料燃烧。

2.2.4　基于多环芳烃和左旋葡聚糖的火历史重建

多环芳烃和左旋葡聚糖多使用色谱分析法。利用现代色谱分析技术可对多环芳烃快速、准确地定量分析(检出限 1~10 ng/g)和定性分析(确定不同多环芳烃的分子结构)。美国环境保护局公布了 16 种在环境中常见的多环芳烃,在文献中常被简称为16PAHs。其中相对分子质量最小的萘有 2 个芳香环;相对分子质量最大的为苯并[a]芘,含 5 个芳香环。相对分子质量较小的 8 种常称为低相对分子质量多环芳烃,简称 LMW-PAHs;相对分子质量较大的 8 种常称为高相对分子质量多环芳烃,简称 HMW-PAHs。研究表明,LMW-PAHs指示燃烧温度低、规模较小的火,如温带草原、热带稀树草原(Savana 植被)上的自清型的野火,家庭生活用火也属于此范畴;HMW-PAHs 则反映规模大、温度高的火,如大规模的森林火灾、工业生产、交通工具消耗石油燃料等。因此,多环芳烃的定性分析可用来指示火的规模和属性。

2.2.5　不同火历史重建方法的比较

纵观已有的全新世尺度火的历史重建的研究成果,大多数还是以炭屑重建方法获取的。炭屑指标获取的范围广,但凡沉积物中几乎都有它的存在,其重建火的历史的时间尺度也最宽,从百万年的地质时期到近数百年都有相关报道。但它也有一些缺点,如炭屑的统计分析是靠肉眼通过显微镜观察和计数的,这样会引入视觉误差,降低重建结果的准确度。而且,在显微镜下观察和计数的工作量很大,枯燥乏味而且耗时,这为实验操作者带来了一定劳力上的负担。树轮火疤有定年精准的优点，树轮中早材和晚材的差异甚至可以用于判定火发生的季节。赵志奎(2010)对大兴安岭地区近200多年来的树轮火疤的分析结果表明，火最容易发生在春夏之交。但树轮火疤在应用上有很大的时空局限性。它所能重建的火历史通常在近千年以内，这是受树木生长寿命所限的。很显然，树轮火疤研究区域也是有限的，只能用来重建森林景观中的火。此外，与炭屑类似，树轮火疤定年在实验操作上也有耗时费力的问题。

黑炭、多环芳烃和左旋葡聚糖多数采用化学方法进行分析。化学分析方法相对快速便捷，省去了炭屑和树轮机械计数所耗费的大量时间和劳力。化学分析方法向定量分析更进一步，这使未来的火的历史研究有了减小分析误差、增强可靠度和提高分辨率的潜力。纵观已有的黑炭或多环芳烃重建火的历史的研究成果，大多数都有揭示火的历史与人类活动的关系。可见，利用黑炭或多环芳烃对火的历史进行重建，有助于我们了解历史上的人地关系是如何变迁和发展的。但它们也有各自的缺点：黑炭的缺点是它的分类和定义不明确，测量标准不确定；多环芳烃经过多年的沉积会有部分降解，这可能会使长时间尺度的火的历史重建有一定的不准确性。左旋葡聚糖在反映气候变化上和在指示人类活动上均有相关报道，但相关研究成果不多。左旋葡聚糖来源较为专一，能特异性地指示纤维素的燃烧，但不适用于工业革命以来的、有大量化石燃料消耗的火的历史重建。对各种代用指标的特性总结见表2-1。

表2-1 各种代用指标的特性

不完全燃烧的产物	样品来源	检测方法	研究区域	年代跨度（数量级，年）	地域跨度
黑炭	湖泊沉积物、黄土、深海沉积物、冰芯	光学分析法、元素分析法、苯多羧酸法、$\delta^{13}C$ 联合分析法	森林景观、草原景观、人类活动区域	$100 \sim 10^6$	样点周围数百千米、湖泊或海洋集水区内
树木火疤	森林乔木	树轮火疤定年统计	森林景观	$100 \sim 10^2$	样点本地
炭屑	湖泊沉积物、黄土、深海沉积物	显微镜观察计数，常与孢粉联合分析	森林系统、草原景观、人类活动区域	$100 \sim 10^6$	样点附近、湖泊或海洋集水区内
多环芳烃	湖泊沉积物、黄土	色谱法	森林景观、草原景观、人类活动区域	$10 \sim 10^8$	样点周围数百千米甚至数千千米、湖泊或海洋集水区内
左旋葡聚糖	湖泊沉积物、冰芯	色谱法	森林景观、草原景观、人类活动区域	10^3	样点周围数百千米、湖泊或海洋集水区内

注：引自江鸿等，2018。

2.3 火历史重建的复杂性

基于各种代用指标的火历史重建结果，都有一定的复杂性和不确定性。首先，从火成碳的生成到保存的过程中，因大气或水文的作用影响到了火成碳保存的空间分布，使研究样点和原火发生地点有空间差。这极大地增加了准确进行火历史重建的难度，甚至会出现分歧。Daniau et al. (2013)对非洲西南海域中木炭沉积的研究中，考虑了风向、河流以及洋流对木炭沉积分布的影响。Bandowe et al. (2014)分析了德国玛珥湖的一处多环芳烃沉积序列，认为这里近代沉积的多环芳烃主要是由盛行西风从西部一些城市带来，然后沉降的。Tan et al. (2015)在对黄土高原火的历史重建中，发现利用木炭与黑炭重建，得到的火的多发期并不一致，他们认为可能的原因是这两种代用指标的迁移机制不同。综上可见，在火历史的研究中，要充分考虑火成碳生成后空间迁移的问题，如研究样点的盛行风向和水文条件等。如果是在季风区，则需要考虑火多发季节内的风向和水文条件。此外，从火成碳的生成到最终沉积，也有一定的时间差，这可能会造成火历史重建的年代误差。

其次，各种代用指标在迁移转化过程中，可能会降解，从而会降低它们在沉积环境中的保存通量，这也提高了火历史重建的不确定性。目前，关于炭屑的降解的研究和讨论，还甚为少见。但对于黑炭、多环芳烃与左旋葡聚糖，它们在生成后，很大一部分会以气溶胶的形式存在，这使它们在空气中容易发生光化学氧化。如果代用指标主要是通过大气沉降而沉积的，如高山湖泊或远洋沉积，就应充分考虑传播过程中的光化学氧化所引起的损失。在沉积物中，黑炭和多环芳烃均可能被微生物降解。沉积物主要存在于无氧环境中，多环芳烃在无氧条件下的降解是非常慢速的，而且需要借助 SO_4^{2-}、NO_3^-、Fe^{3+} 等电子受体才能进行。此外，黑炭、多环芳烃从生成到进入地质载体，很多时候也会在土壤中发生降解，从而对其总量造成一定的损失。值得注意的是，由于降解作用的存在，若某个代用指标的重建序列中有几个相近的沉积通量，那么，其中年代越久远的，指示的火强度会越大。

此外，利用树轮火疤重建火历史也有一定的不确定性。如果森林中有火灾先后多次发生，那么连续的火烧会使火灾的定年不准确，有的火灾有时不会留下火疤，因为新的火烧可能会破坏以前的火灾记录。而其他原因造成的伤疤与火烧造成的伤疤无法辨别也可能会导致火历史重建的错误，但即便如此，树木年轮在火灾历史重建中的作用仍然不可替代。

2.4　火历史、气候变化与人类活动

2.4.1　火历史与气候变化

(1)气候快速变化过程中的火历史

在气候快速变化的时期内，火灾通常是多发的。已有的研究结果表明，在白垩纪向第三纪过渡的时期，气候从温暖湿润向寒冷干燥迅速转化，这也可能是恐龙灭绝的主要原因之一。在同时期的地层中，也有大量火成碳的检出，说明该时期内的火是非常普遍的。在百万年尺度上，Bird et al. (1998)对赤道非洲西海域海底沉积物中的黑炭进行元素分析，结果表明，南撒哈拉火发生最为频繁的时期是全球气候由间冰期向冰期过渡的时段。此外，从末次冰盛期到早全新世也有一系列的气候快速变化事件，同样对应着火的多发期。

近 40 年来，全球气候经历了一个快速变暖的过程，寒温带春季融雪期提早，半湿润区夏季趋于干旱，都在很大程度上提高了自然火的发生概率。Westerling et al. (2006)分析了 1980 年以后美国西部的火灾档案记录，发现该地区火灾的频率对气候变暖有明显的响应。Jolly et al. (2015)对 1979—2013 年的全球气象数据与自然火的记录做了统计分析，发现在该段时期内，全球每年的火多发期时间延长了 18.7%，受火影响的面积增加了一倍。

(2) 火历史与气候干湿变化

气候干湿变化是影响火历史的首要因素。对于二者之间的关系，不同研究者的结论有所不同，大体可分为两种：干旱说和湿润说。

干旱说认为，干旱的气候能提供更多有利于火发生的天气条件，从而导致火的多发。有研究表明，干旱气候和高浓度二氧化碳可能会导致植物群落组成的变化，从不太易燃的阔叶植物演替到更易燃的针叶植物，从而增加了火灾的发生。Wang et al. (2005)研究了黄土高原中部的一处黑炭沉积序列，结果表明黑炭沉积速率的变动与 23 ka 的岁差周期有很强的对应关系，其中在气候干冷时期黑炭的沉积速率最高。Zhang et al. (2015)研究了云南腾冲一处湖泊中 18.5 ka 时的黑炭沉积序列，发现黑炭的高沉积速率与印度季风减弱的时期相对应。Trouet et al. (2010)分析了美国西部自公元 1400 年以来的树轮火疤记录，认为火强度与夏季干旱程度呈正相关，高温年更易引发大规模的火灾。Xin et al. (2020)研究了中国 107 个独立站点的木炭记录，发现在全新世中期气候湿度最高时出现了最低的火灾水平，相比之下，由于干旱和人类活动加剧的共同影响，火灾活动在晚全新世达到最大。Byers et al. (2020)研究了美国亚利桑那州的石化森林国家公园中的 13 个类似于火疤的化石原木，通过对其中具有明确火疤外部特征标本的分析，发现其细胞管腔直径和细胞壁厚度表现出与经历干旱条件的现代树木相似的反应。

湿润说则认为，在相对湿润的气候背景下，火更容易发生。因为只有保持一定的湿润度，才能给养足够的植被，从而为火的发生提供足够的生物质燃料。如果气候过于干旱，生物质积累不足，就没有足够的燃料来支持火的燃烧。

2.4.2　火历史与人类活动

自人类逐渐掌握用火以来，火极大地促进了人类的演化和发展，与此同时，人类也对火产生了极大的影响。人类对火的扰动可归纳为两个方面：首先，人类作为重要的点燃源，人类活动的增强会大幅增加火被点燃的概率，从而提高火发生频率；其次，人类也可以通过影响植被组成(如毁林开荒、建立隔离带等)而间接影响火。

火不仅是一种自然现象，也是一种人类工具。至少从新石器时代早期开始，人们就已经用火来开发森林了。进入全新世后，随着农业的逐渐发展，人口数量的增加，人类的活动范围逐渐扩大，人类用火也逐渐增多，构成了火历史的重要组成部分。重建人类用火历史仍是以黑炭、多环芳烃、左旋葡聚糖等火成碳为代用指标。如热带雨林的湖泊沉积中，有报道人类用火的火成碳记录，黄土高原也有因人类的农业活动而导致的地层中较高含量的火成碳。在青铜时代、铁器时代，金属的冶炼消耗大量的生物质燃料，这也会在地层中留下大量火成碳。刘建华等(2004)和邹胜利等(2010)的研究成果均表明冶炼业的兴盛导致多环芳烃高沉积通量。还有，人类对自然的快速开发同样伴有火成碳的大量产生。如 19世纪的西进运动，人类对美国西部森林的快速开发增强了当地火的强度。

从时间尺度来看，目前关于人类与火的历史关系的研究，主要集中在工业革命后的 200 多年，千年尺度的研究只重建了时间分辨率较低的历史文明时期，如仰韶文化、玛雅文明、青铜时代、铁器时代、罗马时代和中世纪等。而历史事件通常是年代际或年际尺度，如太平盛世的文景之治 39 年、开元盛世 30 年；又如战争事件的汉武帝驱逐匈奴 14 年、安史之乱 8 年等。饥荒、洪涝等自然灾害则是年际尺度，为能重建此类历史事件，必须提高火历史重建的分辨率。

人类文明与火的使用的关系是多种多样的，比如，在文明发达的地域人口一般较为密集，生产生活用火就会留下较多的火成碳记录。这样看来，人类一年四季、每日不断地用火所产生的火成碳并不比偶发的森林、草原火灾少。另外，火成碳记录能指示人类生产模式的变迁。从烧殖轮作，到丰收后的秸秆焚烧，再到化石燃料的消耗，这些生产活动所生成的火成碳，在时空分布与物理化学性质上都会有较大的差异。人类的其他文化活动，如大兴土木搞建设、焚香烧纸祭祖先等都会有大量火成碳的生成。再者，一段时间内的社会动荡所导致的人口迁移、战争事件等，也都可能会在很大程度上影响火成碳的时空分布。

复习思考题

1. 阐述火历史重建的代用指标及其特性。
2. 简述利用树轮重建火历史的步骤。
3. 简述黑炭燃烧连续体的特征。
4. 简要说明火历史与气候干湿变化二者之间的关系。
5. 林火历史重建的复杂性表现在哪几个方面？

第 3 章

林火地理学

【本章导读】本章以"火情势"为核心概念，剖析火与气候、植被、地形的相互作用及其空间分异规律。结合全球案例探讨火情势对生物群落边界的影响，并引入遥感与地理信息技术分析火干扰的景观效应，阐明火地理学在预测火灾风险与优化管理策略中的关键作用。

3.1 林火"情势"的概念

林火"情势"的概念是由马尔科姆·吉尔（Malcolm Gill）在 1975 年提出的：在地球上，任何有足够植被作为可燃物的地区都会有火发生，这些火会随着植被和气候的变化、空间和时间的变化而变化。因此火被认为是气候和植被类型的一种新属性，并且在时间和空间上有其独特的模式。火和生物通过进化调整和相互影响，进而形成了火灾活动的特征综合体，即火情势。火情势影响生态过程的土壤形成、营养循环、野生动物栖息地、碳动态和区域气候等。在火灾分析工作中，了解火情势的概念是非常重要的，它也是林火地理学中的核心概念之一。

火情势作为火生态学中的一个重要概念，它描述了火灾和植被类型、景观环境以及气候区域之间的众多相互作用。火情势可以认为是由植被和气候之间的各种相互影响，相互作用的多种反馈，也可以被定义为：在某个景观中，以不同频率、季节、类型、严重程度和过火面积来表达的重复的火烧活动。火情势主要受控于点火频率和可燃物的结构特征，同时火情势的 4 个因素（生物量、可燃物结构、季节性和火源）之间存在重要的相互作用和反馈循环。虽然目前已经在全球和大陆范围内对生物群落的空间分布进行了很好的描述，但在类似的范围内对火情势的详细描述仍然无法获得。

为了了解火情势的地理分布，澳大利亚生态分析与综合中心成立的火地理课题组曾开展过一次以澳大利亚为例，描述整个大陆的火情势多样性的工作。该工作虽最初看起来很简单，但它实际上是寻求如何将火情势这一固有的模糊概念提升到与植被类型和生物群落同等地位的一个重要内容。与许多其他生态和土地管理的概念一样，关于人类在火情势的自然过程中所产生的影响也一直存在争议。火情势对人类活动非常敏感，人类活动可能会改变人为火频率、可燃物载量和特性以及火行为等。而人类影响甚至操纵火情势的原因有很多，包括故意纵火、战争、对自然资源的多种管理（如农业、畜牧业、林业和野生动物管理），以及保护基础设施和城市地区等。我们对过去、现在和未来地球上人为火情势多样性的了解仍然不全面。那么当得出可以在全球范围内进行比较分析的人类对火情势影响的数据时，以及当我们更多地了解不同景观火的历史规律及其对社会、经济、生态的积极或消极的影响时，我们对人为火情势的理解就会进一步加深。

通过对过去和现在人类对生物群落中的火情势的影响进行比较研究，才能确定当前的火情势是否已经偏离历史变化范围，而这是确定当地人类与火灾关系是否可持续的关键。对火灾管理中不同的文化传统和政治（从地方到地缘政治）影响的理解，对于评估个别景观和生物群落中不同火情势的成本和效益至关重要。例如，印度尼西亚在 20 世纪 80 年代和 90 年代决定促进富含碳的泥炭地的排水，直接导致了灾难性的碳释放。这些泥炭地的燃烧受到干旱的强烈控制，随着气候变化，干旱可能会变得更加严重。巴西的一项相关政策有助于将亚马孙的森林砍伐率大幅降低 70% 以上，但气候模型预测亚马孙东部地区对气候变化的脆弱性很高。总的来说，这些见解将能够在全球动态植被模型中更好地体现人为火情势的多样性，这对于理解碳循环和确定火灾管理战略以减少排放和增加碳储存具有至关重要的作用。

有学者认为，自然火情势是一个频率较高但强度较小的小型火干扰，它将景观分割成一个细粒度的年龄等级的混合斑块，进而排除了大型且具灾害性的重度火干扰的发生。就古火而言，将人为影响与自然火情势分开，这在学术界和管理界仍然是一个争论的焦点。许多人认为自然火情势的概念只能适用于人类殖民和定居之前的地区，但这种观点并不适用于人类起源的非洲地区火情势。"自然火情势"这一术语有时只用来描述所有的古火情势，无论它们是否由人类活动或雷电引起。例如，美国景观火灾和资源管理规划工具（LANDFIRE）将美洲原住民的燃烧模式纳入自然火情势。在美国和加拿大，由闪电引发的森林火灾，如果不威胁到人类或基础设施，有时会被允许自由燃烧，以便在这些生态系统中维持自然干扰。目前，有些国家和地区利用计划烧除的方法通过人为烧除地表可燃物的方法来控制大型火灾的发生。

火情势并非仅与火干扰强度、火干扰频率有关，同时还与生物本身的敏感性和其抗干扰的能力等有关。因为在某些环境中（如热带雨林），低强度、低频度的火烧也可能具有极大的破坏性，因为植被耐火的能力非常差，即抗干扰能力差。相反，一些植被类型对频繁的火灾适应能力非常强，因为它们的生物特征可以迅速恢复到火前的状态，因此，这种火灾通常被认为是低烈度火干扰。火干扰强度对火的生物效应的影响表现为不同火烧强度下，植被的烧毁情况和恢复情况。例如，轻度火烧的草丛—灌木群落大多数都能很快恢复到火烧前的状态；重度火烧的灌木—苔原地带，很难恢复，一般会被苔藓植物和莎草等物种取代。倘若苔原烧毁情况较为严重，用 50 年或更久也难以恢复。位于北极苔原带的沼泽生态系统遭到破坏之后，其恢复时间要达到 100~200 年，甚至是 600~800 年。在我国的大兴安岭林区，轻度火烧后植被经过一段时间的演替基本能恢复到火前的状态。经中度火烧之后，草本、灌木层基本被烧尽，喜光草本以及灌木存在优势，而后有先锋树种出现（主要为山杨和白桦），再随后演替成为针阔混交林，随着针阔混交林内树种的竞争和演替，以及植被的自稀疏过程和阔叶树种的自然死亡，针阔混交林最终演替成以兴安落叶松为主导的针叶林。如果火烧强度为重度，植被自然恢复的时间和过程则会非常漫长，可达上百年甚至几百年；从火干扰频率的高低来看，火烧间隔周期的长短会影响植被的恢复与演替。将火烧间隔的周期与火烧区本地的优势树种更新的周期相比，如果火烧间隔小于优势树种的更新时间，则此优势树种将面临逐渐消失的风险，进而会渐渐演替为以其他的物种作为优势物种的群落；反之，如果火烧间隔的周期相较于优势树种更新的周期更长，那么本地的群落还会以此树种为建群种。

有时需要区分不同空间的火情势，因为在不同区域火的燃烧以及燃烧方式对生态系统造成的影响在质和量上都是不同的。例如，在被非本地草本植物入侵的干旱和半干旱灌木丛和林地，草本的入侵改变了该区域的火情势，使原本可燃物有限的灌木丛和林地的火干扰变得更加频繁、过火范围更大，而这些地方历史上很少发生火干扰。当火干扰频率超过本地优势植被的演替能力时，该空间的景观会转变为以入侵的草本植物为主，同时伴有对火灾有抵抗力的本地草本或木本植物。

考虑两种发生在不同地区、不同时间、不同类型的火干扰有助于我们进一步阐述火情势的概念。假设在呼伦贝尔草原和大兴安岭林区发生了两场火灾：草原火发生在深秋，它烧毁了 1 000 hm^2 的均质草原；森林火灾发生在盛夏，烧毁 1 000 hm^2 的山地森林。呼伦贝尔草原地势平坦而且有多种草本植物混合，而大兴安岭森林地形崎岖，有树龄 200~300 年的混有白杨的针阔混交林，同时夹杂着小的湿地和草甸斑块。对于这两种假设的火灾，都可以绘制出一个 1 000 hm^2 面积的火烧迹地范围，但两种模式却导致了截然不同的火情势。

了解某一个区域的火情势还要明确某一场火灾是否超出了历史的火情势范围，这对于生态系统管理和预测也是非常重要的，因为如果火情势已经超过历史火情势，那么就预示着这个生态系统可能会发生其他变化。对森林的过度保护，包括禁伐和防火等管理行为会导致地表可燃物的大量累积，全球气候变暖导致的极端干旱天气高发，这些都会深刻改变自然林火情势，对于研究人员理解火情模式和过程之间的联系非常重要。

草地可能每 2~6 年就发生一次火灾，每次火灾几乎都会将过火区内所有的地上生物量完全烧光。但是在火灾之后 1~2 年就很难再找到过火的痕迹。因为在火烧后的草地，群落地上生物量的结构所发生的最明显变化是可燃物大量减少，光线通透系数升高，有利于群落接受更多的太阳光进行光合作用，进而提高生物量，很快恢复至火前状态，生物量甚至可能超过原始数量。林火干扰在某一地区可能几十年甚至上百年才发生一次。火干扰使林地景观形成斑块状镶嵌体。多数地区可能只是发生了轻微的地表火，对过火斑块内的林冠层并未造成影响；而有些极端火行为由于燃烧释放的热量足以让火烧到树冠层并形成林冠火，一次性烧死几十到上百公顷的树木。未被烧死的树木会在底部留下火疤，这种火疤作为过火的证据会在景观尺度上持续几个世纪，烧死的树桩和倒木则可以作为某些生物非常重要的栖息地。森林在火烧过后便开始了斑块内的演替循环，在北方针叶林区由于山杨和白桦的竞争优势，其面积将会增加。随着植被的演替，草本等新物种的出现改变了当地的火情势。同样，外来物种的入侵也通过改变火情势来改变植被组成。

依据经典火三角理论，在不同的时空尺度上，火情势受控制因素的影响存在一定的差异。在区域尺度上，火情势主要受植被、气候和点火源的影响；而在景观尺度上，单场火灾主要受气象、地形和可燃物特征等因素的影响。由于地带性植被类型的差异以及降水量、温度等气候因素的不同,不同生态区的火情势(火斑规模、季节性特征等)也存在较大差异。由此可见,火情势不能够仅通过气候、植被或火源来简单预测,它们三者之间存在着复杂的相互作用,同时气候和植被还会受其他因素的影响。例如,植被也受到生产力、地形和人类活动的影响,同样植被也可以改变当地气候。这些反馈使气候、植被和火干扰之间的预测关系变得非常模糊和复杂。而且在相同的气候区域,有可能同时生长着完全不同的植被类型,这使火情势预测更加具有挑战性。

由于火情势的复杂性以及将火情势简化为单一变量(如火灾频率或典型火灾强度)存在一定难度,因此,研究人员试图使用简单的统计模型来预测气候变化对火情势的影响变得尤为困难。例如,有学者将 10 年间的全球火干扰分布(即火灾存在或不存在)作为气候的一个函数来构建预测模型。预测结果显示:火干扰的频率在降低,然而与低频率火干扰的发生相比,树冠火的发生则具有更大的生态学意义。这些不常发生的极端火行为与罕见的火灾条件组合有关,而这些条件组合不能通过年平均条件的简单相关模型来解释。

驱动火情势的气候变量往往与其是高度相关的,以至于常规的统计分析方法可能无法划分出单个的气候效应。例如,一些火干扰的概念模型强调了在一系列时间尺度上运行的气候和天气变量的重要性,如"四开关"模型中,从不同的时间尺度范围来模拟气候和天气变量对火灾发生的影响(图 3-1)。了解短期天气和长期气候的相对重要性的必要性,突出表现在降水量、生产力和细小可燃物载量的减少将抵消世界上某些地区不断增加的火灾危险的不确定性。

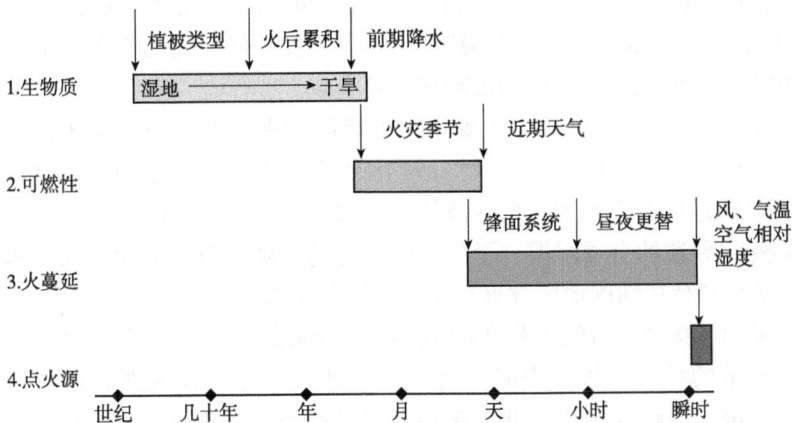

图 3-1　"四开关"模型概念

(Andrew et al., 2014)

基于火情势的过程模型可以有效地规避一般统计分析方法难以模拟空间尺度上有关火干扰的问题。这些模型如景观火灾演替模型(LSFMs)等,它们可以在一个空间模拟火干扰和演替的相关过程,能够更好地模拟大空间尺度的植被和火干扰过程,但尚不具备真实地再现火情势许多特征的能力,例如,火情势与气候的联系有多密切仍有待验证。因此,目前面临最重要的挑战是评估现有的过程模型能在多大程度上预测在大陆和全球范围内火情势的多样性;同时开发一个可以评估火情势受气候和其他环境变量驱动程度的框架,以及基于已开发的概念模型和过程模型来模拟火灾—环境关系是否一致。

目前,获取某一区域的火情势通常采用如下步骤:首先,制定一个框架来描述和绘制该区域范围内的火情势多样性;其次,综合现有的植被图、专家知识、文献资料和遥感火产品数据来识别和描述主要的火情势类型,并将火情势的现象描述与概念模型相协调。其中遥感数据在监测火干扰范围和火行为时无法提供不易燃生态系统的火重复周期。因为自20世纪70年代以来才有较为一致的遥感影像数据,同时卫星监测的火灾强度(如火灾辐射功率)和火灾严重程度(如差异化归一化燃烧率)均有一定的适用范围,因此,这些指数在各种系统中的可靠性以及它们与地面测量的强度和严重程度的确切关系还有待进一步验证。

3.2 全球气候、植被分布与林火

3.2.1 全球气候变化与林火

全球气候变化是人类迄今为止面临的规模最大、范围最广、影响最为深远的挑战之一,也是影响未来世界经济和社会发展的最重要因素之一。联合国政府间气候变化专门委员会(IPCC)第六次报告指出,由于气候变暖,气候系统所发生的变化会越来越大,包括极端高温的频率和强度增加、海洋热浪、强降水、农业和生态干旱、强热带气旋的增加,以及北极海冰、积雪和永久冻土的退化等。自1970年以来,全球地表温度的上升速度比过去2 000年的任何其他时期都要快。如果全球温度比工业化前高2℃,那么陆地上过去几个世纪每50年发生一次的极端气象事件,可能每4年就会发生一次,而且预计会有更多的复合事件发生,如同时发生热浪和持续干旱等。在气候变化的大背景下,无论是气候变暖还是极端天气的增加,对林火的影响均不容小觑。

2013年,IPCC第五次评估报告中确定了可能影响火灾天气的气候趋势:全球平均气温的升高、热浪强度和频率的增加以及区域内干旱发生的频率、持续时间和强度的增加。这些趋势主要是通过促进炎热和干燥的条件来增加林火发生的可能性。

全球气候变化导致的全球增温、干旱、极端高温、夏季降水减少以及厄尔尼诺、拉尼娜、南方涛动等现象使中纬度地区林火频发。以厄尔尼诺事件为例,厄尔尼诺事件发生后,部分地区降水量明显减少,出现严重的干旱现象。影响最为显著的印度尼西亚和澳大利亚地区,频繁发生严重的林火。研究表明,厄尔尼诺事件会导致林火面积增加133%。例如,1997—1998年的厄尔尼诺事件是20世纪遭遇的最极端的天气事件之一,该事件使印度尼西亚出现了异常的干旱天气,进而导致了大规模的林火发生,其过火面积超过456×10^4 hm²;同年,澳大利亚也发生了特大林火,过火面积达150×10^4 hm²。近年来,美国、加拿大、俄罗斯、希腊、印度尼西亚、巴西、澳大利亚、西班牙等国家相继爆发了历史上罕见的森林大火,也是气候变化导致的直接结果。

气候是影响林火行为的重要因子,林火发生发展的时空规律会随着气候的变化而变化。在当前气候变化的大背景下,森林防火期由固定的季节性向非季节性发展,使林火的时间分布发生了新的变化,许多地方的森林防火期明显延长。我国林火的月际变化规律在不同地区也存在显著的差异,在我国东北地区林火多发生在春、秋两季,而南方地区则多发生在秋季、冬季和春季，同时，近年来夏季林火的发生次数也明显增多。

近年来，随着人们对空间概念的理解逐渐加深，研究者们发现受气候变化的影响，不同区域的林火发生频率都呈现增加趋势。例如，在高纬度地区，气候变暖导致冰雪融化，但林火发生频率却在增加；即使是在潮湿的热带雨林地区，只要气候足够干燥，较深的泥炭累积物也能燃烧并形成地下火。在全球范围内，林火发生的地理分布区域在扩大，林火危险性在增加，森林可燃物含水量降低，林火燃烧性增加，林火的发生与干旱严重程度和持续时间密切相关。由于目前所了解的只是气候对火灾直接的、短期的影响，而对可燃物的数量和分布的影响却是间接的、长期的，因此，气候变化如何影响火行为还需要深入研究。

林火的发生并不是由单一因素控制的，而是受到至少 4 个因素的共同影响：包括火源、可持续燃烧的可燃物、干旱、适当的天气条件(风、高温、较低湿度等)，而这些因素或多或少都会受到全球气候变化的影响。尽管气候变化和林火之间存在显著相关性，但并非简单的线性关系。我们可以把林火的驱动因子视为电路串联的"开关"，只有当 4 个"开关"同时"打开"时，林火才会发生。例如，连续干旱天数越长，地表可燃物越干燥，增加了其可燃性，这就使林火发生的可能性增加。干旱同时发生在所有生态系统中，但其对不同的生态系统所造成的影响却存在着显著差异，而且对不同生态系统内火情势的影响也不同。例如，由于热带稀树草原干旱频发，所以这个地区非常容易发生火灾。在全球范围内，不同的干旱模式对火灾频率和强度的影响是不同的。研究发现，自 20 世纪 80 年代中期以来随着平均气温的明显升高，干旱年份出现得越来越频繁，林火的发生也呈现明显的增加趋势。

气候变化影响了地区间的降水分配和气温差异，进而对植被的生长、分布及其理化性质产生了非常重要的影响。气候变化通过改变森林可燃物的理化性质，如森林可燃物的燃点、热值以及挥发油含量等，进而影响森林可燃物的易燃性和燃烧性。在气候变化条件下，虽然森林可燃物对于气温和降水量的变化都会有所响应，但对于气温升高的响应更为显著。在一些地区，尽管气候变暖没有导致降水量下降，但会增加植被的蒸腾速率，导致气候变得更加干燥的同时，也会降低可燃物的含水率。在以木质燃料为主的生态系统中(如地中海地区、北方森林生态系统)，干旱不仅增加了火灾的可能性，还通过增加植物的死亡率和凋落物数量来进一步增加了可燃物载量，这一系列因素都提高了火灾发生的概率和蔓延速率。除此之外，气候变化还会影响植被的群落结构和组成、初级生产力以及植被在景观上的空间分布。

全球野火每年烧毁的植被达 $3.3×10^8$ ~ $4.3×10^8$ hm^2，并向大气中释放的碳达 2~4 Pg，同时气候变暖也会导致大气中的二氧化碳浓度升高，促进植被生长的同时也增加了凋落物的数量，使可燃物载量呈现增加趋势。植物生长季又会因为气温的升高和二氧化碳浓度的增加而延长，从而提高森林和草原的可燃物载量，为林火的发生和蔓延提供物质基础。可燃物的燃烧会释放大量的温室气体，火灾和大气之间就会形成正反馈，还可能会产生更加复杂、快速、不可预测的极端火行为。除此之外，全球变暖还可能会增加温带地区的闪电数量，这也会导致林火发生的频率增加。气候还通过影响火源、大气温度、可燃物含水率以及陆地生态系统生物量来直接影响林火的发生和蔓延。

3.2.2　火干扰与植被类型分布

火干扰与植被的类型和分布的关系密切。一方面，火干扰通常发生在有植被覆盖的区域，但是在不同的植被类型区，其发生的火干扰类型并不相同。例如，在草地上，草本植物的快速生长和干枯可燃物的快速积累对于火灾的发生提供了有利条件。由于草地火灾发生时的温度并不高（低于600℃），并且在地表蔓延的速度非常快，因此，草本植物藏于地表以下的根和种子一般不会被烧死。草原火的一个关键因素是火灾重复周期指数（FRI），如果FRI小于10，很多幼小植物就会被烧死。但如果火灾发生的时间间隔太长，草本植被可能就会向灌木和树木过渡转变，从而改变生态系统类型以及后续火灾的性质。在森林生态系统内，火行为会更复杂一些。森林火干扰多为地表火，会消耗地面的可燃物，如干枯植被、树木枯枝落叶等，还包括一些正在生长的草本和灌木等。对于林火的蔓延，可燃物载量和连续性是十分关键的。决定地表可燃物性质的关键因素不仅是植被的含水量，还包括可燃物的大小、分布和种类。通过野外调查和实验室分析发现，原木、小树枝和树叶具有不同的燃烧性和含水率。不同形状和大小的叶子其燃烧性也不同，而且会产生不同的火灾蔓延速率。

中小强度的地表火一方面可以烧死地表植被，影响森林生态系统的物种组成等；另一方面还可以烧掉地表可燃物，降低重度火烧以及极端火行为的发生风险。在一些森林生态系统中，地表火的频繁发生导致一些植物对火产生了适应性，甚至在某些情况下，将火灾作为其繁殖策略的一部分。对于一些植物，它们的生长和群落组成特征甚至可能会促进火灾的发生和蔓延。例如，大多数桉树的根系已进化出了一种再生能力，即使所有的地上生物量都在火中被消耗掉，植株仍然可以通过根系繁殖而存活。

虽然火行为是由气候条件和天气条件共同驱使的，但是其也取决于地表可燃物的燃烧性。林火造成植被的破坏和死亡，影响植被群落的物种组成和生物多样性，进一步影响植被的空间格局。植被格局的变化会对地表的土壤性质、生物循环和大气的化学组成产生影响。因此，从某种程度上来说，林火是全球范围内重要的干扰因子，它不仅影响着地球生物化学循环，在大气的化学循环和碳循环中扮演着重要的角色，而且在气候的限制作用下，林火可以影响景观内森林、灌丛和草地的面积比例和空间格局。

林火的发生对植被的影响不仅表现在植被本身的性质上，林火的强度和烈度还会影响植被的火后恢复。火是一种非常古老的自然现象，许多物种对火已经具备了适应性特征，可以在反复发生的火干扰条件下生存和繁衍。但是不同的植被类型和群落由于其本身的敏感性及抗火干扰能力的不同，火干扰后的恢复能力也具有显著差异性。因此，林火还会对植被的恢复和演替产生影响。例如，在寒温带地区，虽然苔藓—草丛—灌木群落抗火干扰的能力比较弱，即敏感性最强，但其恢复能力却是最强的，在火后的2~3年恢复得最为迅速，而后的恢复率开始下降或趋于稳定。植被的恢复能力不仅与其自身特征有关，还与火烧烈度密切相关。以某草本—灌木群落为例，此群落在轻度火烧后，大多数物种都很快能恢复到火烧前的状态；重度火烧的灌木—苔原地带则很难恢复，通常会被其他物种替代。

植被的演替还会受到火烧频率的影响。如果火烧周期小于优势树种更新周期，那么此群落将逐渐演替为以其他树种为优势种的群落；反之，若火烧间隔较其更新周期长，则此群落会按照原来的状态继续发展。

遥感技术在火灾识别以及植被类型分布方面的优势明显，可以识别大范围，几十年时间尺度的火干扰和植被类型变化。但是相对于植被演替以及植被类型变化的百年时间尺度，遥感技术却难以实现。因此，通过遥感手段分析火干扰以及植被类型分布的关系目前还有难度，需要通过相关模型进行模拟。

计算机模型在模拟气候和火灾对全球植被模式的影响方面有一定的优势。研究人员基于植物生理学原理开发了用于模拟植被动态的生物地理学模型，其中，动态全球植被模型（DGVMs）提供了基于植物生理特征的潜在植被类型，同时也明确了气候—植被之间存在着相关性而不是因果关系。DGVMs 是一个基于植物对气候和二氧化碳浓度的生理响应并利用广义植物生命形式而构建的模型。这些植物生命形式的多种组合可用于识别多种植被类型或生物群落。第一代 DGVMs 从火灾概率和天气条件之间的经验关系中描述了景观尺度的火灾活动。有学者利用该模型进行模拟发现，在没有火灾发生的情况下，全球森林面积将是现在的 2 倍，而草原面积则只是当前的一半。其实，这一结果低估了火干扰的重要性，因为该研究所用的 DGVMs 模型没有包含依赖火的森林植被类型（如美国西部的松林和澳大利亚的桉树林等），而是主要集中于草本和灌木。虽然目前的 DGVMs 尚不能够准确地描述未来气候变化对火灾的影响程度，但是随着计算机技术的发展以及模型的逐步改进和完善，其模拟精度还会进一步提高。

3.2.3　气候与植被分布

陆地有不同的植物群系，同时根据气候特点将全球分成不同的气候区，人们意识到相同的气候有利于形成相似的生命形式。例如，以冬季温和湿润、夏季炎热干燥为特点的地中海气候有利于硬叶灌木生长；以冬季漫长而严寒，夏季短暂而凉爽为特点的寒温带气候则有利于明亮针叶林生长。气候和地形在大尺度上影响植被类型，而在景观尺度生物间的相互作用以及包括人类活动在内的各种干扰共同影响着植被的类型和分布。

在一定的自然地理区域里，植物群落主要受气候、土壤、地形和动物等多种因素共同控制，相应地可以形成许多顶极群落，如气候顶极。美国生态学家克莱门茨（Clements）在其 1916 年发表的《植物演替：植被发展的分析》中提出了植物群落演替中的气候顶极概念：在任何气候区内，群落的发展最后都要达到与该气候区气候完全相适应的最稳定状态，而在同一气候区内，所有植物群落如任其长期自然发展，最后将会出现同一顶极群落，故名气候顶极（发育在显域生境上的，与该区域内大气候水热条件最相适应的、稳定的植物群落）。当有外力干扰时，生态系统平衡遭到破坏，外力消失后它们会向该气候下的顶极群落方向演替。我国学者刘慎谔认为，顶极群落可分为地带性顶极和非地带性顶极。地带性顶极在水平分布上与气候带相适应，呈带状分布；非地带性顶极虽然也受大气候的影响，但局部环境条件起决定性作用；有多少个演替系列就有多少个顶极。例如，东北东部地区顶极植被为红松针阔混交林，但在一些谷地存在草甸、沼泽等非地带性植被。

1947 年，美国植物生态学家霍尔德里奇（L. E. Holdridge）根据在南美观察到的植被分布与气候间的关系，提出的一种利用 3 个轴的格子划分植被气候带的方法，将其称为霍尔德里奇生命地带（图 3-2）。该方法利用年生物温度、平均年降水量和潜在蒸散率的三角关系来对陆地植被带进行划分，将地球上的生物群落定义为由年平均温度（受纬度和海拔影响)、平均年降水量和潜在蒸发量(通过蒸散作用造成)组成的函数。从低纬度地区到高纬度地区,由于气温的下降,从而形成了由热带雨林—亚热带常绿阔叶林—温带落叶阔叶林—寒温带针叶林—寒带苔原的植物群落分布,由此可知,纬度在大尺度上决定了植物群落的基本地理分布;在全球范围内,降水格局正在发生改变,而这些变化可能会对植物的生产力和生长产生显著的影响。因此,该方法对于解释和预测全球生物群落过程模型具有至关重要的作用。

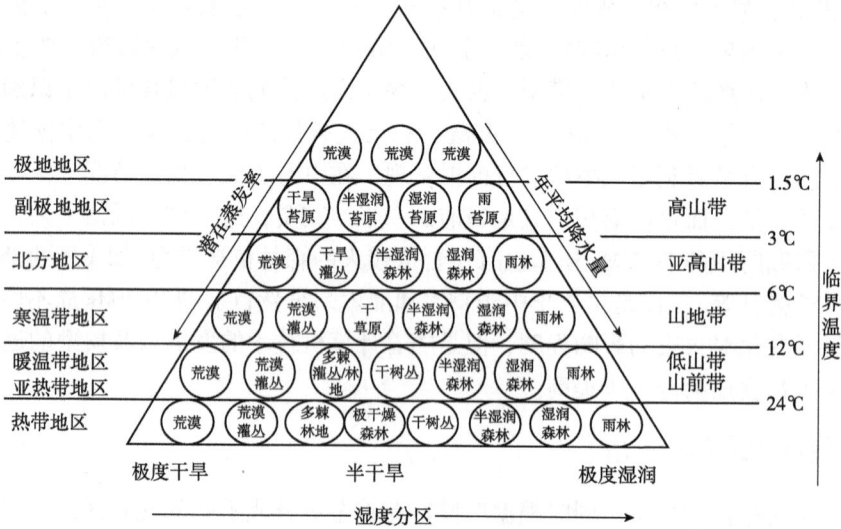

图 3-2　霍尔德里奇三轴生命地带概念示意
(Andrew et al., 2014)

气候在决定全球植被分布方面的作用在生物地理学思想中根深蒂固,遥感技术的发展使大尺度的全球植被分类成为可能,通过与气候区的叠加可以帮助我们检验气候决定植被这一假说。通过检验我们发现大部分植被类型分布与气候区相吻合,但是也存在不一致的情况,例如,通过遥感影像解译分析发现在稀树草原的气候适宜区却生长着热带雨林(非洲中部),而本应该生长热带雨林的地区也可能出现稀树草原(南美洲中部)。这是因为植被群落的形成不仅受气候的影响,还与当地的地形、海拔、下垫面物质组成等因素有不可分割的关系。

通过遥感手段也可以非常准确地绘制出全球的植被分布图和火干扰的空间分布,通过对二者的对比分析,我们发现植被分布与火干扰面积有较好的一致性,尤其是在非洲和澳大利亚的稀树草原地区,因此,我们认为火干扰和植被类型之间有较好的相互作用关系。全球气候变化也将会对全球生态系统造成影响,植物的地理分布会朝两极和高海拔地区推移。温度显著升高的区域与许多生态系统发生显著变化的区域在空间分布上非常吻合,而这种空间上的一致性很可能是由全球气候变化造成的。

林火是 21 世纪防灾减灾的重要内容之一。随着全球气候变暖,连续无降水或降水较少的天气明显增多,林火发生的次数以及过火面积呈现上升趋势。因此,加强气候变化、植被分布与林火之间的研究,揭示三者之间的内在联系及相互作用机理,明确影响林火的主要气候参量,对制定合理的林火防灾减灾策略,维持森林生态系统稳定与可持续发展具有重要的意义。

3.3　林火地理学研究

　　林火作为森林生态系统最重要的干扰因子，在过去很长一段时间里一直被认为是一种灾害。由于林火每年都会发生多次，这就加深了人们的某种消极想法，即认为林火在持续对我们的生存环境产生不良影响。在 20 世纪，生态学家和景观生态学家已经意识到林火对于森林生态系统可持续健康发展的重要性，已经认识到火是大多数陆地生态系统不可或缺的元素之一。决策者和研究者对于林火的认识已经从贬义的灾害转变成中性干扰，而且在很多国家和地区已经开始利用火来维持生态系统的稳定和避免重度灾害的发生，如计划烧除。

　　从 20 世纪 80 年代开始，空间的概念被引入景观生态学中，生态学家开始关注斑块之间的空间格局及其生态过程之间的关系。在这一时期，地理学方法在林火研究中的应用逐渐增加，尤其是遥感(RS)技术的发展极大地提高了人们对火生态以及人类与火干扰之间复杂性相互作用的理解，为林火研究提供了全新的技术手段。人们也越来越认识到，可以在跨学科方法中使用地理学空间分析技术来了解火事件的发生规律。与费时费力的地面调查相比，遥感技术为林火评估提供了一个更为有效的方法和平台，并且只需少量地表样方调查数据就可以对评估结果进行校准和验证。我们可以利用林火的遥感数据构建全球的林火模式数据库来对比过火区与未过火区的差异，结合植被、气候和过火时的天气条件可以大体得出一些规律性的结论。除此之外，全球火灾数据库还能够评估火活动与气候变量以及火活动与植被类型之间的简单关系。全球火灾数据库的不断完善和长期积累使基于统计数据的分析成为可能，包括全球火活动与人为解释变量的关系等，全球火灾数据库的建立为林火地理学的研究提供了数据支撑。

　　除遥感技术外，全球定位系统(GPS)和地理信息技术(GIS)的综合应用("3S"技术)，也为地表环境提供大面积的、实时的监测，为林火研究提供了新的技术和思路。在 3S 技术的支持下，许多研究人员绘制林火地图的能力大幅提升，同时增加了对火灾的空间分布和生态复杂性的深入理解。这种地理方法还在继续丰富和完善，并且在林火管理方面起到越来越重要的作用。传统的火烧迹地研究基本是通过人工野外调查来完成，这一过程需要不同程度的人力、物力和财力投入，而且由于有些调查目标地理位置较为偏远、地理环境复杂，所需投入可能会非常大。此外，有些火烧迹地所处的区域不具有可达性，难以进行实地调查。而林火地理学是一个融合了多学科和技术来阐明野火时空特征并有助于我们更好地了解林火的新兴方法，它不仅可以快速高效获得过火面积及火后地表的各种环境数据，还可以通过地统计学分析得到众多我们感兴趣的空间关系。地理学技术方法结合树木年代学增进了我们对人类与林火相互作用的复杂过程和复杂社会问题的了解。我国在 1987 年大兴安岭"5·6"特大森林火灾中，成功进行了灾情卫星监测，并对火烧迹地森林植被恢复进行了动态监测，取得了较好的效果。

　　林火地理学一词是在 20 世纪 90 年代中期，由美国亚利桑那大学的 Steve Yool 博士和他的地理学研究生们共同提出的。在之后的几年里，美国地理学协会(AAG)年会上设立了专门的林火地理学分会场。近年来，林火地理学开始在许多学术会议、学科专业以及大学的课程名称里面出现，为林火的相关研究找到了新的研究方向，同时也极大地促进了林火管理的效率。

林火地理学是研究林火在地球上的空间分布特征，而此学科所研究和关注的不仅是烧什么或燃烧释放多少热量这么简单的问题。林火地理学更多的是关注火与生态系统中其他要素之间的复杂的时空作用关系，而火与所有事物之间几乎都有密不可分的联系。本书所提出的林火地理特征可以作为探测未来火灾的发生或者异常火灾季节变化的重要基线。

林火发生时，会在短时间内释放大量能量，不仅会造成生物的大量死亡，而且还能引起生态系统内诸多因子的改变，从而使生态系统的物种组成、结构与功能发生变化，对原状态造成改变。与此同时，林火释放的大气排放物甚至会对海洋化学和南极气候产生影响。几乎所有的陆地生命体在其生命历程的某个阶段都会与火有所交集，并且火在绝大多数陆地植物甚至动物进化和分布中都是一种普遍存在的要素。从本质上来讲，林火地理学所研究的是林火与其他相关要素之间的相互作用及时空模式，然而，这个简单的描述并不能涵盖其本身的基本假设以及复杂性。全球 90% 以上的林火都是人为火，因此，火活动不仅反映了自然的火灾环境，也反映了人类与景观的相互作用关系，影响林火发生的因素可能在不同尺度上发挥作用，导致林火状态的空间关联模式更为复杂。

在过去的几十年里，遥感监测技术的发展促使林火地理学这一新学科的进步。目前有多种基于遥感影像的全球过火区数据产品，如 VIIRS 以及 MOD/MYD14 等已经被广泛应用于近年来的林火研究中。通过全球热点数据与初级净生产力产品（NPP）的对照可以发现林火频率与 NPP 存在"驼峰"效应，而且这一响应主要由有效水分来控制的。火灾频率受生物量和干燥度的共同影响，火灾高发区存在于中等生物量和中等干燥度的区域。在初级生产力水平非常低的环境中，火灾的发生频率很低，这主要是受可燃物载量的控制。而在热带雨林地区，虽然生产力比较高，但森林郁闭度大，林内潮湿，可燃物含水率非常高，使林火发生频率也很低。火灾发生的"最佳点"是净初级生产力处于中等水平且气候条件适宜的区域，由季节性的丰富可燃物来维持野火的发生和蔓延。热带稀树草原可以满足上述条件，它是地球上分布最广的易燃环境。在热带稀树草原，炎热潮湿的季节促进植物快速生长，为火的发生和蔓延提供了充足的物质基础；干燥季节使草本可燃物处于非常容易燃烧的状态，再加上天气干燥，就使野火的发生具有更大的可能性。稀树草原环境突出说明了气候对火灾活动的直接（火灾天气）影响和间接（植物生长）影响。

火灾三要素（可燃物、热量和氧气）可以被放大到景观尺度以代表天气/季节性、初级生产力、可燃物结构或类型和起火点。这些变量的基础都是气候在不同时间尺度上的直接和间接影响。为了进一步明确各因子如何共同作用来影响火灾的发生，Bradstock（2010）提出了一个概念模型，该模型整合了 4 个控制火灾发生的直接和间接因素，称之为"四开关"模型（图 3-1）。只有在同时满足 4 个条件时才会发生火灾，我们通常也称为野火发生的四要素：第一是充足的生物质；第二是生物质要具有可燃性；第三是火灾天气；第四是点火源。不同的环境中，这 4 个"开关"对于火灾活动的控制是不一样的。在不同的环境中，生物质的累积过程并不相同。在湿地的环境中，生物质的积累需要几个世纪，在生产力为中等水平的环境中，生物质的积累需要几年，但在干旱环境中，生物质的积累只需要几个月。适合生物质燃烧的条件因季节而异，并且也受前期天气的影响。以日、小时为单位发生变化的气象因素控制着火势的蔓延。点火是瞬时过程，但只有同时打开其他 3 个"开关"时，火才能蔓延。

"四开关"模型有助于解释人类是如何直接或间接影响火灾发生的，人类活动可以通过影响地表植被及可燃物的状态、主动产生火源或扑灭灾害性火灾来影响火灾的发生和蔓延。例如，在草原地区可以通过放牧和打草来减少地表可燃物载量，减少草原火的发生；在干旱区，可燃植物的人为引入，增加了可燃物载量和连续性，为火灾的发生和蔓延提供了有利条件。

人类活动不仅影响火灾的空间分布，也影响火灾的特征和火行为。从世界各地的木炭记录可以发现全球的生物质燃烧公元 1—1750 年表现为下降，1750—1870 年则突然增加，其后又急剧下降。对于这些变化，有学者认为是由全球气候变化导致的，但也有学者认为是自 19 世纪以来人类土地利用及清理地表植被引起的，而 19 世纪后期到 20 世纪火灾的频率下降主要归因于人类活动导致的景观火数量的减少。

地理学的另一个核心概念是尺度。时空尺度对于理解某一个地理过程和地理现象是至关重要的，我们需要在合适的时空尺度对某个地理学或者生态学问题进行研究，否则我们得出的结论有可能是错误的，甚至是完全相反的。例如，在范围最广的全球尺度，野火每年向大气中释放大量的气体和颗粒物，这些气体和颗粒物影响气候，并与生物圈相互作用，改变植物生长的方式和区域分布，从而影响未来的野火。在全球或者国家尺度我们认为林火的发生频率及过火面积与厄尔尼诺现象密切相关，但是在景观尺度或者样方尺度却可能只与人类活动有关。

地理信息技术（尤其是遥感技术）的发展，使林火地理学的研究尺度更加广泛。例如，全球遥感系统为我们从根本上改变在多个尺度上描绘这些过程提供了有力工具。这些工具有助于我们更好地了解火灾对局部和多尺度的影响。灾害地理学的作用是帮助我们了解这些时空模式，进而阐明和理顺这些模式的基本过程，并明确我们的管理政策和实践的影响。由此可知，林火地理学的研究范畴已经远远超出了生态学或林学，因为生态学和林学都有各自的研究重点和研究特色，但都不适合整合如此多样性的问题。由于在不同尺度火灾的影响因素及其与周围环境的相互作用并不相同，因此，林火地理学目前还是一门不断发展的新兴学科。

3.4　林火与生物边界

林火与生物边界最为直接的关系是过火区与未过火区群落组成的不同，既包括群落种类组成的差异，也包括群落中个体年龄的差异。图 3-3 为大兴安岭呼中国家级自然保护区内 2000 年和 2010 年的火烧迹地，我们可以很容易看出两场火灾的边界。图 3-4 为 2021 年无人机拍摄的两个火烧迹地照片，可以发现经过 10 年和 20 年的植被演替，火烧迹地的群落组成还存在较大差异。2000 年火场内乔木树种组成与未过火区差异已经不大，但是树龄较小；2010 年的火场乔木树种较少，郁闭度较差。

不同的生物群落的燃烧性不同，而这种易燃和不易燃的植被边界为林火防控提供了新的思路。可以在景观尺度通过不同生物群落的组合增加景观异质性，起到阻碍火干扰传播的作用。同时，林火也是塑造生物群落边界的主要外部动力。

图 3-3　大兴安岭呼中国家级自然保护区内
2000 年和 2010 年火烧迹地
（RGB = 543）

（a）2000年火烧迹地

（b）2010年火烧迹地

图 3-4　大兴安岭呼中保护区内的
火烧迹地航拍照片
（拍摄时间：2021 年 9 月 7 日）

通过在景观尺度分析解释变量（如林火、降水量、海拔）对生物群落边界的决定程度，发现林火的发生与生物群落的边界之间具有相对较强的相关性，而且在不同的火烧烈度和频率条件下生物群落类型也不同。其中，森林—稀树草原边界代表了热带森林分布的"自然"界线。在该界线的众多影响因素中（如气候、火干扰、水文、食草动物和土壤特征等），火干扰是最为普遍的一个。

在百米范围内，森林可以过渡成灌木林地，也可以过渡成稀树草原，灌木林地和稀树草原可以促进林火蔓延，但是森林在某种程度上对林火蔓延有阻碍作用（除非火强度非常大）。这种非常明显的生态系统特征的变化引起了众多生态学家和景观生态学家的注意，因为这与传统的气候控制植被的假说相违背。植物地理学认为，气候是决定地球上植被类型及其分布的最重要因素，在某一空间范围内某一植被类型的形成是植物对特定气候长期适应的结果，即气候顶极，植被又可以作为气候变化的指示者。而由气候变化导致的植被类型的变化一般用于大尺度的景观分析，而且这种变化边界一般不明显，会存在非常宽的过渡带。

有一些生态学家认为，森林的边界是由环境因素控制（如土壤肥力的变化），而不是由气候因素控制的。他们认为火灾不是植被边界形成的原因，但火行为的差异是环境控制植被边界的结果。然而环境决定论与野外观测及遥感影像分析的结果相矛盾。野外观测和遥感分析结果表明，当森林具有防火功能时，火会蔓延到周边开放的植被区域。古生态学家的研究结果表明，在过去的几百年里，森林的边界是非常稳定的，即使受到火干扰的影响，但是火后若干年也能恢复到与该地区气候一致的植被类型。尺度是影响对生态系统边界认识的直接原因。气候可以在大尺度上影响森林边界，但是在小尺度上各种干扰和环境因素控制着植被边界。经典的生态演替理论认为，每一个气候区都会有一个与之相对应的植被类型，称为气候顶极群落，这是在较大尺度上的生态规律。但是林火干扰后在火烧迹地发生的植被演替的主导因素并不是气候，并且最终演替成的顶极也不一定是与当地气候区相一致的气候顶极群落，这是小尺度上的规律。因此，我们一般认为是气候与火灾及其他环境要素共同影响着生物群落的边界位置。

选择稳定状态理论（ASS）可以解释为什么在同一个气候区可以同时存在易燃的稀树草原或灌丛和不易燃的茂密森林两种植被类型。易燃的稀树草原或者灌丛火后能迅速恢复，但是森林由于树冠茂密而林下很难生长草本，并保持潮湿的林下环境，燃烧性较差，同时森林火灾大多为地表火，其燃烧释放的热量有限，很难形成重度火灾，但是受到可燃物累积量的影响，森林的燃烧性还会随着火烧间隔的增加而增加。森林被烧毁后会在短期内演替成相对易燃的灌木植被。因此，火烧和植被参与到反馈循环中，这种反馈循环能够使植被趋于稳定状态。但是这种自我强化的反馈机制会被极端火行为以及对灌木的长时间的防火所打破。例如，高强度的树冠火会将燃烧性较差的森林烧毁，草本、灌木以及喜光树种入侵，在短期内改变植被群落类型。当森林地下火发生时，会直接毁坏植物根系而导致植物死亡，从而会破坏原有的林火—植被的反馈机制。类似的极端火行为的空间分布及年际波动往往受气候极端事件的影响。这些植被类型中的植被—火干扰动态变化主要由植被对火行为的影响，以及火行为对树木死亡、枯顶症和植被演替速度的影响所决定。

土壤作为森林生态系统中非常重要的一个生态因子在全球生态系统服务功能方面也发挥着不可替代的作用，它与植被之间通过相互作用及反馈来维持和改变彼此的某些特征。当与林火联系时，土壤肥力也具有稳定反馈。例如，减少林火会改变森林的养分循环，增加土壤的养分，进而通过增加植被冠层的蒸腾作用和根的深度来改善土壤的排水性。林火与土壤之间的该种反馈关系体现出了生态系统的依赖性模式。这一反馈可以用来解释为什么在具有相同土壤母质区域可以同时存在两种甚至多种植被类型。相反，高频率的火灾则会使土壤中的养分大量流失，最终导致生产力下降。

森林和稀树草原树木对火干扰的抵抗力及其恢复速率的差异也同样具有稳定反馈。我们要了解生态系统特性以及植被对火灾的响应，就必须考虑不同物种对火干扰的抵抗力和恢复力，因为主导森林生境与稀树草原生境的典型树种不同。林下湿凉的小气候以及缺少光照而导致林下草本植物生长不良，茂密的森林对火灾有抑制和阻碍作用。森林由于火灾频率低，树木的树皮可能较薄，抵御火干扰的能力也有限。稀树草原的树木树皮一般比较厚，相对森林树种来说可以抵抗频繁的火灾，而频繁的火干扰也能进一步增加树木的树皮厚度，进而增加其对火干扰的适应性，火干扰过后，部分树木幼苗能够迅速从基部重新发芽，进而可能演替到顶极群落。

如果森林被烧毁，那么火烧迹地将很容易被稀树草原或者灌木林取代，因为缺少了树冠的盖度有利于喜光的草本植物侵入，进而增加了火灾风险，使缺少树木覆盖的状态持续时间较长。相反，长时间未燃烧的热带稀树草原很容易受到树木的入侵，从而建立起低光照的林下生境，以促进草本退化及降低火烧频率。密闭森林冠层的形成取决于火灾频率和火后树木生长速率之间的相互作用。稀树草原树苗的快速生长使它们长得足够高，而且有足够厚的树皮可以在林火过程中存活下来进而形成树冠，这称为耐火阈值；当有了足够多的高大乔木，冠层就会闭合，从而降低稀树草原火灾的发生频率，这称为灭火阈值。使树木有能力在周期火中生存的树皮厚度(与树高成正比)，以及可以降低火灾严重程度的足够高的冠层盖度，也都有各自的阈值。

　　某一地区的生物量取决于该地区自上次过火之后超过这两个阈值所需的时间。一般情况下，生物量较高的群落往往比生物量较低的群落先达到树皮厚度阈值和冠层盖度阈值。以热带稀树草原为例，当低生物量区域达到某一阈值时，高生物量区域则已超过该阈值，就会出现热带稀树草原向森林演替的情况。因此，生物量的高低不仅影响再生树木的耐火阈值，还影响稀树草原和森林的耐火阈值及灭火阈值(图3-5、图3-6)。就耐火阈值和灭火阈值而言，超过任何一个阈值都是由低频率的火干扰导致的，而这在中亚热带雨林中是十分罕见的。在生物量高的地方，阈值很容易达到，进而增大了稀树草原转换为森林的概率；而生物量低的区域，即使不经常发生火灾，也可能保持稀树草原。物种特征对这两个阈值都有影响；稀树草原的树木比森林树木的树皮更厚，在林火间隔期有可能变得更加耐火。森林树木比热带雨林树木叶面积积累更快，从而加速向森林的过渡。

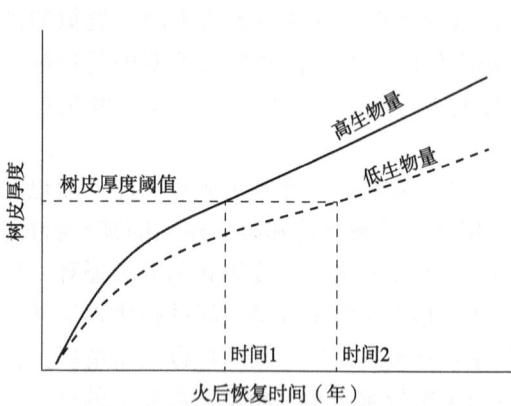

图 3-5　生物量影响再生树木的耐火阈值
(Hoffmann et al.，2012)

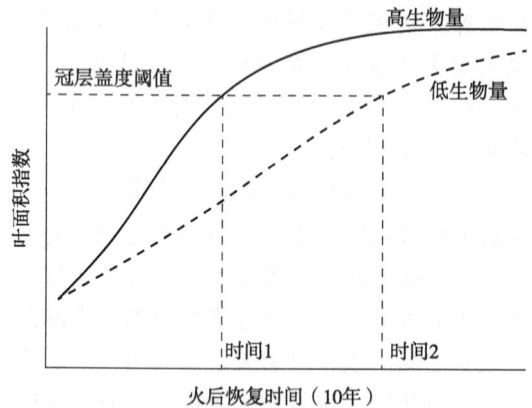

图 3-6　稀树草原和森林的灭火阈值模型
(Hoffmann et al.，2012)

　　与单株树木达到其耐火阈值后不易出现枯顶症类似，从稀树草原演替到森林后不再容易受到火干扰的影响。这一演替标志着从一个由定期火干扰维持的状态到一个基本不受火干扰影响的状态的转变。从一种状态到另一种状态的转变取决于不经常发生的干扰事件：从树苗到成年树或从稀树草原到森林的演替需要特别长的无火期，而在长期干旱的情况下，当稀树草原的火烈度足够大时，则导致成年树大量死亡，以及未受干扰的森林变得易燃，但这样易于逆向演替，即由森林演替为稀树草原。明确植被从一种状态到另一种状态的过渡，为理解火灾如何与其他因素相互作用以支配热带草原和森林的空间分布提供了基础。由此可见，多种因素与火灾相互作用，通过影响达到耐火阈值和灭火阈值所需的时间来确定稀树草原和森林的空间分布范围。而且从全球尺度来看，在影响稀树草原树木生长的诸多因素中，火灾似乎是最广泛和普遍的因素。因此，如果不考虑火干扰的作用，就很难深入理解稀树草原和森林的空间分布范围。

　　由于生长速率、树皮厚度、耐阴性和树冠盖度的不同，稀树草原和森林树种在耐火阈值和灭火阈值方面发挥着不同的作用。具体来说，因为树皮较薄，森林树种在典型的热带雨林的火情势下基本无法达到耐火阈值。然而，稀树草原的树木由于树冠稀疏、生长速率缓慢和不耐阴的特征，火灾将此生态系统转变为不易燃的森林生态系统的能力有限。这些差异进一步加强了选择稳定状态的火干扰反馈机制的形成，并且说明了热带草原植被和森林物种在热带稀树草原—森林边界的分布基本不重叠。

在森林—稀树草原边界的时空动态中，不同的动态阶段可能会交替出现，包括边界不移动的稳定阶段，以及边界向森林或稀树草原移动或扩展的不稳定阶段。那么，当一个生物群落受到的生态反馈处于强化状态时，这些植被类型之间的边界则处于稳定阶段，若要破坏这些生态反馈的稳定性并导致边界变化，需要对影响生态边界的因素进行极大程度的扰动。同时，由于气候、火灾和植被之间的相互作用，火灾频率、强度、季节性等因素的变化可能促进这些边界发生变化。

任何有利于树木生长的因素都可能促进森林的形成，包括高降水量、丰富的土壤水分、高养分、有利的地形和二氧化碳浓度的增加等。这些有利于树木生长的因素以及其他限制性因素都将影响热带稀树草原向森林的演替速率，进而影响生态系统的边界。因此，在高生物量区域或在易于树木生长的环境条件下，需要频繁的火烧才能使其从森林变成稀树草原，而在低生物量的区域或限制树木生长的不利环境条件下，进行低频率的火烧即可（图 3-7）。

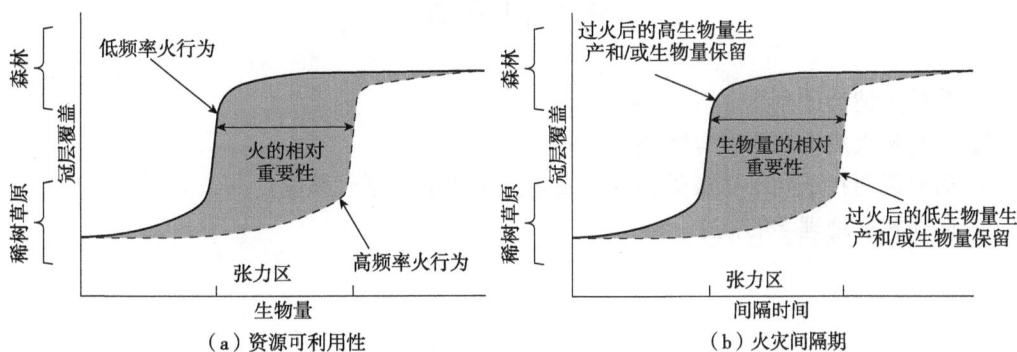

图 3-7　森林与稀树草原相互转化

易燃的草本植物可以通过"草—火循环"过程入侵森林来改变林地生态系统的物种组成和结构。这是一个正反馈过程。草本的入侵可以促进频繁而强烈火灾的发生，因为这些草本可以产生大量干燥和通风良好的细小可燃物；频繁的火灾会导致树叶凋落甚至烧死树木，但是草本植物能够从火后迅速恢复，因为它们的芽在土壤表层下得到保护，可以迅速进行营养繁殖，并且随树木覆盖率的降低，地表接收的太阳能增加，这也进一步增加了入侵草本植物的丰度。

入侵草本的数量和燃烧性在整个景观中是不同的，并且对气候条件具有高度依赖性。在被非本地草本植物入侵的干旱和半干旱灌木丛和林地，野火往往发生在一个或多个有雨的季节或年份，以及入侵草本的可燃物积累到一定程度之后。木质可燃物载量或草本的细小可燃物载量与火灾天气相互作用，影响野火的发生和蔓延。随着可燃物载量的增加，可燃物的连续性也会增加。草本植物入侵增加了可燃物的连续性，使火灾可以在与其他情况相比更低的火灾天气条件下发生（图 3-8）。火灾扑救和封山育林等管理行为也导致了木质可

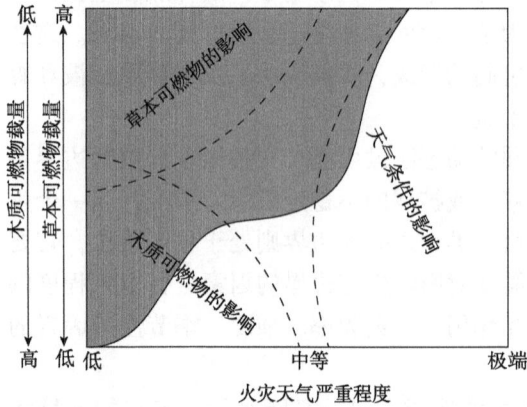

图 3-8　草本和木质可燃物与火灾天气严重
程度的相互作用的概念模型

燃物逐年累积，这也降低了大型火灾所需的天气条件。大型火灾后可能促进非本地草本物种的火后入侵。随着全球气候变暖，火灾季的长度和极端火灾天气频率预计将增加。

频繁的火干扰会破坏营养循环，使快速生长的草本更容易获得营养，同时减少土壤中的总养分储量，从而减缓存活的木本植物的生长。即使在防火的情况下，"草—火循环"也可以将物种从多样的木本植被转化为入侵的草本植物，这一转变可以形成正反馈，使入侵形成的生态系统状态逐步加强。入侵草本参与到"草—火循环"过程的这一案例，说明反馈过程将会导致景观尺度上反复发生的火灾的频率、强度、季节性等（火情势）发生不可逆转的变化，进而对生态系统的属性和过程产生连锁反应，如生物多样性的降低和森林碳储量的减少。

复习思考题

1. 简述火情势的概念。
2. 影响林火发生的因素有哪些？
3. 简要说明在不同的植被类型区，发生火干扰的类型有哪些？
4. 简述林火地理学的概念。

第 4 章

林火与植物

【本章导读】火的发生是一个动态的过程，会随着时间和地形的变化而变化。自地球上出现植被和闪电以来，火就成为塑造植物群落的重要因子。林火造成木本植物死亡的机制异常复杂，与此同时，适当强度的火烧可以促进生态系统的恢复并保持生态系统的平衡。而在特定气候条件和林火的影响下，植物会形成对林火的适应性。本章系统解析林火对植物的多层次影响，包括树冠灼伤、树干炭化、根系热损伤及种子萌发响应。本章重点讨论植物对火的适应性特征(如厚树皮、火后萌生)与生理代谢变化，揭示火干扰在植被演替、碳循环及生态系统恢复中的双重角色。

4.1 林火对植被的影响

林火可以通过烧伤树木的组织和器官导致其直接死亡，也可以通过影响其水分、养分的代谢途径以及诱发病虫害等方式导致其间接死亡，这些作用往往耦合，使林火造成木本植物死亡的机制异常复杂。同时，适当强度的火烧在减少森林地表可燃物积累的同时，还可以增强生态系统的自我调节能力，以及促进生态系统的恢复并保持生态系统的平衡。

4.1.1 林火对木本植物的影响

4.1.1.1 树冠

林火主要通过对树冠叶和芽的伤害，引起树木的生理生化反应，从而使其不能进行光合作用，最后导致树木死亡。例如，在杉木对林火烟气生理响应的研究中发现，随着林火烟气浓度的升高，杉木体内 Mg、P、Ca、Mn、Fe 和 Zn 元素含量大体呈现逐渐下降的趋势，严重影响杉木生长。重要的树冠特征包括分枝密度、活冠与死冠的比例、冠基部相对于地表可燃物的位置和总冠大小，这些树冠结构影响树木地上部分被火烧毁的概率。枝下高越高则树木在林火中的存活率越高。

小芽比大芽更容易受到致命的热影响，大多数灌木直径小的枝和芽对火灾十分敏感。对于针叶树来说，短针使花蕾直接暴露在火的热量中，长针比短针能够提供更多的初期保护。因此，对于针叶短的针叶树和有小芽的乔木、灌木来说，树冠烧焦通常相当于树冠死亡，因为小芽和小枝无法在林火中存活。而对于抗火针叶树（如长叶松）来说，其针叶长而芽大，在长针叶的掩护下，大芽能在烧焦相邻叶子的大火中存活下来。例如，西黄松（*Pinus ponderosa*）、黑松（*Pinus thunbergii*）、西部白松（*Pinus cembra*）和西部落叶松（*Larix occidentalis*）的针叶保护下的芽可以在比烧焦高度低 20% 的地方存活；西黄松和杰弗里松（*Pinus jeffreyi*）等芽较大的树种，在树冠被烧伤 90% 以上甚至叶片全部褐化的情况下仍具有分生能力，并能够在翌年存活下来。

树木在休眠季节比生长季节受林火的影响小，因为处于休眠效应中的枝和芽对温度的敏感性会降低，因此，杀死休眠组织可能需要更高的温度。例如，Peterson et al. (1986) 在进行落基山脉北部针叶树的树冠损害模型研究中发现，60℃、65℃和70℃是处于不同阶段树木的致命温度，在生长季有小芽的树木致命温度为60℃；在休眠期有小芽的树木致命温度为65℃；在生长季有大芽的树木致命温度为65℃，在休眠期有大芽的树木致命温度为70℃。

4.1.1.2　树干

在没有烧到树冠的火灾中，由于树干形成层（树皮下活跃的生长层）遭遇火焰，树木也可能致死。树干抗火性与树皮厚度关系最为密切，树皮厚度随树种、树木直径和年龄、离地面的距离、立地特征和树木活力而变化。树皮的隔热质量也受其结构、组成、密度和水分含量的影响。例如，银枫树皮的密度大、导热性较强，与密度小和导热性较弱的树皮相比，如大果栎和美国杨木，能在更短的时间内将热量传递到形成层。火焰长度、火焰停留时间、熏黑高度可能与薄皮树的死亡率有关。

尽管树干通常有厚厚的树皮，将形成层与火灾的热量隔离，但树干也可能被火灾伤害。当火焰接近树干时，很少会在树干周围产生均匀的热量分布。这种热量的不均匀分布有时导致树一侧的形成层死亡，形成火疤；或者，足够的热量穿透树皮，杀死整个周围的形成层。

当火经过时，热量在树干周围的不均匀分布是由树干的圆柱形效应引起的。Gill (1974) 证明了圆柱形效应，他将不同直径的金属棒放置在距离固定火源不同的距离处。最大火焰高度是在棒的背风面观察到的。棒的直径也影响火焰高度，但只在背风面。这些结果表明，树的背风面树皮表面更有可能受到更高的热负荷，大直径的树可能比小直径的树遭受更多的热负荷。这可能有助于解释在历史上经常发生低强度火灾的黄松森林中常见的火疤模式。有些树在直径达 30 cm 之前都没有留下火疤，之后就会因为频繁发生的火灾而留下火疤。较小的树木，即使树皮更薄，也可能不会在背风侧产生足够的涡流而形成火疤。

树干加热对形成层的影响取决于树皮外部的隔热效果。通过树皮传热是一个复杂的过程，但有几个简化的假设，它可以充分模拟预测通过树皮的温度脉冲过程。根据傅里叶热传导方程，热扩散率是温度脉冲通过材料的速率。

$$\alpha = k/c\rho \tag{4-1}$$

式中，α 为热扩散率，m^2/s；k 为热传导率，$W/(m \cdot K)$；c 为比热容，$J/(kg \cdot K)$；ρ 为材料密度，kg/m^3。

热扩散率随热传导率的增加而增加，但随密度或比热容的增加而减小。热扩散率可能会因树皮结构、表面质地和水分含量而有很大差异，特别是随着水的高热传导率和高比热容而变化。

随着树皮水分含量增加，热扩散率会下降，主要是由于水的高比热容。树皮水分含量或物种特有的树皮结构引起的热扩散率变化导致形成层加热的差异最多可变化 1.5~2.0 倍。因此，树皮厚度似乎成为保护形成层的更重要的因素。

在评估形成层防火性能时，树皮厚度是最重要的树皮特征。形成层的保护作用与树皮厚度的平方呈正相关。Ryan et al.（1988）发现，太平洋西北部地区 7 种针叶树的树皮厚度有些竟相差 40 倍，这表明它们对火灾伤害的敏感性存在差异。树皮厚度可以通过树皮外径预测，因此可以通过林分水平的信息预测给定火线强度下的形成层损伤。

形成层致死的临界时间可由树径的函数推导（图 4-1）。这种关系是基于树皮厚度作为树种和直径的函数。假设火灾温度为 500℃，可以推导出以下公式：

$$t_c = 2.9X^2 \qquad (4-2)$$

式中，t_c 为形成层致死的临界时间，min；X 为树皮厚度，cm。

例如，树皮厚度为 0.6 cm 的树种可以生存约 1 min，而树皮厚度为 2.6 cm 的树可以生存约 20 min。如果热脉冲足以杀死形成层，但与树干接触的空间范围有限，则树皮或木质部内的流体运动可以充分转移热量，以防止形成层死亡。如果树皮着火，它产生的热量会影响形成层，同时它的绝缘能力也会降低。

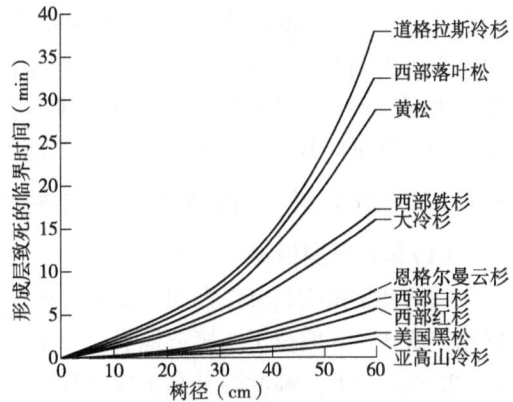

图 4-1　形成层致死的临界时间与树径和
树种的关系

（Peterson et al., 1986）

树皮炭化（熏黑）的高度常被用于估计火焰高度（而非长度）和火线强度。如果树皮易燃或地衣覆盖很重，树皮炭化的高度可能会超过景观上的火焰高度，从而导致对火线强度产生过高估计。

4.1.1.3　根部

计划火烧或野火对树根的损害尚未得到深入研究。小直径（细）的根树皮较薄，因此比大直径的根更容易受到伤害。根系损伤通常伴随着树干损伤，因此，它的影响可能与树干基部的加热混淆。然而，根可以在距离茎一定范围时被杀死，而茎却不受热的影响。

植物根系主要具有吸收大部分水分和养分的功能，其直径相对较小，通常分布在近地表层。生长在有机土壤中的根比生长在矿质土壤中的根更容易受到高温的致命影响。植物根的死亡不一定会杀死树木，但会使树木处于显著的压力之下。树木下堆积的枯枝落叶引起的地表火会导致根系损害的增加。尽管树冠受到的损害很小或没有明显的损害，但根部损伤或死亡可能足以杀死树木。虽然树冠死亡率可能与火线强度有关，但被埋植物部分的死亡率更多地取决于调节向下热脉冲的所有燃烧阶段的持续时间，而不是火焰锋面的持续时间。

树的抗火能力一般随年龄的增长而增加，表现为：①树冠变得更大。对一些物种来说，活树冠的基部高度增加可能是由于自修剪或地面火清除基部树枝造成的。②树皮厚度和茎直径增加。一株被压制的树可能比同年龄、同种类的强壮树发展出防火特性的速率要慢得多，例如，被压制的火炬松的树皮要相对薄得多。

最近的一些报告记录了低强度烧伤导致的细根死亡情况，并将根系效应与幼龄黄松林的生长量减少和低龄黄松林的树木死亡联系起来。细根致死对树木的影响也取决于燃烧的季节。与进入干旱的春季相比，在根系自然更替的秋季，树木对细根的依赖性要小一些。

4.1.2　林火对草本植物的影响

草本植物指茎内的木质部不发达、含木质化细胞少、支持力弱的植物。草本植物体形矮小，寿命较短，茎干软弱，多数在生长季节终了时地上部分或整株死亡，具有种类多、覆盖度大、生长和更新快的特点。常见草本植物的分类方式有以下 3 种：按照分蘖（侧枝的形成方式、枝条的生长方向）类型划分主要有匍匐茎型、根茎型、丛生型；按照草本植物的生活周期的长短分为一年生、二年生以及多年生植物；按照草本植物对气候的适应性划分为暖季型草和冷季型草。在生长期草的分生组织中形成新的叶片组织，夏季休眠或冬季休眠后恢复叶片组织。新的生长也可能发生分蘖，从植物冠或根茎休眠的腋芽分枝。

4.1.2.1　林火对不同分蘖类型草本植物的影响

(1) 匍匐茎型植物

匍匐茎型植物具有强大的覆盖能力和繁殖能力，在短时间内可以形成地毯状，但生长位置比较低矮，一般位于或接近地表。如匍茎剪股颖、中华天胡荽、蕺菜等。研究表明，在18~25℃温度下，温度的升高不仅能促进匍匐茎的伸长，而且有利于匍匐茎的分枝，从而增加匍匐茎和植株的潜在块茎数量，但在28℃及以上的高温下可能部分甚至完全阻碍匍匐茎的生长。因此，匍匐茎型植物在经历地表火之后，大概率会被烧死，但得益于其强大的繁殖能力，在火后会迅速恢复生长，并快速恢复至火前状态。

(2) 根茎型植物

根茎型植物的分生组织和芽通常受到土壤的保护。因此，其是否被火刺激或杀死取决于根状茎在地表以下的深度、根状茎是否位于矿物或有机土层、这些土层的水分含量，以及地表火产生的热量和持续时间。在森林地区，根茎型植物多位于枯枝落叶层并与死木可燃物相关联。火灾发生时，其中的根茎型植物可能被烧死。然而，一些根状茎经常在深矿质土层中存活，并能迅速重新在火烧迹地进行生长。

许多根茎植物块茎的形成受到高温的影响，温度对块茎的影响随着地上和地下环境温度的变化而不同，也因植株暴露在特定温度环境下的时间和所处发育阶段而不同。根状茎植物的分生组织和芽通常受到土壤的保护，因此，其在地表以下的深度以及地表火产生的热量和持续时间决定了根状茎植物是否会被火烧死。例如，马铃植株生长对空气和土壤温度的要求不同，20~25℃的温度适宜地上茎叶生长，而15~20℃的温度适宜地下块茎形成。其极易受到热胁迫的危害，即使小幅升温也会干扰块茎形成过程，减少块茎起始和膨大概率。因此，在火灾燃烧强度较大的地区，浅层土壤中的根状茎可能会被杀死，然而在较深土层中的根状茎能够存活下来，并迅速重新在火烧迹地恢复生长。

(3) 丛生型植物

不同丛生型植物的分生组织和休眠芽的位置不同，可以位于土壤水平以上的丛生草内部，也可以位于土壤表面以下的不同深度位置。这些芽和分生组织很容易暴露在地表火致死的温度下，如果深埋在未燃烧的有机物质或土壤中，也能得到很好的保护。例如，爱达荷羊茅相当紧密的根冠上的芽位于地面或高于地面，很容易被杀死，而鼠尾草和线草位于矿物土壤表面以下 4 cm，更耐火。

4.1.2.2　林火对不同气候的适应性草本植物的影响

(1)暖季型草

暖季型草最适生长温度为 25~35℃，在-5~42℃温度条件下能安全存活，这类草在夏季或温暖地区生长旺盛。暖季型草在我国主要分布于长江以南及以北部分地区，例如，河南、重庆、四川等地马尼拉草、天堂草等暖季型草也能良好地生长。狗牙根和结缕草是暖季型草坪草中较为抗寒的草种，因此，它们的某些种能向北延伸到较寒冷的辽东半岛和山东半岛。因其具有生长迅速的优点，而被大量用于需要快速成坪的绿地、公园、墓地、运动场等绿化项目中。此外，还用于公园封闭式绿地、校园以及公路花坛、花园、庭院等处。

(2)冷季型草

冷季型草最适生长温度为 15~25℃，当气温高于 30℃时进入休眠期。其生长主要受到高温胁迫、极端气温的持续时间以及干旱环境的制约。暖季型草的主要生长季节在夏季，最适宜的生长温度是 26~35℃，当温度在 10℃以下时进入休眠状态。其生长主要受极端高温及其持续时间的限制，主要特点是耐热性强、抗病性好、耐粗放管理、大多种类绿色期较短、色泽淡绿等。在发生火灾时，由于冷季型草和暖季型草的生长季不同，处于生长季早期刚刚开始变绿生长的冷季型草，可能会因仍处于休眠状态且更耐热的暖季型草的凋落物燃烧而死亡；由于植物生活周期的不同，当多年生牧草仍在积极生长时，如果火在一年生牧草的凋落物中燃烧，多年生牧草也可能被烧死。

4.1.3　林火对植物生理的影响

林火发生过程会产生大量的污染物。这些污染物在空气中持续数周无法消散，对环境造成广泛、深远的影响。林火释放的污染物中包含大量颗粒物，这些颗粒物排放源单一，其元素组成与植物体本身同源，除含有害物质外，也含有许多植物体必需的营养元素，可通过气孔等途径进入植物体内，参与植物体的代谢过程。例如，研究发现，可燃物的不同器官元素含量不同，叶中 K 和 Mg 含量普遍高于枝和皮，针叶树比阔叶树的规律更明显；皮中 Ca 和 Fe 含量较高；枝中各元素无明显规律。可燃物燃烧受理化性质的影响，燃烧释放产物与可燃物自身化学元素之间存在紧密联系。

植物受到高温等非生物胁迫时会发生一系列生理生化反应。在生理水平上，随着温度的增高，植物会发生一系列生理代谢变化响应热胁迫，主要表现为：碳代谢、抗氧化代谢和激素代谢变化。如高温与低温会造成烟叶光合反应中心损伤、降低其光合能力等。研究发现，高温与增施 CO_2 均对番茄的光合速率产生了显著影响：高温胁迫降低了番茄叶片的净光合速率，同时，在高温条件下增施 CO_2 显著缓解了高温对番茄叶片光合作用的抑制。同样，高浓度的林火烟气具备高温高压的特性，也会抑制光合作用。并且，在已经确定的林火烟气化合物中，NO_2、CO_2、SO_2 和 O_3 等多种化合物对植物会产生生理影响。O_3 不仅与叶绿素的破坏有关，也可以抑制调节保卫细胞功能的 K^+ 通道，控制气孔的开放；长期

暴露在 NO_2 和 SO_2 下，植物体内的主要抗氧化酶——超氧化物歧化酶(SOD)和谷胱甘肽还原酶含量也随之减少。研究发现，烟气暴露下植物体气孔导度、CO_2 同化率和细胞间叶片 CO_2 浓度都呈现一定程度的降低，光合速率也呈现降低的趋势。

此外，有学者指出，杉木凋落物燃烧释放的污染性烟气成分主要包括 CO、CO_2、NO_x、C_xH_y、颗粒物等，其中林火颗粒物中的 $PM_{2.5}$ 主要由碳质组分(占比50%以上)、水溶性离子及少量无机元素等组成。

光合生理过程变化是植物对环境变化最为敏感的适应特征之一。叶绿素作为其最终产物，是绿色植物吸收光能，并将光能转化为化学能的活性物质，其质量分数的高低直接影响植株光合作用的强弱。多数研究认为，高温和干旱胁迫会造成植物叶绿素含量的降低。如在郑文霞的研究(2021)中，当通入林火烟气浓度较低时(即 T_1 组)，杉木叶绿素含量增加，对植物光合有一定的促进作用；而当林火烟气浓度相对较高时(T_2、T_3 组)，叶绿素含量随烟气浓度的升高而降低，表明较高浓度的林火烟气可能使光合色素合成受阻，从而抑制杉木叶片对光能的吸收和利用，可能导致植物的光合速率降低。因此，烟气处理会影响杉木体内叶绿素含量，低浓度烟气处理有利于叶绿素的积累，高浓度则减少叶绿素的含量(图4-2)。

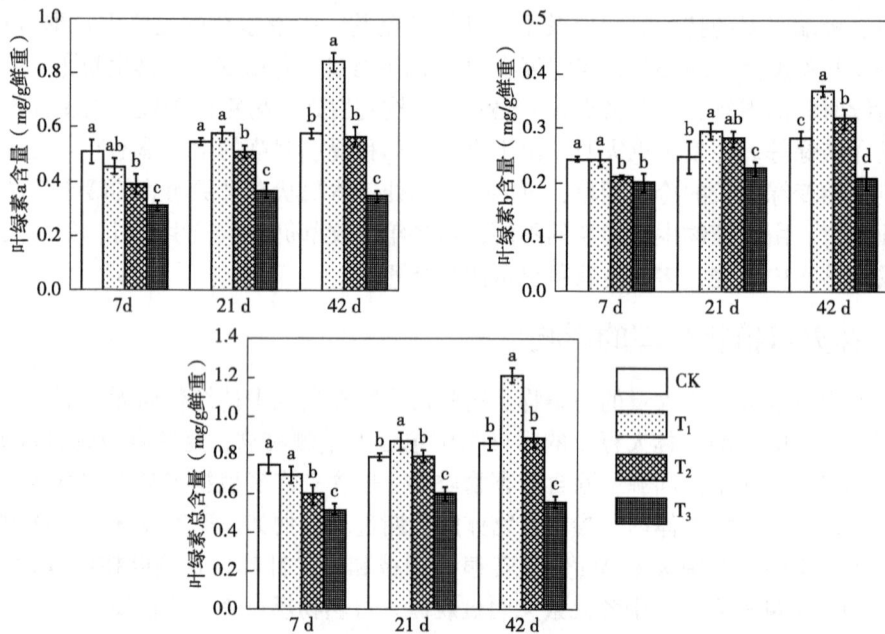

图 4-2　烟气处理对叶绿素含量的影响
(郑文霞，2021)

低浓度短时间的烟气处理，促进了杉木对元素的吸收，元素含量略微升高，但随着烟气处理浓度的升高和处理时间增长，元素的吸收受到抑制，含量逐渐降低。杉木体内 Mg、P 和 Ca 元素含量变化趋势一致。植物体内不同部位矿质元素具有协同效应，当一种元素含量增加时，另外一种或多种元素含量也会发生相应变化。杉木体内 K 元素含量在各个器官中整体均随着烟气处理浓度的增加而升高，但第 42 d 时，高浓度组 P 元素含量开始下降，中后期，随着烟气浓度的升高，略微增加。K 元素含量的升高，可能是杉木机体应对林火烟气胁迫的措施之一。

持续的高温环境会破坏抗氧化酶活性的正常代谢,植物则通过调节酶活性的高低来减轻环境带来的伤害,以维持其自身的正常生命活动。超氧化物歧化酶(SOD)作为抗氧化酶系统的重要酶类之一,其活性高低是植物在逆境下适应性强弱的重要指标。研究显示,高温处理下柠檬香茅的 SOD 呈递减趋势,香蜂草和匍匐迷迭香则先增后减,说明在短时逆境下,香蜂草和匍匐迷迭香可以通过增加 SOD 来保护细胞膜,但持续高温会使植物呼吸作用增强,破坏抗氧化酶系统,从而导致酶合成量下降。

4.1.4　林火对种子萌发的影响

种子萌发是种子植物的重要生活史阶段,也是火后植被更新和恢复的主要途径。植被燃烧产生了烟、热、Karrikins(KARs)、Glyceronitrile(SP1)等火烧信号,在打破种子休眠、促进种子萌发等方面发挥着重要作用。根据火烧产物的理化性质将其分为物理信号和化学信号两个类别(图 4-3)。植物燃烧产生的含氮化合物、烟、KARs 和 SP1 等萌发刺激物质被称为化学信号;燃烧过程中产生的高温和燃烧后光照条件的变化属于物理信号。种子萌发是火烧后植被更新和恢复的主要方式,土壤种子库及植物冠层种子库作为退化植被动态变化的重要组成部分,直接影响着生态系统的恢复能力。Cuello et al.(2020)探究了乌拉圭温带草原土壤种子库对于火烧的响应情况,结果表明火烧处理显著增加了种子萌发的密度和丰富度,提前了萌发高峰。火烧信号可以促进澳大利亚西南地区将近 900 种植物种子的萌发。

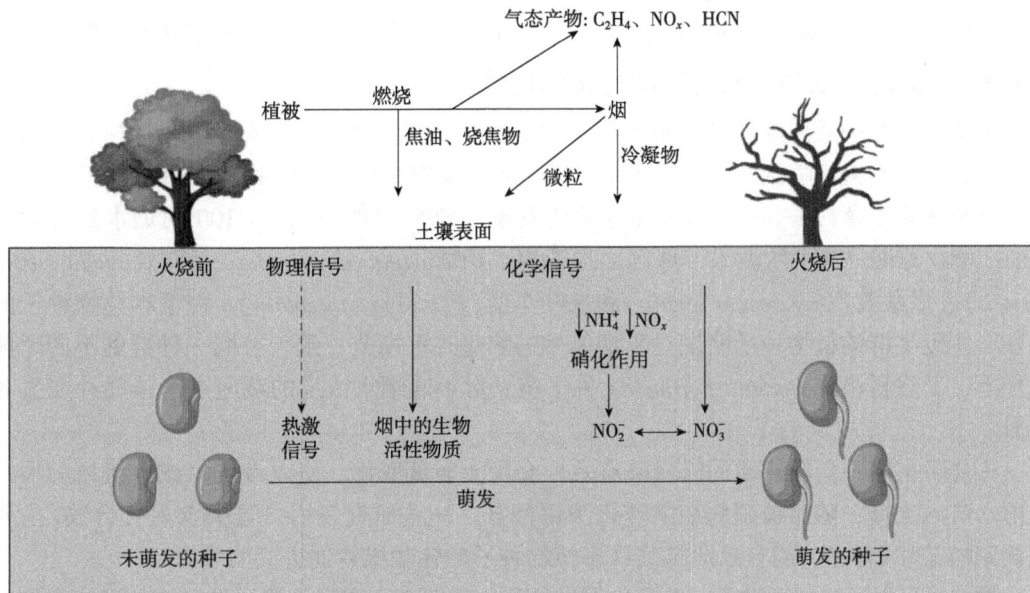

虚线箭头和实线箭头分别表示植被燃烧产生的物理信号和化学信号。两种信号单独或者交互作用于种子萌发。热激的温度会随着土壤深度的增加而降低。化学信号可以借助雨水进入土壤中。NO_x 代表 NO 或者 NO_2,通过硝化作用,NO_x 或者 NH_4^+ 氧化变成 NO_2^- 或者 NO_3^-。

图 4-3　影响种子萌发的火烧信号

(李绍阳,2021)

　　表层土壤(0~3 cm)是土壤种子库集中分布的区域,火烧可以使该区域的温度增加。不同的生态系统如森林、草地等,其火烧情势差异很大,火烧对于土壤的增温效果受可燃物的生物量、组成成分和含水量、土壤湿度、深度等因素的影响,从而呈现时空上的差异。

4.1.4.1　火对植物种子萌发影响的物理信号

　　物理休眠是控制种子库动态变化的主导机制,持久种子库对于火烧后植被恢复具有重要的意义,热激效应刺激种子萌发主要是通过破坏种皮/果皮厚实的不透水层,打破种子的物理休眠,进而促进种子萌发。研究发现,热激促进了澳大利亚东部地区 35 种豆科植物种子的萌发,并且可以根据物种间打破休眠所需温度阈值(40℃、60℃、80℃)的差异,将其分为不同的类别。热激的温度和持续时间是探讨热信号对于种子萌发影响的两个重要变量,高温度长时间的热激会使种子失去活性。例如,小穗臭草($Melica\ ciliata$)的萌发率在110℃条件下处理5 min达到最大值,但在150℃条件下热激处理10 min则完全抑制了萌发。

　　相近类群的植物种子萌发对于热激效应的响应并不完全一致。同属物种的种子萌发对于热激的响应存在差异。有研究揭示了澳大利亚东南部具有物理休眠的5种灌木种子打破休眠所需的温度阈值在种群内的变化规律,结果表明同一种群内部,不同个体之间打破休眠所需的温度阈值存在显著差异,有的个体在较低温度热激时便可以萌发,有的则需要高温热激,并不是所有物理休眠的物种种子萌发都会出现对热激的响应,同样热激也不是物理休眠种子的专属信号。研究表明,对形态生理休眠的高袋鼠瓜($Anigozanthos\ flavidus$)种子在100℃条件下热激处理30 min,12个种群中有6个种群的种子萌发率显著提高。

4.1.4.2　火对植物种子萌发影响的化学信号

　　火烧产生的一系列烟信号会刺激种子的萌发。研究发现,烟水处理(即将林火烟气通入水中,再将水溶液喷到植物种子上)显著增加了地中海地区唇形科植物种子的萌发,其中,西班牙薰衣草($Lavandula\ stoechas$)的萌发率从69%增加到经1:100的烟水处理后的95%。植物源烟促进了欧洲温带地区小果亚麻荠($Camelina\ microcarpa$)、荠($Capsella\ bursa-pastoris$)、播娘蒿($Descurainia\ sophia$)和长叶车前($Plantago\ lanceolata$)4种草本植物种子的萌发。相近类群的植物种子萌发对于烟信号的响应并不完全一致。在同一种群的不同个体水平上,芸香科植物 $Boronia\ floribunda$ 种子萌发对不同烟水浓度的响应在个体间存在显著差异。

　　火烧后土壤中营养物质的组成和有效性会发生显著变化。氮以铵态氮或有机氮的形式随雨水进入土壤,随后被硝化细菌转化为硝酸盐。一些研究表明,这类含氮化合物(主要是亚硝酸盐和硝酸盐)能有效地打破许多植物种子的休眠或者促进其萌发。

　　烟信号可以通过提高种子萌发率、促进幼苗生长发育、增强幼苗活性来增加新生个体的数目和生物多样性指数以实现退化生态系统的恢复。澳大利亚西部 Banksia 林地是火烧易发地区,其恢复地区萌发植物的总数比未过火时增加了4~48倍,物种多样性增加了3倍。

　　在陆地生态系统中,诸多一年生草本、多年生草本、灌木和乔木等不同生活史特征的植物种子萌发皆会对火烧信号产生响应。目前,对影响种子萌发的火烧信号的研究主要集中在物理信号(热激效应)、化学信号(烟、烟水、KARs、SP1),以及物理和化学信号的交互作用。大量研究表明,多种休眠类型均与火烧信号存在紧密联系(图 4-4)。

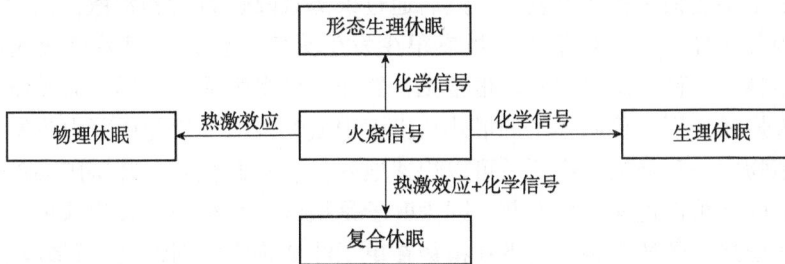

```
              ┌──────────────┐
              │  形态生理休眠  │
              └──────────────┘
                    ↑
                  化学信号
┌──────────┐ 热激效应 ┌────────┐ 化学信号 ┌──────────┐
│ 物理休眠 │ ←────── │ 火烧信号 │ ──────→ │ 生理休眠 │
└──────────┘          └────────┘          └──────────┘
                    │
               热激效应+化学信号
                    ↓
              ┌──────────────┐
              │  复合休眠  │
              └──────────────┘
```

图 4-4　火烧信号与各种休眠类型之间的关系

物理信号和化学信号交互作用对种子萌发的影响可能会受火烧信号的强度以及种子休眠类型等多种因素影响。复合休眠的物种在热激打破种子的物理休眠后,烟水可以促进种子生理休眠的释放,起到增效作用。物理休眠的种子通常会受到热量的刺激而萌发,而由于种皮的不透水性,可能会导致对烟没有响应以起到等效作用。高浓度的烟信号和高强度的热激会使种子失去活性,降低种子的萌发率。因此,当物理和化学信号相互作用超过了打破种子休眠所需的阈值就会使种子失去活性或者再次进入休眠状态,从而起到减效作用。

4.2　植物对林火的响应

林火对植物造成伤害的同时,植物又是如何应对的?在传统意义上,火对植物营养部分的主要影响是火会对再生组织(如形成层和芽组织)造成的热损伤。除了树皮厚度影响树干形成层的存活,芽的位置也是植物在火灾中生存的关键。

在劳肯凯尔分类系统中,高位芽植物指树冠有芽的木本植物;半隐芽植物指地面有芽的草本植物;地下芽植物的芽组织生长在地面以下。通常来说,高位芽植物的芽组织直接暴露在火焰中,最容易受到火灾的伤害。

木本植物的火灾模式特别多样,因为即使最大的树也是从种子开始生长的,这些火灾模式通常在树的不同生命阶段发生着变化。树皮的厚度强烈影响了茎的存活:厚的树皮提供了一层隔热层,减少了向茎的热传递,从而保护了形成层中的活组织。在张力作用下,木质部中的水受热会导致出现气穴现象和栓塞,开始停止向叶子供水。

4.2.1　植物的火后恢复

植物火后恢复的方法有很多种,各种方法对植物功能都有不同的损伤和帮助。竞争的相互作用和火情势的不同决定了生态系统中不同恢复模式的分布格局。一些木本植物能够在火灾后通过激活被树皮保护的芽来恢复大部分树冠,如桉树,芽深深地嵌入树皮甚至树干。所以,在非常严重的火灾中,即使桉树树皮被烧掉,它也能重新发芽。

从根本上来说,木本植物在火烧过后必须通过再生来恢复它们的树冠。一些树皮较薄的灌木和幼树,树皮无法提供充分的保护,植物的茎很可能被火烧伤,在火后恢复时便只能从基部的芽中重新发芽；一些木本植物从包含许多芽和贮藏组织的木质纤维中发芽；一些木本植物通过从根状茎或根芽克隆母株来进行无性繁殖。白杨是一个著名的无性繁殖的例子。它们在主茎受损后从基部发芽，然后通过根部吸收进行营养扩散，因此，几百公顷的白杨树基因都一样。一些热带雨林虽然很少发生火灾，但是一旦发生火灾就是灾难性的。在这些雨林中，被火烧毁的树木很常见，然而，许多生活在易燃生态系统中的木本植物也经常被火烧死。下一代以种子的形式从土壤中或燃烧前一代的树冠中萌发。

在草本植物中，草类被火烧死后可以快速地恢复。它们在被老叶鞘隔离的土壤表面或土壤表层以下的芽可以迅速重新发芽。因为叶子是从分生组织中生长出来的，所以草可以在烧伤后迅速恢复叶子的面积。地下芽植物在单子叶植物中特别常见(石楠科、水曲柳科、风信子科、葫芦科、鸢尾科、兰科等)，在许多易燃的灌丛和草地上也有分布。它们依靠储存在鳞茎、球茎和块茎中的营养物质，能够从表层土壤隔离的芽中迅速重新发芽、生长。

种子埋在地下的深度和火灾严重程度的不同使它们可以免受不同程度火灾的伤害。在一些易燃的生态系统中，种子被储存在位于地面上的绝缘木质结构中，这种现象存在于北半球的针叶树以及南半球的针叶树种和被子植物中。

4.2.1.1　植物烧伤后恢复

火灾后重新萌生的植物依靠幸存的芽来启动它的再生过程，并依靠储存的物质来快速恢复。储存在含有大量碳水化合物(淀粉)的地下贮藏器官中的物质，通常用于火灾后的萌生。它们也可以供应季节性的资源需求。

在易燃的地中海型气候灌木丛中，对亲缘的萌生植物和非萌生(实生)植物进行比较可以发现，萌生植物根中碳水化合物的储量要大得多，但茎中的碳水化合物含量相似。

当烧伤时，成熟的萌生植物比非萌生植物恢复快得多，而且能够在 1~2 个生长季节内开花结果。然而，萌生是有代价的，因为这些储备物质必须分配给未来使用，而不仅是当前所需。这种代价表现为：与亲缘的实生幼苗相比，萌生幼苗的生长速率要慢得多，死亡风险增加，首次繁殖的时间也要长得多。芽苗率和生长速率之间的这种能量的分配有助于解释为什么实生植物经常在易燃的灌丛地(如澳大利亚西南部的高原)占主导地位。然而，这种生长与存储之间能量的分配在萌生植物与非萌生植物之间并不普遍。例如，在灌木丛中，鼠李科植物的萌生和非萌生幼苗生长速率并没有显示明显的差异。有人认为，资源被分配给了萌生苗用于抵抗遮阴和干旱等压力，而不是分配给地下贮藏器官。换句话说，为萌生分配资源的代价可以减少幼苗生物量以外的方式来表示。发芽也有基因成本，相对于非萌生者，有害的突变会在萌生苗生命周期中积累更长的时间。这些突变不会在世代延续之后被清除，就像每次火灾后的幼苗一样。遗传负荷假说有助于解释许多萌发旺盛的物种的低结实率、高败育率和活种子产量低的现象。

在植物的不同生活史阶段，萌生行为常常会发生变化。例如，在稀树草原中经常发生以草本植物为可燃物的地表火灾，因此，树木选择把营养储存在膨大的树根里，不到一年时间幼苗就可以发芽，进而发育成多茎的幼体；然后是具有肿胀的树瘤(木质块茎)，其中储备大量的碳水化合物，在火灾过后，可以帮助茎的生长、重建树冠并维持根系发育。

在火烧之后，对火不耐受的森林中的植物幼苗会直接被火烧死。如果茎在连续几次火灾之后能够生长到防火的大小(茎足够粗、足够高，以避免火灾损害)，那么它们就会脱离火焰区，继续生长到完全成熟。

每次火灾过后，树木都能重新萌生。当火灾程度较为严重时，植物需要从根部萌生；在火灾不太严重的情况下，便可从茎的高处萌生。在这些经常被烧毁的稀树草原上，非萌生植物几乎不存在。稀树草原的树木可能要花几十年的时间在当前生长分配(促进达到防火大小和成熟的可能性)与预留根储备之间保持平衡，以确保在下一次火灾中，即便茎没有达到防火大小，植物也可以生存下来，直到它们在火灾中死去或者最终生长为成熟的、可繁殖的树木。

热带和亚热带草地生态系统的 C_4 草本植物在燃烧后可以很快恢复。草类是强大的竞争者，限制了非草类木质或草本植物的恢复机会。非洲和南美洲热带草原上有许多具有大型地下贮藏器官的双子叶植物，包括不同的科，尤其是豆科和菊科。

那些在热带和亚热带草原中有丰富的地下贮藏器官的物种，对频繁的火烧具有极强的抵抗力。在热带草原上，多年生植物与温带易燃草原上常见的一年生和二年生植物形成了强烈的对比，这些差异可能导致植物对燃烧的不同反应。例如，在北美大草原上，野火被抑制的地方，草原的多样性便增加了。因此，不同植物功能类型对不同火灾频率有不同的响应机制。

4.2.1.2　植物火后幼苗更新

在一些易燃生态系统中，苗木在火灾后的前几个生长季节非常常见，特别是在火灾后的环境光照强、土壤养分充足、竞争较低的地方(图4-5)。这样的条件是典型的地中海气候区嗜火灌木带，如在地中海盆地、加利福尼亚灌木丛、南非和南澳大利亚海角地区的希斯兰。在这些系统中，许多植物的种子在土壤中被火刺激而发芽。

漆树科、伞形科、半日花科、杜鹃花科(熊果属)、豆科、锦葵科、鼠李科(美洲茶)、梧桐科等硬种子则多依靠火的热激效应发芽。烟雾也是一种常见的发芽刺激，刺激许多软种子物种在这些易燃的灌丛中萌发。数

图 4-5　易燃生态系统燃烧后种子泛滥
(W. J. Bond 供图)

百种植物需要烟雾作为发芽的刺激。烟雾不仅能促进种子萌发，还能促进幼苗生长，但对于这一现象的更广泛含义仍有待挖掘。

许多草本植物通过火的刺激发芽，而不是从土壤储存的种子库中发芽，这也能有效地补偿燃烧后缺苗的生态环境。这是许多单子叶植物(禾本科、兰科、鸢尾科、百合科)的共同特征，也是一些再生木本植物的共同特征，晚熟木质结构的种子经过林火的刺激发芽同样可以改善林火燃烧后的生态环境。

4.2.2　植物的适应性特性

为什么易燃生态系统在结构和动态变化上会存在很大的差异？其中一部分原因可能是

在特定的气候条件和火行为影响下植物形成了一定的生理上的适应性。火对植物生长形态选择的影响取决于火情势。

树冠火的燃烧强度足以消耗所有木本植物的冠层。在火灾严重的地区，木质茎是典型的薄树皮(生长树皮是资源的浪费)，经常存在一些未萌生的植物被火烧死，然后从空气或土壤中的种子库再生。

相比之下，地表火的可燃物主要是凋落物或草本植物，不会烧毁高大林木的树冠层。这些系统中的树木通常都有厚厚的树皮来隔离树干，再加上自然整枝，这样就不会形成梯状可燃物把地表的火焰带到树冠上。在地表火区域的许多树木会选择从树皮中重新萌生，从而迅速恢复树冠。

尽管耐火、恢复和重生这些特性具有多样性，但在任何给定的火灾环境中，只有一个组合是典型的。这意味着火情势作为一个过滤器，选择了潜在的生长形式，也意味着总有一小部分植物群落能够在任何特定的地点生长。

我们考虑在一次火灾后，植物抵抗和恢复的不同方式，然后考虑火灾的重复模式、火情势，以及如何选择不同的植物特征。火情势一部分由植被决定；另一部分由外部因素决定，特别是气候和地形。我们使用不同火灾模式的例子来探讨这些协同作用。

在同一地区发生完全不同的火情势，植物构建火情势的方式是最明显的，如防火热带森林和可燃草地的镶嵌景观或硬叶灌丛和针叶林。火情势的变化可能由外部条件的变化引起，如气候变化，也可以由混合的生长模式引起，如生长模式的不同会产生可燃性或生产力的变化。连续火灾的最短间隔受到可燃物积累状况以及火灾蔓延情况的限制，这一因素主要取决于植物的现状、内在生产力和生长条件。

生物量在植物群落中的分布强烈影响可燃性和燃烧的可能性。生物质代表对火灾的生物贡献。生物质主要指生物量的数量和生物量的类型。例如，热带草原的生物量比热带森林的生物量低得多，而热带森林往往与热带草原同时存在。但是，在旱季干燥时，草原是高度易燃的，并且非常频繁地发生火灾，而高生物量的森林则很少燃烧。

如果火灾的蔓延是由凋落物决定的，那么不同特性的凋落物对于火灾的蔓延有不同的作用。例如，在美国东南部的针叶林中，松树会产生高度易燃的凋落物层而促进火灾蔓延；相反，同生橡树会产生密集的凋落物则有利于减少火灾蔓延。在美国内华达山脉的针叶林混交林中，凋落叶的可燃性随叶长而变化：长叶的松树产生少量的凋落物，容易燃烧，促进火势迅速蔓延；而短叶的树木，如北美红杉，会产生密集的凋落物进而减缓火势蔓延。多年的灭火工作使更耐阴、对火敏感的雪松和冷杉取代了原有的嗜热松树。

凋落物特性的变化可能对火灾蔓延和植物组合的性质产生影响。在过去，不同针叶树之间落叶可燃性的差异被认为在数亿年前改变了火灾状况，导致了物种优势的变化，生物对火情势特征的贡献在于：在不改变天气条件的情况下，生长形态混合或物种组成的变化可以改变火情势。自然生态系统已记录了由生物学特性决定的火情势差异，这些差异与外来物种入侵所观察到的火情势变化相匹配。

例如，北美西部喀斯喀特山脉邻近针叶林的灌木丛，针叶树易发生低强度的地表火，而灌木林则易发生高强度的林冠火。澳大利亚中部和北部的灌木状草丛，称为刺草，当降水量足够产生持续的燃料时，每隔几十年就会燃烧一次。在刺草草原内的木本物种具有典型的树冠火状态的属性,如球果延迟开裂、火刺激种子萌发和基部萌生等。随着砂土到砂壤土的变化,刺草群落通常与桉树稀树草原形成突兀的边界。这些桉树稀树草原的下层是软叶刺草,燃烧后可以很快恢复,如果有足够的降水则可以支撑数十年的大火。稀树草原中有很多具有不同木本植物特征的植被,火刺激恢复几乎不存在。相反,幼树通常具有地下贮藏器官和直立的杆状茎,有助于在地表火易发地区快速生长。

4.2.3　植物的火特性进化

"适应"的假设在解释植物在特定环境中生长的其他特征时很常见。例如,在灌木丛和地中海气候下,具有坚韧(硬叶)常绿叶子的灌木被认为可以适应冬湿夏干的气候。然而,对灌木植物区系的进一步分析表明,很少有植物进化出它们在地中海气候下的特征。

在火灾中促进抗性和恢复的植物性状通常称为火适应。某些植物为了提高其在火烧后环境中的生存概率,往往形成某些适应性特征,如萌生、火刺激开花等。火烧在生态系统中还起到选择的作用,频繁的火烧有助于维持火适应树种及生态系统的稳定。植物通过某些生物学特性、生态学特性、繁殖特性或借助外力来适应多火环境。在易发生火灾的生境中,植物会形成一些特殊的性状来适应这种环境,如萌生、球果延迟开放,以及种子萌发受高温、厚树皮、林下枝自疏和烟诱导等。

关键的火适应性状在松属植物中有很好的代表性。薄树皮、成熟种子释放和低矮分枝保留是原始性状。研究发现,厚树皮(>15 mm)随着时间的推移与地表火有密切的联系,并且树皮越厚(>30 mm)关系更密切;延迟开放在树冠火的存在下有很强的适应性,而且与松树树冠火密切相关。

松树植物至少存在 3 种不同的火适应生活史对策:①火耐受。幸存于频繁发生地表火的环境。②火依赖。遭受树冠火(保留树干低矮分枝或者长得矮小使火接触到林冠)但拥有在过火后使种群快速恢复的机制。③火避免。生活在很少发生火灾的环境。大部分的松属植物能够被划分为上述其中一种火适应生活史对策,这些火适应生活史对策也意味着不同的种群动力。例如,周期性树冠火缩短了松树的生命周期,却增加了其获得新基因的可能性。

关于火适应的研究可以利用宏观和微观的进化方法来阐明。在不同的火灾历史下生长的一年生物种种群具有不同的种子特性,而这些特性已被证明是可遗传的,并在经常被烧毁的生态系统中得以增强。一项微进化研究表明,地中海盆地的一种灌木(*Fulex parviflorus*)在经常被烧毁的种群中生长,比在无火环境中生长的相同物种的个体更易燃。因此,如果这种可燃性是可遗传的,反复的火灾会选择具有较高可燃性的个体,从而驱动不同火灾状态之间的特征差异。当利用微观进化方法在不同的选择环境中寻找性状的差异时,宏观进化方法使用年代久远的系统发育来追踪性状在长时间尺度(百万年)中的进化。

分子系统学是生物信息学的一个重要分支,是指在对核酸、蛋白质等大分子结构和功能的进化研究来阐述生物各类群之间的谱系发生关系。人们既可以通过系统发生的研究对生物之间的进化历史进行研究,也可以探索生命的起源、未知功能的基因及物种差异性。研究者们通常将分子系统学分为主要阐述生物种内分化的群体遗传学(Population Genetics)和主要研究生物多样性(如遗传多样性等)及种间系统发生的系统发生学(Phylogenetics)这两大领域。最近几年,系统地理学(Phylogeographics)、DNA 条形码(DNA barcoding)等理论方法的先后在分子系统学领域中得到了广泛应用。

分子年代测定方法表明，所有的稀树草原树木都是从森林祖先进化而来的。在过去的1 000 万年里大多数谱系出现在 500 万年以下。独立的古生态学证据表明，大约在 900 万年前，C_4 草本植物首次聚集成热带草类群落，主导着这些热带草原。热带稀树草原的树系年龄与它们的森林祖先明显不同，其一系列特征与它们新的易燃栖息地相兼容。许多植物的地下根系肿胀，使其在燃烧后能够旺盛地萌生，同时还会有厚厚的树皮，株形也会变得矮小。因此，对于稀树草原的树系来说萌生是一种新的特征，与森林祖先不同的是，它是一种与经常发生地表火灾的开阔栖息地相关的适应性特征。

沉积物中发现的炭化的花和其他植物部分表明，开花植物已经成为可燃物的主要组成之一并形成了新的火情势，这一现象可能有助于开花植物在这些古老景观中的传播。松树系统发育也揭示了白垩纪中期球果延迟开裂的起源（距今 8 900 万年），这表明树冠火的出现也与由开花植物产生的生物量所引发的火灾有关。不同的火情势中都有松树的存在，如北方针叶林的树冠火和地表火、黄松类森林的凋落物和草类地表火，甚至是频繁的热带稀树草原火灾，系统发育证据表明，松树对火的适应性特征确实是从白垩纪可燃生态系统中对火敏感的祖先进化而来的。

分子系统发育学也用来探索澳大利亚桉树的外表皮发芽的起源。在许多热带稀树草原上，地表火灾烧焦了树冠后，外表皮发芽的现象很常见。然而，澳大利亚潮湿地区的硬叶林在发生严重的火灾之后，除桉树以外，没有其他树木存活下来并萌生。

4.2.3.1 火刺激繁殖

深埋在木材组织中的外表皮芽被认为是桉树在火灾后萌生的基础。有学者利用分子系统发育研究发现桉树的早期祖先缺乏外胚层芽，最初进化是在约 6 000 万年前。这些结果表明，火灾可以导致胚芽萌生比通过炭化石记录所发现的胚芽萌生时间（中新世晚期，距今约 1 000 万年）早 5 000 万年。

火刺激开花在易燃灌丛和草原的草本植物中很常见。尽管这是一种明显的适应性，即在资源丰富、竞争激烈和捕食较少的时期出现，但火灾刺激是否作为一种适应尚不清楚。火势较小是开花的必要条件，而其他因素，例如，当竞争者被消除时增加的资源，也会促进开花。

4.2.3.2 林火干扰后可燃性的演变

不同群落的植物可燃性差异较大，生物量低的植物可燃性普遍高于封闭的森林植被。可燃性受到许多植物性状的影响，如叶片大小、植物结构、可燃性次生化学物质、可燃物颗粒大小和含水量等。例如，小叶片、小直径的芽和保留许多枯枝的树木有更大的可燃性。

可燃性早已被认为是一些植物群落的新兴特性。问题在于确定物种的可燃性是否可以进化，以及火情势是否会对种的进化产生相应的反应。研究人员利用亲缘选择论证表明，如果更易燃的变种通过猛烈燃烧杀死不那么易燃的邻居，那么它的后代能够更好地在缝隙中生存，可燃性就会进化。由于在燃烧后的间隙中最快的一种恢复方式是火刺激恢复，他们预测具有可燃形态的植物应该与火刺激恢复有关。对于这一预测，Schwilk et al. (2001)以北美松为例进行了验证。相比之下，像黄松这样自然整枝的树木，可以降低树冠火灾的风险，并且可以在没有火刺激的老树墩上释放种子。他们鉴定出了一套亲火特性，包括枝条保持力、薄树皮和球果无延迟开裂，与修剪枝条、厚树皮和球果延迟开裂等耐火特性形成了强烈对比。在可燃性进化的地方就有可能会出现生态位构建，这意味着对某一特性的选择取代了环境选择，从而进一步促进了具有该特性的生物体发展。

复习思考题

1. 火如何影响木本植物的生长？
2. 火对不同草本植物的影响有哪些？
3. 在火的胁迫下，植物会产生哪些生理代谢变化？
4. 林火烟气对种子萌发的影响有哪些？简述什么是物理信号和化学信号。
5. 如何理解植物对林火的响应机制？简述几种不同的火后恢复方式。
6. 植物在何种条件下会对林火产生适应？简述植物对林火的适应性特征有哪些。
7. 现阶段关于火适应的研究主要有哪些方法？

第 5 章

林火与动物

【本章导读】火是地球上大部分自然生态系统的基本要素之一，是生态系统中动物群落演化和发展的动力。森林、野生动物、林火在森林生态系统中是相互依存的，它们协同进化，从而实现生态系统的可持续发展。本章探讨不同火行为对动物的直接致死效应与间接生态影响，分析火强度与动物死亡率的关系，通过案例解析动物对火干扰的行为响应，并评估计划烧除对野生动物栖息地的利弊，为火后生物多样性保护提供科学依据。

5.1 林火行为与林火强度

5.1.1 林火行为

林火行为是指森林可燃物从点燃初期至熄灭整个蔓延过程中表现的各种变化，包括蔓延速率、火强度、火烈度和可燃物消耗量等特征。不同火行为对动物的影响不同。

5.1.1.1 地下火行为

地下火（ground fire）是指森林土壤中的腐殖质和泥炭层等有机物发生燃烧的现象，在深度干燥的泥炭和极度干燥的轻质有机物区域最为普遍。燃烧时不会产生明亮的火焰，其燃烧持续时间长、蔓延速率慢，通常可在地下燃烧几天至数月，清理火场时不易发现。泥炭是影响地下火分布的主要因素。全世界大约 80% 的泥炭分布在北温带，15%~20% 的泥炭分布在热带和亚热带，而南温带泥炭分布极少。其中，北温带的加拿大和美国阿拉斯加地区、温带和亚热带的英国苏格兰以及美国北卡罗来纳和佛罗里达地区、热带的印度尼西亚和巴西，这些地区是地下火的高发区域。我国地下火主要发生在东北大、小兴安岭地区及新疆阿尔泰林区。受气候变化和人类活动的影响，泥炭层的地下水位降低，从而增加了泥炭火发生的频率和程度。

地下火的发生会消耗土壤有机质，造成土壤理化性质改变，对森林植被根系和土壤生物造成损害，同时土壤中的腐殖质和泥炭等燃烧会产生多种有害气体（如一氧化碳、二氧化碳、氮氧化合物、甲烷和羰基硫化物等），对大气造成污染。地下火产生的有害气体不仅影响人类的健康，还影响其他动物的健康。

5.1.1.2　地表火行为

地表火(surface fire)是指森林地表可燃物(如灌木、草本、枯枝落叶等)发生燃烧的现象,约占森林火灾发生总次数的94%,是最常见的火灾类型。地表火的燃烧高度较树冠层低,有烟柱产生,蔓延速率受可燃物、地形及气候等因素的影响大,通常根据其蔓延速率可分为稳进地表火(蔓延速率小于4 km/h)和急进地表火(蔓延速率为4~8 km/h)。稳进地表火蔓延速率慢,燃烧充分,对地表可燃物和树木基部损害严重;急进地表火蔓延速率快,燃烧不充分,过火区域呈花脸状。地表火会消耗地表可燃物,杀死草本植物和木本幼苗,对乔木的基部造成损害,偶尔烧焦树冠,同时释放污染性气体和颗粒污染物($PM_{2.5}$、PM_{10} 等),造成空气污染。如果可燃物载量大且风力强,地表火可能会跃升到树冠中,导致树冠火灾。

地表火仅燃烧地表可燃物,属低强度火,火焰高度为0.5~4.0 m,只烧掉地面表层的枯枝落叶、草本植物及部分灌木,对树木和土壤的影响小,对生活在地面的动物影响较大。

5.1.1.3　树冠火行为

树冠火(crown fire)是指乔木冠层(1.5 m 以上)可燃物发生燃烧的现象,是破坏性最大的林火类型。树冠火一般由地表火沿梯状可燃物蔓延至树冠层形成,受林分密度和可燃物垂直分布的影响较大,多发生于林分郁闭度较大的针叶林内。其燃烧温度可达900℃,火强度大、蔓延速率快,产生强大对流柱,易产生飞火和火旋风等极端火行为,对林冠层损害大。由于其破坏的严重性,出现树冠火的地区常呈现贫瘠的景观,通常需要数年时间才能开始适度恢复。

在各类林火中,树冠火对动物的影响最为严重。因为树冠火燃烧林冠形成高强度火,火焰高度可达十到几十米,不仅烧毁森林,还能烧死大多数或全部植物、动物、微生物及植物的繁殖体,从而使火烧区的生物多样性明显降低。

5.1.2　林火强度

林火强度是衡量火释放能量大小的一个指标,一般用火线强度(fire line intensity)表示,即单位火线长度单位时间内释放的热量,单位是kW/m。林火强度为20~60 000 kW/m。火强度一般分3级,低强度350~750 kW/m,中强度750~3 500 kW/m 和高强度大于3 500 kW/m,见表5-1。一般来说,火强度在4 000 kW/m 以上时,林火可烧毁森林中的所有生物和有机质。因此,只有小于这个强度的火才有生态意义。

表 5-1　林火强度等级划分标准

林火等级	等级指标(kW/m)	划分标准
高强度火	>3 500	树木有80%以上烧伤或烧死,林下灌木全部烧毁,熏黑高度在5 m 以上。由于地面所有有机物全部被烧掉,矿质土的颜色和结构均发生变化
中强度火	750~3 500	介于高强度与低强度火烧之间,枯枝落叶层和半腐殖质层被烧毁,半腐殖质层以下颜色不变
低强度火	350~750	林木被烧死或烧伤10%以下,林下灌木部分被烧毁40%以下,树干熏黑高度在2 m 以下

注:郭贤明等,2015。

一般情况下，只有高强度火才对森林生态系统产生较大的影响，不仅可以烧死树木，还能破坏林分结构，破坏动物的栖息地，甚至有可能烧毁整个森林。而低强度火烧后，林地上的萌条增多，在一定程度上改善了动物的取食条件，增加动物的种群数量。

5.2　林火对动物的影响

受控制或不受控制的森林火灾对包括土地覆盖、土地利用、生物多样性、气候变化和森林生态系统在内的自然环境有着深远的影响。火灾对野生动物的影响要么是直接的，即对植物和动物的直接伤害或导致其死亡；要么是间接的，即对食物生产力、可用性和质量的改变，以及对各种栖息地属性的改变、破坏或造成退化。

5.2.1　林火对动物的直接影响

有学者指出，2019年的澳大利亚林火导致丧生的野生动物数量超过10亿只，火灾造成的生态损失是难以估量的。火灾的间接影响是深远的、长期的。火灾导致鸟类和哺乳动物流离失所，破坏当地的生态平衡。

林火对野生动物的直接影响包括动物逃跑（如昆虫、小型哺乳动物和鸟类）或寻求庇护、烧伤或致死。在火灾中，大多数野生动物利用各自的逃逸方法来逃避火烧，被火焰截留的动物，可能被火焰直接灼烧，也可能被燃烧产生的高温及烟雾或释放的毒气等直接致死。一般来说，火灾中被烧死或烧伤的动物都是一些无法离开火烧地或未及时离开火烧地，并且不具备隐蔽场所或隐蔽场所不安全的类群，如巢穴中的幼崽和部分在地表活动的土壤动物。

林火对野生动物的烧伤和致死有很多种途径，主要包括：①火焰能够直接烧伤或烧死动物，特别是对巢穴中的幼崽威胁更大。幼崽由于行动不灵活，往往更容易被火烧伤或致死。②高温辐射使野生动物致死、致伤。③高温气流和高温烟尘使野生动物致死、致伤。④火灾产生的有毒气体（如一氧化碳等）使野生动物致死、致伤。⑤火灾产生的烟雾通过影响野生动物的行动造成死伤。大多数动物物种对火行为都有可预测的反应，这些反应因物种而异。许多脊椎动物会选择逃离或寻求庇护，而一些无脊椎动物（如昆虫）则被吸引到燃烧区域。动物对林火的其他行为反应包括从洞穴中营救幼仔、接近火焰和在烟雾中觅食、进入最近的烧伤区域以木炭和灰烬为食。

尽管公众普遍认为野地火灾对动物具有毁灭性，但火灾一般只杀死和伤害相对较小的动物种群，环境温度超过64℃对小型哺乳动物是致命的。可以合理地假设，大型哺乳动物或鸟类适应温度的阈值差异可能不大，因此，大多数火灾都有可能伤害或杀死动物，而高强度的火灾肯定对被困在路上的动物造成危险。生活在地面上活动能力有限的动物似乎最容易受到火灾的影响，但偶尔大型哺乳动物也会因火灾致死。火灾可以杀死动物，但大多数物种的死亡率都很低，火灾一般不对野生动物种群构成重大威胁。不同种类的野生动物因避火能力不同，受火烧直接影响的程度有很大的差异。影响林火导致野生动物死亡程度的因素有很多，包括火强度、火规模、火行为、火频率和火周期等。

5.2.2 林火对动物的间接影响

林火不仅对动物造成直接影响(主要是致死作用),还通过对植被、土壤理化性质等诸多方面的影响改变野生动物的栖息环境,进而影响野生动物种类及种群数量分布,并对生物多样性产生影响,这种作用在某种程度上较直接影响更为深远。林火对野生动物的间接影响主要表现为:①火烧会阻碍植物的发育和演替,从而改变动物的食源。②火灾通常会增加栖息地的斑块为野生动物提供多样化的栖息条件,便于野生动物选择食物和遮蔽物。

在森林火灾中,大多数野生动物利用各自的逃逸方法来逃避火烧,逃逸的方法有很多种,有逃离原栖息地的,也有在原地采用隐蔽或隔离方式逃避火烧的(如爬行类)。为了能够更清晰地表达火对动物的间接影响,可将火烧的影响对象划分为 3 种类型,即逃逸种类、驻留种类和水生生物。火烧发生后,一部分动物选择逃离原有栖息地,也有一部分动物虽未离开栖息地但是幸存下来。逃离栖息地的动物有一部分会重新返回原地,一部分在逃逸中死亡,还有一部分发现了新的栖息环境。人们把原地幸存种类和逃逸后返回种类作为对于火烧地而言的驻留种类,而把逃逸中死亡和发现新的栖息地的这些离开了原栖息地的种类作为对于火烧地而言的逃逸种类。还有一类比较特殊,它们不仅从未在火烧地生活过,火烧后也不可能到火烧地生活,然而火烧仍对这些种类产生间接的影响,这一类就是水生生物。

5.2.2.1 火烧对动物逃逸种类的影响

(1)部分动物在逃逸途中死亡

动物在逃逸途中死亡的原因大致有两种:一种是动物自身原因,如对离开栖息地后的光照等自然条件不适应、迁移路途过长或在迁移途中遇到无法跨越的地理屏障等都可能导致动物死于逃逸途中;另一种则是对体型较小的种群来说,在逃逸过程中很容易被不怕火和烟雾的猛禽及大型食肉动物(如豹等)捕食,这一部分损失对于常见种而言或许微不足道,但对于珍稀濒危种类可能是致命的。

(2)发现新栖息地的种群

对于能够到达新的栖息环境的动物类群来说,也将面临两个问题:一部分动物在新的环境下找不到其适宜的生存条件,特别是那些生境相对单一的动物。还有一部分可以在新的环境下暂时定居下来,但却要面临新的生存空间内激烈的种内、种间竞争。竞争的结果可能是因为取胜而得以在该地区长久地定居下去,也可能与那些没有找到合适生存条件的动物一样再度陷入迁移或死亡的境地。研究发现,森林火灾发生 1 年后,将火烧地及附近未烧地鸟类聚集情况对比,发现数量上十分接近。这是因为鸟迁入未发生火灾地区后,使当地鸟类密度过大,进而在接下来的 1 年时间内竞争加剧。

5.2.2.2 火烧对动物驻留种类的影响

火烧后,一部分动物逃逸归来,与未逃逸的幸存种类一同构成火烧地的驻留种类。这些种群与火烧后新的植物群落组成及入侵种类之间相互影响,最终引起动物群落组成、结构和密度的变化。

（1）火烧影响动物的食源

林火对野生动物食源的影响可能是火与动物的关系中研究得最彻底的一方面。影响火灾后植被数量和营养质量变化的因素包括土壤、植被类型、植被年龄和结构、火灾前后降水、火灾严重程度、火灾季节、火灾时间和沉降扰动状态等。一般而言，林火对野生动物食物的影响主要表现为：①燃烧会阻碍植物的发展和演替，通常会增加或改善野生动物的饲料，从几年到100多年，这取决于植被类型。②火灾通常会增加栖息地的斑块，为野生动物提供多样化的栖息条件，便于选择食物和遮蔽物。③除干燥的生态系统外，饲料植物的生物量通常在燃烧后增加。④草本植物的种子产量通常通过一年一次或两年一次的火灾来提高。⑤燃烧有时会增加植物的营养含量和消化率，但并非所有的火灾都会如此。这种影响通常是短暂的，通常只持续1~2个生长季节。⑥一些野生动物喜欢从过火区域选择食物，尽管过火区域植物的平均营养含量与未过火区域没有区别。

由于火烧后动物食物资源情况的改变，使动物种群数量及捕食关系可能发生不同程度的变化。火灾可能通过改变食草动物食用的植物间接影响食草动物，火灾直接改变了植物群落的生物量和结构，低强度火灾提高了植物物种的丰富度，而高强度火灾则产生相反的效果（图5-1）。有人认为，火灾可能增加大型食草动物食物供应和质量的时空异质性，从而影响大型食草动物的觅食行为。尽管火烧会暴露表层土壤并影响微生物，但有助于乔木叶子的生长，并防止灌木入侵，塑造植物形态、植物年龄结构和树种组成，增加富含氮的绿色生物量。

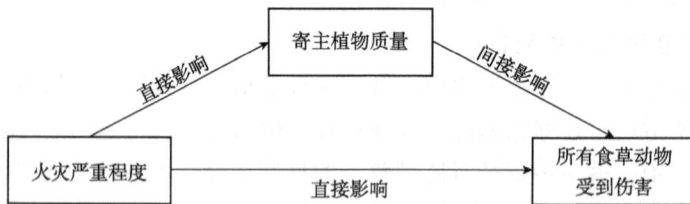

图 5-1 火灾严重程度对食草动物影响的概念模型
（Murphy et al., 2018）

火烧后草本植物恢复很快，杨树、柳树和其他硬阔叶树种嫩叶增加，而且植物的营养增加，从而改变食草动物可用食物的组成，导致草地结构发生变化。食肉动物由于逃离火烧地的能力较强，火烧使食肉动物数量减少，所以食草动物数量往往有所增加。灌木林火灾后数年内马鹿的数量明显增加，比火烧前个体数量增加40%。在非洲大草原和其他地方进行的研究表明，大型野生食草动物对过火区域的利用多于非过火区域。

火灾可能不会减少地面觅食鸟类的食物资源，但可能通过清除落叶和茂密植被使昆虫和种子暴露在外，从而增加食物的可及性。火烧的季节不同，对不同种类食物资源的影响也不同。对山齿鹑来说，冬季火烧可以刺激它的重要食物——豆荚的生长，春天火烧则会减少食物。然而，在食物资源丰富的动物中，某些生境相同的种类间的竞争将会加剧，种群数量变化的可能性很大。原来数量较低的种群可能由于在争夺中的胜出而使种群数量得以上升。同时，由于火烧给动物带来更多的食物来源，还经常会有邻近地区的物种迁移到火烧迹地生活，这可能改变原有的捕食关系。加拿大温哥华岛上生活的蓝松鸡从高山或亚高山的森林里迁移到山下的火烧迹地生活后，捕食天敌由原来的貂变成原来生境中少有的狐、浣熊等。当然也有新的食肉动物迁入火烧后的生态空间，可能成为本地种新的天敌。这种新的竞争、捕食关系有助于促进生态系统向相对稳定的方向发展，但是，对于稀有物种来讲，生境相同或相似种类的竞争、新天敌动物的出现等均可能为其生存、繁衍带来更大的威胁。

（2）火烧引起植被保护作用及土壤理化性质的变化

火烧使地表植被减少，许多动物失去足够的隐蔽场所。大规模或高频率的火灾过后，地表裸露，隐蔽场所减少，使动物更容易受到攻击。地面上直立的空腔树和死亡原木的破坏影响大多数小型哺乳动物物种和空腔筑巢鸟类。在澳大利亚，一种大尾巴的袋鼠（*Bettongia penicillata*）虽然在高频率的火灾发生后幸存下来，但当地面植被较小时，它们很容易产生眼花、眩晕的感觉，很快就失去定向能力，从而使它们被外来的狐狸和本地火灾后幸存的原有天敌捕食的概率增加。这种捕食作用要比火灾本身带来的直接死亡更重要。两栖动物、爬行动物和啮齿动物等，行动灵活，能钻入地下足够的深度逃避致命的高温，也能在地表逃离，但是火烧后，驻留种类却面临失去栖息地的危险，地表植被减少，使土壤洞口暴露，外来及本地驻留种类中的食肉动物对其生存产生威胁。这对火烧后几年内，脊椎动物多样性明显减少具有至关重要的作用。森林生态系统中关键生物（如无脊椎动物、传粉者和分解者）的损失，显著减缓森林的恢复速率。同时，火烧后引起土壤理化性质的改变，对某些土壤动物种类的扰动也有明显影响，但草原火烧后对羊草生长发育具有积极的促进作用。土壤表层有机物减少、pH 值升高等，抑制了蚁类的生存和发展。

（3）火烧影响动物的栖息地

栖息地是指物理和生物的环境因素总和，包括光线、湿度、筑巢地点等，所有这些因素一起构成了适宜动物居住的某一特殊场所，具有能够提供食物和防御捕食者等作用。各种动物按照自己喜爱的环境条件来选择栖息地。

目前，重大火灾对物种和生态系统的影响在世界范围内引起广泛关注。火灾作为生态系统的重要干扰因素，其机制的变化往往与物种灭绝有关，没有火灾的话，一些植物群落无法延续，而一些动物依靠火后生长和开花的植物作为栖息地和资源。然而，由于气候变化和其他因素，世界许多地区正在经历更频繁和更强烈的火灾。近年来，美国、巴西、印度尼西亚和俄罗斯都发生了灾难性的火灾事件。

2019 年 7 月至 2020 年 2 月发生的澳大利亚特大火灾，在空间范围和严重程度上都是前所未有的。澳大利亚南部约 9.7×10^4 km² 的森林、荒原、草原和农田被烧毁。研究表明，2019—2020 年澳大利亚森林火灾直接影响了 107 个濒危脊椎动物和 725 个非濒危脊椎动物的栖息地，共有 378 种鸟类、254 种爬行动物、102 种青蛙、83 种哺乳动物和 15 种淡水鱼的栖息地与这些火灾发生地点重叠。在这些类群中，有 196 个类群被烧毁了 10%～30% 的栖息地，51 个类群被烧毁了 30%～50% 的栖息地，16 个类群被烧毁了 50%～80% 的栖息地，3 个类群被烧毁了 80% 的栖息地，导致该地区动物种群数量和分布范围大幅下降。

5.2.2.3　火烧对水生生物的影响

火烧对水生生物的影响主要是通过对水生环境的影响实现的，主要表现为：①火烧使土壤侵蚀加剧，降低河道稳定性，河水流量变大，易滚动碎石增多，造成鱼卵破碎，破坏鱼苗。②河水中树木燃烧后的残留物、沉积物增加，导致鱼卵窒息，抑制鱼苗发育。③营养物质增加，引起水中藻类大量繁殖，造成水体富营养化，危及水生生物的生命。④水体周围的植被减少，太阳辐射增强，水温升高。水温升高后鱼类易染病，冷水鱼由于对水温的适应范围小而大量死亡。也有研究表明，增温能使饵料生物更丰富，为鱼类的生长提供充足的食物，使鱼的生长期延长。同时，火烧还可以与不同的气候条件、地形、地质状况及河岸地带土地的利用情况产生交互作用，改变本地原有水生生物的栖息环境。这种改变也为外来物种的入侵提供了可能性。而外来物种的入侵与栖息环境的改变都会使对外界干扰敏感物种的生存面临威胁。

5.3　林火对不同动物种群的影响

5.3.1　林火对鸟类种群的影响

森林火烧对鸟类种群的影响分为两个方面：一方面，如果火灾发生在筑巢季节，可能造成鸟类数量的减少，但迁徙种群可能会飞往越冬区，因此只受到火烧的间接影响或不受影响；另一方面，如果火灾发生在繁殖期，则可能由于火灾烧毁鸟巢、遮盖物，增加被捕食率以及增加巢内寄生率，对草原鸟类的繁殖产生直接的负面影响。

对以昆虫和植物为食的鸟类种群而言，火灾对其影响主要取决于食物和遮蔽物的变化。草地节肢动物作为许多鸟类的重要食物来源，其数量在火烧后会有所增加，这似乎是火对鸟类群落影响的一种间接机制。大多数猛禽种群不受火烧影响，因为它们会被新烧毁地区的猎物所吸引。火灾通常有利于猛禽，因为火灾可以减少隐蔽物，暴露猎物的行踪。而当火灾后草料增加时，猎物种类和数量也会随之增加，对猛禽的生存也更为有利。研究人员发现，以昆虫和种子为食的峡谷鸟经常出现在发生火灾的丛林中觅食。而在落基山脉北部，火烧区域的鸟类种类比其他栖息地多了 15 种，而且其中大多数都是食虫鸟类。

生态学者认为，鸟类丰富度和分布的首要影响因子是植被。火烧会破坏植物，从而影响鸟类的丰富度与分布。低强度火烧对森林鸟类无显著影响。澳大利亚维多利亚州中部的森林进行了几次计划烧除，采用前后控制影响设计来模拟火灾和火灾严重程度对鸟类的潜在影响，结果表明，在鸟类物种丰富度和更替方面均未发现明显变化。但是，低强度的火虽然只对地面的草丛和小灌木有破坏作用，但局部环境的改变使群落中原来没有的物种侵入，从而使生物多样性增加。在火灾后植被发生巨大变化的地方，鸟类群落也可能发生变化。在澳大利亚中部干旱区的林地中，早期演替阶段为草原，鸟类群落主要由食草种类组成，明显不同于附近较老、长时间未燃烧的植被，主要是由食虫种类组成。在伊比利亚半岛东北部，火灾后现场的鸟类组合在整个地区都有所不同，反映了物种在野火后分散和定居栖息地能力的变化。在欧洲有一种濒危鸟类——圃鹀（*Emberiza hortulana*），火灾会扩大其活动范围，这种变化有可能与火灾引起的植被结构变化有关。

鸟类对火灾的反应分为短期（火烧后 5 年之内）和长期（火烧后 5 年以上）。一些研究表明，火灾引起的栖息地特征变化会导致火灾后与火灾前的鸟类群落在短期内存在显著差异，而鸟类的长期反应则受到火烧后植被演替的影响。有研究人员对草原生态系统中火灾干扰后不同时间的草地碎片取样，记录了 70 种鸟类共 862 只个体，评估火灾干扰对植物、鸟类群落和生境结构的影响。结果发现，相较于短期或长期的火烧迹地，中期的火烧迹地具有更高的生境异质性和物种丰富度，而鸟类丰富度和物种多样性随火烧时间的增加呈线性下降趋势。

计划烧除是山地阔叶林的一种常用管理手段，计划烧除可改变森林结构和物种多样性。研究表明，在美国东部的高地阔叶林，单次或多次低强度火烧对大多数鸟类的影响可以忽略不计，对一些地面和灌木鸟类物种有短期负面影响；相反，导致树木大量死亡的严重火灾可能会为需要开放、早期进化条件的物种创造栖息地，至少在短期内保留了许多与树冠郁闭林相关的物种。美国北卡罗来纳州西部山地阔叶林中进行的计划烧除研究结果表明，一次或两次相对较低强度的火烧随着较热的火焰斑块，可能导致林冠覆盖度和结构逐渐发生微妙的变化，这可能会略微增加鸟类物种的丰富度；相反，单一的高强度、高烈度火灾可以创造幼林条件和异质性冠层结构，通过反复燃烧可以保持这种结构，并通过吸引适应火灾干扰的物种来增加繁殖鸟类的丰富度，同时保留大多数其他森林鸟类物种。

5.3.2　林火对哺乳动物种群的影响

哺乳动物对森林火灾引起的遮蔽物和食源变化也有直接反应。由于幼兽的活动能力有限，春季火灾可能比其他季节火灾对哺乳动物种群的影响更大。但如果火灾后的栖息地能为这些小型哺乳动物提供食物和住所，那它们的种群将迅速恢复。Ream（1981）总结了 237 篇关于小型哺乳动物和火的文献，结论是，地松鼠、囊地鼠和鹿鼠的数量在火灾后普遍增加。Kaufman（1982）也发现鹿鼠的数量在火灾后有所增加。在美国爱达荷州灌木草原栖息地的林分替代火灾发生 1 年后，被烧毁区域的小型哺乳动物总数低于未被烧毁区域，大部分被烧死的动物是鹿鼠。在澳大利亚东南部，森林发生火灾 2~3 年后，在发生火灾地点半径 1 km 范围内，随着未烧毁树木的增加，树栖哺乳动物的丰富度增加。

除此之外，火不仅影响哺乳动物食物资源的分布，还增加被捕食的风险。捕食者与被捕食者关系受到栖息地结构和质量的强烈影响。植被结构的多样性可能被捕食者用来增加狩猎的成功率。火可能会加剧外来捕食者对哺乳动物猎物影响的潜在机制是清楚的。火灾对栖息地结构有重大影响，通常会导致下层植被、凋落物、粗木屑和树洞的减少。这些栖息地特征通常为小型和中型本土哺乳动物提供躲避捕食者的关键庇护所。火灾后它们的损失可能吸引捕食者到最近被烧毁的区域，增大了捕食者相对于猎物的密度。在澳大利亚东南部，3 项利用狐狸粪便研究火对狐狸饮食的影响的研究发现，火改变了狐狸与原生哺乳动物猎物之间的功能关系。在亚高山地区的澳大利亚新南威尔士州，与火灾前的 6 年相比，在一场大野火后的 2 年里，狐狸粪便中的哺乳动物毛发含量大约增加 1 倍。在维多利亚山麓的森林中，一场计划烧除减少了下层植被的覆盖，导致狐狸对中型本土哺乳动物的捕食增加，在火灾后的 1~3 个月时间，对大型巨足动物的捕食减少。在澳大利亚西北部，研究发现，猫会选择最近被烧毁的地区，因为它们的狩猎成功率会大幅提高。

　　尽管火灾后新萌发的植物营养更高，但火灾造成的植被缺口会破坏能供食草动物躲避高温和捕食者的森林垂直结构，因此，食草动物会尽量避免被烧毁的地区，因为其必须权衡食物获取与精力消耗和捕食风险的利弊。在火灾频繁发生的松树热带草原上，研究人员以白尾鹿为研究对象，研究了火灾时间对白尾鹿的栖息地选择和觅食行为的影响，结果表明，雌性白尾鹿会选择自火灾发生以来时间较长的林地，并避开最近被烧毁的地区，原因可能是母鹿在幼鹿饲养期间需要增强隐蔽性而牺牲食物质量。

图 5-2　燃烧和未燃烧植被之间的火灾边缘
(Parkins et al., 2019)

　　另外，火灾产生的燃烧和未燃烧的边缘也是影响陆生哺乳动物活动的区域。火灾边缘(fire edge)是由火产生的过渡区，导致不同结构特征区域之间的边界(图 5-2)。火灾边缘可能发生在燃烧与未燃烧的植被之间或不同的烧毁程度之间。对于依赖植被覆盖、觅食或筑巢的动物来说，火灾边缘破坏了资源的空间连续性，因此影响动物的活动模式。研究人员选择了 26 个计划烧除的地点，火灾发生时间 0~7 年不等，并选了 10 个长期未被烧毁的地点作为对照，结果发现，具有一般资源需求的大型动物在火灾发生后立即燃烧的边缘比未燃烧的边缘更活跃，但在火灾发生 3 年后，在燃烧边缘的两侧同样活跃。尽管在火灾发生后，小型哺乳动物在被烧毁的边缘会有一些活动，但在长达 3 年的时间里，与未被烧毁的边缘相比，它们在被烧毁的边缘通常不那么活跃。除此之外，还发现狐狸和猫这些外来的捕食者在火灾发生后对烧焦边缘的利用也比预期的要多，因为火灾后立即发生的捕食行为在火灾边缘可能比其他地方更高。

　　关于野火幸存动物行为变化的研究很少，但有一个值得注意的例外——棕袋鼩(*Antechinus stuartii*)，这是澳大利亚的一种小型食虫有袋动物，在计划火烧和野火之后，棕袋鼩会减少日常活动以保存能量。研究认为，这是棕袋鼩在林火后生存的关键，在火烧过后食物资源严重减少的地区，这些行为变化可以有效降低个体的能量需求，为具备调整能量需求能力的变温哺乳动物提供竞争优势。

5.3.3　林火对鱼类种群的影响

　　森林火灾对鱼类主要是间接影响，表现在森林火灾使下游河流水质下降，影响水生生态系统，进而影响鱼类的生长及生存。火灾主要通过以下 5 个方面影响鱼类的生长发育及生存。

　　(1)灭火剂污染水体

　　扑救重(特)大森林火灾时，直接扑救比较困难，常常采取间接灭火的方法，如利用飞机洒化学灭火剂和阻火剂。研究表明，森林火灾过后一般都会下一场大雨，一旦下雨，灭火剂和阻火剂中的某些化学物质将溶解在水中。例如，多种化学灭火剂使用后释放氨(NH_3)，当水中氨的浓度达 75 μg/g 时，将导致成熟的鲑鱼死亡；水中氨的浓度达 0.3 μg/g 时，鲑鱼苗就会中毒死亡。

(2) 水温升高

温度是影响水生生物的重要环境因子之一。森林火灾破坏河流两岸植被，河岸及水面接受太阳辐射增多，河水温度上升，从而使河水生境改变，在增加鱼类所需的生物氧的同时也使河水中的有效氧含量显著降低，影响某些水生生物的生存，其中对鱼类的影响较大。

(3) 水土流失

森林火灾破坏陆地植被，截留物被烧毁，地表裸露，遇暴雨容易形成地表径流，使森林燃烧产物及林地表层的疏松土壤随地表径流汇入江河，增加河水中的悬浮物和容易滚动的小砾石，使鱼卵遭到破坏等。

悬浮物对鱼类的影响可分为 3 类：致死效应、亚致死效应和行为影响。这些影响主要表现为直接杀死鱼类个体；降低鱼类生长率及其对疾病的抵抗力；干扰产卵，降低孵化率和仔鱼成活率；改变洄游习性；降低其饵料生物的丰度；降低捕食效率等。

为了更好地衡量底泥悬浮物对鱼类的影响，国外学者提出了一个污染强度指标——应激指数，即以底泥悬浮物的浓度与其在水中持续的时间的自然对数来表示，据此研究了不同应激指数下不同鱼类的摄食、生长及鱼苗的孵化和成活等所受到的影响。

(4) 掩埋作用

火灾过后，河流中增加的悬浮物沉积后会对鱼类有掩埋作用。大量实验表明，底泥悬浮物沉降后，对水中的底栖生物、鱼卵及鱼苗等有不可估量的影响。由于底层悬浮物沉降后，泥沙对鱼卵的覆盖作用，使孵化率大幅度下降；同时，大量的泥沙沉降后，掩埋了水底的石砾、碎石及水底其他不规则的类似物，从而破坏鱼类的产卵场所和鱼苗的庇护场所，降低鱼类的种群密度。

(5) 疾病流行

火灾过后，河流水质的变化影响鱼类的生存环境、摄食率等，从而使鱼类抵抗力降低。火灾后地表径流增加，陆地上的一些病原微生物随径流汇入江河，河水温度的升高及灭火剂的使用等，可能导致鱼类疾病的发生。另外，截留物减少、径流增加、河流流量增大可能引发大面积鱼类的死亡。

森林火灾对鱼类影响的大小还取决于森林火灾等级、火强度和火烧迹地与附近河流的距离等。一般来说，高强度的重(特)大火灾对附近河流中的鱼类影响较大，而低强度的森林火灾对鱼类的影响较小。河流离火烧迹地越远，鱼类受到的影响越小；反之，河流离火烧迹地越近，鱼类受到的影响越严重。由于火灾引起了生物群落和物理环境的变化，其间接影响将在较长的时间尺度上存在。有学者提出，火灾对水生生态系统的影响可以从中期和长期效应的角度考虑。中期效应预测在火灾后的前 10 年达到峰值，此时变化最为剧烈(图 5-3)，从图中可以看出，火灾发生后鱼类种群数量迅速下降；在火灾后的第 5 年，鱼类种群逐渐恢复并达到峰值，随后下降到火灾前的水平。

大型火灾对鱼类的间接影响是十分显著的。例如，在美国墨西哥州大火发生的 2 周后，一条吉拉鳟鱼(*Oncorhynchus gilae*)在钻石河主流中被捕获，然而 3 个月后的采样表明，这一濒危物种已从这条源头河流中灭绝了。鱼类死亡的原因主要是季风强降水和火灾后植被的缺失导致的河流走廊持续遭受洪水冲击。2013 年夏天，发生在美国科罗拉多州的大火烧毁了 44 360 hm² 森林，其中大部分地区(60%)土壤破坏程度为中重度。

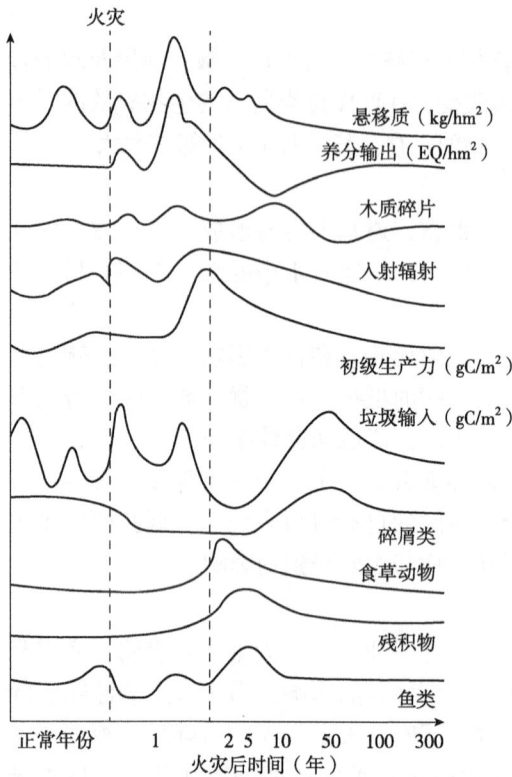

图5-3　水生生态系统对火灾的反应
(Dunham et al.，2003)

同时，大火包围了格兰德河的源头，严重影响了水质和鱼类栖息地。研究人员定期测量了火灾发生后3年内格兰德河及其支流的重要参数变化，如流量、温度、溶解氧、pH值、电导率、溶解固体总量、悬浮固体总量，以及金属和营养物质的浓度等，并对鱼类每年进行抽样调查。调查结果显示，大量沉积物从陡峭、严重烧毁的山坡输送到里约热内卢河及其支流，该事件同时造成了严重的鱼类死亡。严重火烧导致河流下游的浑浊度持续升高达3年之久。但水生生态系统在此期间似乎已经修复，3年内观测到的鱼类数量已经恢复至火灾前的水平。2019—2020年，澳大利亚森林火灾的规模和强度是前所未有的，火灾导致澳大利亚出现干旱和水资源短缺，对水生生态系统产生了灾难性的影响。在大多数受火灾影响的区域出现明显的鱼类死亡事件，例如，在新南威尔士州和维多利亚州的15个水道和17个地点报告了约27种淡水鱼和河口鱼类的死亡事件。

5.3.4　林火对爬行动物种群的影响

森林火灾引起的植被物种组成和动物栖息地结构的变化也会影响爬行动物种群。在美国佛罗里达州沙丘的长叶松林和湿地松种植园中，受威胁的地鼠龟需要稀疏的树冠和开阔的草地以获得最佳的食物和洞穴，而这些条件是由林下火烧提供的。生长季节的火灾可能会增加洞穴数量和新孵化动物的食物供应。超过300种其他物种使用地鼠龟的洞穴，包括许多节肢动物、爬行动物和两栖动物，因此，火灾也同时影响了动物群落中的许多其他种群。在美国田纳西州东部，有学者在3个地点使用超高频发射器监测了118只东部箱龟的存活情况，结果表明，发生火灾的箱龟年存活率低于未发生火灾的箱龟，且年存活率与火灾强度、火灾温度和凋落物深度呈负相关。在研究捕获的箱龟中，14%个体的龟壳在之前的火灾事件中受损，火烧区域箱龟中约20%有烧伤，烧伤程度从轻微的鳞片变色到导致甲壳再生的严重损伤。研究表明，这种箱龟会在火灾发生时穿过防火带(包括1只刚孵化的箱龟)，目的可能是避免火灾。火灾过后，箱龟会留在火烧区域或在较短时间内返回火烧区域。同时，由于箱龟在地下冬眠，因此冬眠季节的死亡率较低。虽然箱龟在其活动期易受火灾的伤害，但它们的行为和生理特征可能会减小小火灾的直接影响，遭遇危险时，箱龟能够缩回四肢并完全闭合外壳。2018—2019年夏季，有学者在智利的阿劳卡利亚森林研究了林火对蜥蜴群落的影响。该研究进行了4种类型的火灾处理，包括未焚烧对照、发生火灾后长期恢复、发生火灾后短期恢复、两次焚烧，共对 71 个样带的蜥蜴群落进行了监测。结果显示，林火频率和恢复时间对蜥蜴密度和丰富度有显著影响，并与生境结构的改变有关。

许多爬行动物种群对轻度和严重火灾几乎没有反应。美国阿巴拉契亚山脉南部的松林发生严重火灾后，林地蝾螈的数量基本保持不变。美国南卡罗来纳州山麓硬木松林的低强度下燃烧并没有显著改变爬虫纲动物的物种丰富度；但由于福勒蟾蜍和红斑蝾螈的数量增加，烧毁地块上的两栖动物数量明显增多。虽然美国佛罗里达州的扁平林蝾螈的湿地松栖息地在冬季繁殖季节遭受低强度的火烧，但种群数量没有下降的迹象。

森林类型和结构也会影响爬行动物群落对火灾的反应，爬行动物对火的反应是由植被结构驱动的。在相似的火况下，不同的森林类型爬行动物对火的响应不同。有学者研究了森林类型是否会影响西地中海非洲边缘爬行动物群落对火灾的反应，结果表明，两种森林类型的爬行动物对火灾的反应存在差异，软木橡树林爬行动物丰富度在燃烧和未燃烧的区域之间无显著差异，然而松树人工林爬行动物丰富度在燃烧区域更高。火烧区域植被覆盖的减少会使爬行动物面临更大的被捕食的风险。此外，凋落叶和地上植被的减少也可能会导致烧毁地点土壤表面温度的升高和土壤湿度的降低。土壤水分、凋落叶和近土壤表面结构的破坏，加上地表温度的升高，很可能使该栖息地不适合爬行动物。但是松树人工林燃烧区域的爬行动物的丰富度反而更高，造成这种结果可能的原因是松树人工林森林结构简单，郁闭度高，火后林下植被太阳辐射增加，改善了燃烧地区爬行动物的热环境，从未燃烧到燃烧的样带中爬行动物的总数增加。

5.3.5　林火对昆虫种群的影响

昆虫属于无脊椎动物中的节肢动物，在动物界中种类最多、数量最大，其踪迹几乎遍布世界每一个角落。森林昆虫是森林生物群落的重要组成部分，昆虫的取食、繁殖、扩散等行为特征与森林植物和环境有密切关系，在维持森林生态系统结构和功能方面发挥着极其重要的作用。森林火灾发生后，森林生态系统的生物和非生物环境发生了剧烈变化，对森林昆虫的发生与发展产生了直接或间接的影响。从本质上说，随着时间的推移包括 3 个层次的影响（效应）：火灾后几周内的直接效应或一级效应；二级效应或间接效应，如受火特征变化和受生境植被演替的影响；三级效应，即火的进化效应（Engstrom，2010）。一级效应往往表现得最严重，例如，许多活动较少的树栖昆虫或其他以叶为食的昆虫，由于燃烧暴露在高温和烟雾中，死亡率非常高。例如，在澳大利亚桉树林中暴发的竹节虫数量可能因火灾而大量减少。然而，和许多其他昆虫一样，适应力强的生命阶段可能有助于昆虫对抗火的影响。若虫和成虫在树上是高度敏感的，但卵掉到地上可能抵抗火灾。

5.3.5.1　林火对病虫害暴发的影响

昆虫和火是许多生态系统中常见的干扰因子，对森林生态系统的组成和动态有着长期的影响。对森林生态系统而言，多种干扰因子之间是相互关联的。火灾、害虫和病原体之间存在复杂的相互作用，表现为昆虫和病原体种群数量与火灾发生和火行为的关系，这种关系的变化影响森林生产力、景观、野生动物栖息地和其他管理目标。火烧对病虫害的影响包括直接影响和间接影响。

（1）直接影响

森林火灾能直接影响森林昆虫的种群数量。火灾之后，许多类群的昆虫在短时间内急剧减少，特别是在火灾之后的几小时内，昆虫会大量死亡或者逃离发生火灾的林区。然而，即使行动缓慢的幼虫或生活在地面杂草上的昆虫，完全暴露在火焰中也不会全部死亡。火灾发生后，昆虫种群数量的减少程度和其与火焰的接触程度有关。未直接接触火焰的昆虫、地下害虫，以及树干顶端的昆虫死亡率往往较低。

虽然林火能够造成本地昆虫群落的消减，但烧毁的林地却能够吸引一些特殊的昆虫种类。在火的干扰下，昆虫数量会发生明显变化，特别是喜迹地昆虫明显增多。这些昆虫有着特别的红外感受器，能够在很远的地方找到林火，并且喜欢在部分炭化的树木上繁殖生存。例如，自 20 世纪以来，已多次发现迹地吉丁（*Melanophila acuminata*）在火灾之后的极短时间内大量聚集，并且在燃烧过的树木上产卵；双翅目 *Microsania* 属的昆虫能够被林火烟雾所吸引，而其他没有发生林火的森林中却很少发现该物种。

这些能够被林火、热灰以及烟雾吸引，或者没有表现直接的趋火行为但能非常好地适应森林火烧迹地，或者只能依赖火烧迹地的资源才可以进行繁殖生存的昆虫，称为喜迹地昆虫。喜迹地昆虫有 4 个特征：潜在的高传播性；对火的化学或热信号具有敏感性；幼虫只在最近烧毁的树木上进食；幼虫的发育需要在火烧迹地上进行。目前，喜迹地昆虫有两种类型：一种是具有严格意义上的喜高温习性，又称为喜高温性昆虫，能够直接被林火、热灰以及烟雾所吸引，在林火发生后短时间内大量集聚；另一种没有表现直接的趋火行为，但能非常好地适应火烧迹地或者只能依赖火烧迹地的资源才可以进行繁殖生存，例如，在火烧迹地以嗜灰性真菌为食的昆虫和寄生在过火后树木韧皮部的昆虫群落等。很多学者认为，这类昆虫只生存在过火的森林，极少出现在未受火干扰的林地。这些适应森林火烧迹地的昆虫种类能够在森林火烧迹地进行自然演替以及进化，因此，在某些情况下，被火干扰过的森林呈现比未过火的森林更高的喜迹地昆虫物种多样性。

迹地吉丁对森林火灾有专门的烟雾和红外感官知觉，能够被长距离发生的火灾所吸引。尖叶萤叶蝉高度分散，可在北美的森林火灾中迅速出现，捕食者和与之竞争的食木昆虫的消失可能有利于这种甲虫在这些地方不受阻碍地繁殖。天牛科的一些品种可以利用火焰的烟雾来定位，甚至可以在火灾后立即蔓延到部分被烧毁的松柏上。但有学者指出，目前并不清楚物种被吸引到火中的更重要的因素是燃烧的木材作为取食或繁殖基质，还是火烧迹地本身。喜迹地昆虫不仅限于鞘翅目，其他一些目的昆虫也有喜迹地的特征。在双翅目中，一些扁虱科昆虫被称为烟蝇，因为它们会被闷烧木头中的烟雾所吸引。在西澳大利亚，它们被吸引到燃烧的木头和土壤中产卵，据推测，它们的幼虫以适应火灾的真菌为食，这些真菌在火灾后会快速繁殖。

火对昆虫行为更微妙影响的例子是美国俄克拉何马州的草原蝼蛄（*Gryllotalpa major*）。这种雄性蝼蛄是美国最大的蝼蛄，在美国中南部被认为是稀有的，它们的叫声来自特殊的漏斗形"声学洞穴"。调查显示，在新近被烧毁的地方，求偶的雄性数量更多，有些甚至被观察到在火灾发生后 24 h 内不停地鸣叫。在燃烧过程中，土壤温度上升幅度不大，地下植被食物没有受到破坏。有学者假设，草原火烧迹地可能比那些表面植被密集的、更复杂的未被烧毁的区域更能有效地进行声音信号通信，因为雌性在寻找配偶方面花费的精力更少，燃烧后产生的斑块提供了空间异质性，这可能对蝼蛄有利。

在美国阿肯色州欧扎克橡树山核桃森林中进行的计划烧除中，在火灾发生后的 30～170 d，在重复焚烧和未焚烧的地点对蚂蚁进行了调查，发现在被烧毁地点的蚂蚁丰富度比未烧毁的地点低很多。

火灾引起昆虫行为变化进而产生多种多样的生态后果，在某些情况下影响深远。蚂蚁对种子传播的影响非常广泛，在南半球容易发生火灾的干燥地区尤为显著。在澳大利亚北部，对被烧毁和未被烧毁的热带草原上进行的调查发现，在火烧发生之前，蚂蚁对种子的搬移率是相似的，但在过火地块中，搬移率显著下降。由火引起的蚁类种子传播模式改变是普遍存在的。

森林火灾，特别是大面积、高强度的火烧会直接或间接杀死大量昆虫天敌，如各种食虫鸟、食虫蜘蛛、寄生性和捕食性昆虫、病原微生物等。林火还造成树木长势衰弱，抗虫力下降，这一切都为森林虫害的发生创造了必要条件。火灾后，大面积森林生态环境惨遭破坏，枯立木、衰弱木遍布整个火烧迹地。客观上为蛀干害虫的侵入、栖居、繁殖提供了适宜的环境条件，因此，导致火灾后 1～2 年各种蛀干害虫猖獗发生，其中，云杉小黑天牛和落叶松八齿小蠹种群数量最大，为蛀干害虫的优势种。除此之外，松十二齿小蠹、松六齿小蠹、长角小灰天牛、长角大灰天牛、云杉大黑天牛、松墨天牛等在火灾后 2 年种群数量呈现明显增多的趋势。

（2）间接影响

森林火灾对昆虫群落的间接影响比直接影响更为重要。间接影响主要是通过改变树种组成和森林结构来影响虫害的发生。火烧改变了森林结构和树种组成，为甲虫发现和占据寄主提供了有利条件。这方面的研究主要侧重于火后影响（火灾先发生），因为火引起的损伤影响树木生理状况，降低树木抵抗力，导致树木容易受到害虫侵袭，与火干扰相关的昆虫种群数量增加也可能导致未火烧林分发生虫害。森林火灾可以烧死大量的害虫，而森林害虫的天敌也不能幸免，使其种群数量和对森林害虫的控制力明显下降，同时也使害虫生存的生物和非生物环境发生了改变。森林火灾使森林生态系统的平衡遭到破坏，由于林地破坏严重，郁闭度下降，火烧迹地林木稀疏，林地裸露，光照条件好，水热条件变化大，过火林木衰弱，卫生状况不良，为一些害虫的发生提供了优越的环境条件。

5.3.5.2　虫害暴发对林火发生风险的影响

（1）虫害影响可燃物载量

一些传统观点认为，昆虫危害导致森林火灾风险增加。早在 100 多年前，就有学者关注到虫害暴发可能影响森林火灾的发生风险。Hopkins（1909）提到北美森林受到小蠹虫的影响，导致木材退化，而最大的损失则来源于害虫侵蚀木材所引起的森林火灾风险增加。Dodge（1972）同样支持了这种观点，认为昆虫危害森林会导致枯死木增多，可燃物增加，提高了火灾风险等级。越来越多的学者支持这种观点：昆虫导致的树木死亡会增大枯木被风吹倒的概率，从而增加森林地表可燃物载量。然而这种观点却没有确切的实验数据支撑。Stocks（1987）调查了每个试验点的可燃物储量，结论认为，害虫造成树木死亡，以致数年之后森林火灾风险明显增加。

从理论上讲，森林火灾的发生风险在虫害暴发后的各个时期有着不同的变化：害虫的危害会造成叶面水分流失；林分郁闭度会在虫害暴发时降低，在随后的年份中，郁闭度会随着枯萎的针叶和细枝条掉落持续降低，而这些都会增加地表火发生的风险。有学者采用空间直观模型 LANDIS 模拟虫害与林火在 300 年内的交互作用，结果表明，虫害干扰降低了细可燃物载量，提高了模拟前期(0~100 年)和中期(100~200 年)的粗可燃物载量。

(2)虫害改变林分结构

森林受到害虫危害后，无论枯萎还是伐除，其原先占据的生态位出现了空缺，周围的其他植物会迅速占据生态位。Bigler(2005)提出虫害导致更高火灾风险的最终机制来自林分结构的改变。不同于林火，虫害暴发一般危害某一类或者某一部分树木，最后剩下的森林是混交林，以及枯木和幸存的个体树木。而这种混交的林分能够让低强度的地面火快速转变为高强度的树冠火。然而虫害暴发以后，林分有一定的恢复周期，改变了原有的林分结构，形成了更新林，对这些更新林分的火灾风险分析表明，地表火或者树冠火的发生、范围、强度几乎都不会增加。

虫害对林火有显著的影响，在害虫危害过的地方留有大量的枯立木，这些可燃物增加了森林的燃烧性。在 1988 年美国黄石公园火灾中，甲虫危害区域比未危害区域的火烧面积多 11%。在美国西部许多针叶林中，野火和小蠹虫暴发相互影响。虽然关于小蠹虫发生对火灾危险的影响已有大量研究，但直到最近才有实验数据验证和量化这种关系。有些研究认为，小蠹虫暴发会引起灾难性大火，而有些研究更强调小蠹虫暴发以来时间长度的重要性。理论上讲只有在危害后的 1 或 2 年后会发生树冠火的可能性增加，因为死亡针叶仍存留树冠。当死亡针叶落到地面后，树冠连续性和密度降低，树冠火发生的危险性降低。虫害暴发 10 年或几十年后，小蠹虫致死的枯死木倒地与林下植物形成梯状可燃物，发生树冠火的可能性再次增大。

(3)不同火烧强度与虫害发生量的关系

火烧强度是由树种的耐火性、地形、可燃物、气象和干扰等多因子决定的，也是林火破坏程度的重要指标。对不同火烧强度进行划分，采用的指标是烧死木率，划分结果见表 5-2。不同火烧强度林分的虫害发生程度不同。随着火烧程度的加重，森林虫害的危害也加重，虫感株率和虫口密度也随之上升，二者与火烧强度呈正相关。这一关系在蛀干害虫的发生量上体现得比较明显。因为随着火烧程度的加重，林木的死亡率升高，衰弱木与濒死木的比率也越高，而这些林木恰好为蛀干害虫提供了良好的寄生条件。对于针叶树种来说，落叶松小径木与樟子松由于树皮较薄，抗火能力较差，在中度以上强度的大火下易被烧死，树木的形成层受到严重破坏，甚至被烧焦，一般无蛀干性害虫的侵入；而中老龄落叶松抗火能力较强，过火后萌发新叶时易被害虫侵害。

蛀干害虫主要大量侵害林分枯立木、衰弱木和濒死木，火烧强度的增强，影响了林内枯立木、衰弱木和濒死木的产生，为蛀干害虫提供了更多的侵入、栖居和繁殖场所。同时，

表 5-2　火烧程度划分表

火烧程度	未过火	轻度火烧林	中度火烧林	重度火烧林
烧死木率	0	30%以下	30%~70%	70%以上

林内天敌数量的急剧减少及食物的增加，也为害虫的大发生提供了有利环境，这可能是不同火烧强度影响害虫发生情况差异的最主要原因。当然，过火林地内的害虫的发生情况还受其他多种因素（如火烧年限、距虫源远近及虫源数量等）的影响。

5.4　林火烟气对动物健康的影响

林火烟气含有许多有害成分，包括温室气体和可吸入颗粒物，这是导致全球范围环境污染的主要原因。林火产生的一氧化碳是一种有毒气体，可减少输送到心脏和大脑等重要器官的氧气量。泥炭火灾是近几十年来人类活动的综合结果，人类通过砍伐森林将林业用地转为农业用地，极大地改变了生态系统。泥炭火灾不仅每年摧毁数千公顷的森林，而且释放大量二氧化碳、一氧化碳和其他气体，影响全球气候变化。2015 年，印度尼西亚的泥炭火灾产生的烟雾对人类健康产生了重大影响，火灾造成大约 100 300 人死亡。林火产生的烟雾除了影响人类的健康，也影响其他动物的健康，引起眼睛和喉咙发炎、呼吸困难等症状，并可能损害羊和马等牲畜的免疫功能。一项对 2006 年泥炭火灾期间印度尼西亚婆罗洲长臂猿的研究发现，在烟雾弥漫的日子，长臂猿的歌声更少、更短。在婆罗洲中部泥炭沼泽，森林火灾产生的烟气对婆罗洲猩猩有显著的负面影响，猩猩在吸入烟气期间和之后均增加了休息时间，减少了活动时间和活动距离。同时，吸入烟气后，猩猩的脂肪分解代谢也有所增加。婆罗洲猩猩最大的种群栖息在婆罗洲中部的泥炭沼泽森林中，每年在婆罗洲发生的大火严重影响了猩猩的栖息地和数量，仅在 2015 年就烧毁了 20 000 hm² 的森林，杀死了数百只猩猩。据估计，1999—2015 年，完好无损的森林中有 93 000 只婆罗洲猩猩意外消失。这表明长期反复暴露在有毒烟雾中可能对猩猩和其他野生动物造成严重的健康威胁。

森林火灾产生的颗粒物会形成雾霾，不仅对人类健康和当地经济产生负面影响，还会对其他动物产生不利影响。食草昆虫是将植物与食物链中更高层次的消费者联系起来的主要消费者。它们在许多生态功能中也起着关键作用，如植物授粉、种子传播或土壤通气。在印度尼西亚的森林中，蝴蝶物种的丰富度与森林火灾直接相关，可能是火灾破坏了它们的栖息地。除了直接影响，森林火灾还可以通过产生烟雾对昆虫产生间接影响。雾霾影响昆虫的一种方式可能是影响它们的呼吸系统，昆虫通过气门呼吸空气，空气进入更细的气管，最终到达昆虫体内的细胞。苍蝇、甲虫、蟋蟀或蛾类等昆虫也可以利用一种积极的呼吸过程，即身体不同部位的气管和气囊快速循环地压缩和扩张，从而产生空气运动。因此，昆虫的通气系统构成了通往所有内部器官的直接通道，这使它对空气质量的变化极其敏感。有学者研究了雾霾直接或间接影响幼虫生长发育的机制，他们分别在人工产生的烟雾和在新鲜的空气中饲养蝴蝶，但是以暴露于烟雾中的植物为食，结果表明，直接暴露于烟雾中既显著增加了幼虫的死亡率，也增加了幼虫的发育时间，还降低了蛹重；而通过摄食暴露于烟雾中的植物也影响了幼虫的发育时间和蛹重。在烟熏处理后的排气管中并未发现颗粒物，表明烟熏条件下蝴蝶的生长时间和死亡率增加可能是由于有毒的烟熏气体和食物，而不是颗粒物。这些结果证明，烟雾对食物网中的关键角色——昆虫的发育、成虫大小和生存有显著的有害影响。

5.5　动物对林火的影响

火是一种强大的生态和进化力量。因此，改变火行为驱动因素的动物可能对生态系统产生深远影响。然而，动物对火灾的影响常常被忽视。大多数关于动物对林火影响的研究集中于探究大型食草动物如何影响草本可燃物，将动物和火视为植物的消费者。然而，火灾行为不仅受可燃物载量的影响，还受可燃物结构的影响，起火模式、天气和景观结构也都影响火灾行为。因此，动物可以通过许多途径影响林火。

5.5.1　动物对可燃物的影响

5.5.1.1　动物对可燃物载量的影响

大型食草动物消耗大量优质可燃物生物量。在草原上，食草动物可以大幅减少火灾可用可燃物的数量，降低火灾蔓延速率和火灾强度。Kimuyu et al. (2014) 利用放牧进行实验，研究表明移除牛和本地有蹄类食草动物会增加热带草原林地的草本生物量和火灾强度。在景观尺度上，从稀树草原植被中移除大型食草动物会增加单次火灾的规模和总燃烧面积。据报道，一些中型食草动物和大型动物，也会抑制一些以草为主的生态系统中的燃料生物量。然而，放牧并没有在所有条件和生态系统中对火灾产生一致的影响。放牧的时间可以对可燃物的特性产生影响。

在森林生态系统中，动物可能通过改变凋落物输入量和分解率对火灾行为产生重要影响。在许多森林生态系统中，凋落物是主要的优质燃料，并影响火灾的传播。凋落物积累速率与分解速率呈负相关，凋落物分解速率受叶片化学成分的影响。因此，动物可以通过影响树叶的化学成分改变凋落物的积累。例如，选择吃嫩叶的动物和食草动物以营养质量最高的植物及其部分为目标，这防止了最有营养的植物成分进入凋落物中，并增加了化学防护植物物种的优势，这些植物物种产生难以分解的凋落物，降低了分解速率。大型和小型食草动物也可以刺激个体植物中二级防御化合物含量的增加，进一步降低分解速率。例如，Kay et al. (2008) 发现，花边蝽对大果栎的食草行为增加了叶片的木质素含量，降低了25%的分解率。

动物也可以通过消耗植物凋落物来影响分解。澳大利亚东南部桉树林的两项研究表明，排除凋落物动物群落影响，凋落物分解率可降低34.7%和46%的分解率，分解率如此大的变化可能导致固定可燃物生物量的变化，从而导致火灾行为。

在地面上觅食或筑巢的动物可以通过掩埋、机械分解来减少生物量。研究表明，这些活动可能改变森林生态系统中的火灾行为。例如，Hayward et al. (2016) 和 Nugent et al. (2014) 报告指出，地面觅食动物导致落叶生物量减少约25%，使模拟火灾程度更小。

5.5.1.2　动物对可燃物结构的影响

动物可能通过改变可燃物结构对火行为产生重要影响。践踏、放牧和筑巢等活动可以改变可燃物的体积密度以及斑块和景观规模特性，如可燃物水平和垂直连续性。可燃物的精细排列控制内部的热量和空气流动，影响火焰高度和热传播。与松散的充气燃料相比，紧凑、致密的可燃物更不容易燃烧，火焰更小。因此，动物践踏和压实底层可燃物可能会降低火焰高度和火焰蔓延，这是使用高密度牲畜建造防火带的基本原则之一。挖掘型动物和无脊椎动物(如蚂蚁和白蚁)，将土壤混合到地表腐殖质层中，也可能会改变可燃物堆积密度。

动物可以通过改变可燃物的水平连续性来影响火蔓延的速度。可燃物连续性的中断会阻碍火灾的发展，并导致火线的局部熄灭。即使这种断裂很窄(例如，动物踩踏植被留下的足迹)，仍可能在火边界内形成未燃烧的斑块，类似于岩石露头形成的斑块。这些斑块的范围将根据当时的风速和方向以及可燃物中断的大小而有所不同，并且可能只发生在低强度火灾时。然而，即使是在燃烧过的景观中，相对较小的未燃烧斑块也可能对生物体的生存和火后恢复具有至关重要的作用。

各种动物都会造成可燃物连续性的中断。例如，Morandini et al. (2010)在灌木丛中进行了实验性火灾，并报告说，穿过植被的动物路径在可燃物床中形成了足够的间隙，从而导致火势前沿的局部熄灭。Carvalho et al. (2012)报告了切叶蚁路径形成的类似模式，靠近巢穴的区域(路径集中度较高)，在低强度野火中燃烧的可能性明显低于远离巢穴的区域。白蚁群落还可以直接或通过与哺乳动物食草动物的相互作用大幅改变植物群落，减少白蚁丘周围的表面可燃物载量。这可以降低发生火灾时土堆周围区域燃烧的可能性。

一些动物收集植物材料用来筑巢或求偶展示，如眼斑冢雉将落叶耙入一个大土堆中孵化它们的卵，这种行为大幅减少了土堆周围大面积(多达 1.4 hm^2)的可燃物载量。相反，植物材料的收集可产生高强度的火。例如，兔鼠(*Lagostomus maximus*)在洞穴中收集了大量木屑，用于求爱展示。当洞穴被占据时，这些土堆不太可能燃烧，因为兔鼠大量啃食周围的草本可燃物。然而，一旦废弃了洞穴，恢复了草本的连续性，这些成堆的木屑就成为大量高强度燃烧的木质可燃物。

可燃物的垂直连续性是火焰高度的一个重要决定性因素，可燃物垂直连续性好时有发生树冠火的可能性。动物，特别是大型食草动物，可以改变不同可燃物层之间的距离，从而改变火灾从一个可燃物层转移到下一个可燃物层的可能性。这种影响可能是积极的，也可能是消极的，这取决于易接近植物种类的适口性以及食草的强度和持续时间。吃嫩叶的动物可以抑制灌木和小树的高度和树冠体积，在可燃物层之间形成间隙，防止火灾蔓延至树冠。

当适口植物和不适口植物共存时，食草动物取食后可能会导致不适口植物占主导地位。这些植物可以增加森林中可燃物的垂直连续性，并充当进入树冠的阶梯。例如，有蹄类动物在混交林中觅食会抑制落叶树的再生，并导致针叶树的高密度。这些针叶树的可燃物层间距比落叶树低得多，并作为阶梯燃料，促进地面火发展为树冠火。类似地，虽然牲畜放牧减少了道格拉斯冷杉(*Pseudotsuga menziesii*)森林中精细草本燃料的积累，但增加了小树的密度和较重可燃物的积累，导致树冠火风险增加。

5.5.1.3　动物对可燃物状况的影响

可燃物状况包括水分含量和化学成分组成，是火灾行为的决定性因素。可燃物状况可以决定点火概率、火灾严重程度和蔓延速率。动物可以通过改变活的和死的植物的水分和化学成分来影响火行为。

动物对可燃物条件影响的一个众所周知的例子是昆虫攻击。昆虫攻击可损害或杀死植物，导致植物水分含量降低和可燃性增加，这在许多针叶林中都有记录，例如，云杉甲虫的攻击可以杀死树冠的叶子，产生高度易燃、干燥、充气和升高的燃料源，当燃料源保持静止时，促进了高烈度野火，并增加了低中度火情条件下发生山火的可能。动物对可燃物条件的间接影响也会发生，包括：食草动物刺激植物叶片中二级防御化合物的产生，改变其可燃性；挖掘型动物将腐殖质与土壤混合或制造土坑，增加落叶层的含水量；大型食草动物或昆虫降低了冠层密度，导致地表可燃物干燥程度增加。

除了改变可燃物的水分和营养成分，动物还可以通过选择性地去除植物中不易燃的成分来提高可燃物整体的可燃性。当大部分可利用的生物质既不适口又高度易燃时，选择性除草可以通过简单地去除植物中易燃性较低的成分来增加可燃物整体的可燃性。在塔索克草原上观察到了这一点，当地食草动物选择性地移除了活的绿色植物部分，增加了剩余可燃物的整体可燃性，而剩余可燃物主要由干燥的死草屑构成。

一些食草动物可能通过改变植物特性来降低可燃性。例如，Davies et al.（2015）发现，有针对性的冬季放牧会改变草地结构，并在火灾季节增加可燃物水分。然而，其他研究报告了放牧对植物可燃性特征的更多混合效应。这种差异可能与植物的避牧策略和抗性策略有关，避牧策略（不适口性）与高可燃性特征相关。总之，动物对可燃物条件的影响受到的关注有限。然而，随着人们越来越认识到可燃物条件对火行为影响的重要性，需要更多的研究来更好地解释这些微妙但重要的相互作用。

除可燃物外，火行为还受地形、天气和点火模式等因素的影响。因此，特定的动物活动有可能直接或间接影响其他因素来影响火灾行为。虽然罕见，但也存在一些对景观火灾模式产生显著影响的例子。如河狸筑坝，扩大溪流，可以形成大片湿地。这些湿地可以保持较高的环境湿度，并可能导致火锋局部熄灭，从而形成大型的未燃烧斑块。树皮甲虫可以杀死林分的树木，一旦树木倒塌，就会导致树冠空隙。如果没有树冠遮蔽，火灾会暴露在风速增加的环境中，这会增加火灾蔓延的速度和火灾蔓延至树冠的可能性。在澳大利亚北部，黑鸢聚集在活跃的火线周围捕食逃跑的动物。在这次狩猎活动中，观察到鸟类将燃烧着的木棍扔到未燃烧的草地上，有时会逆着盛行风向穿过道路或小溪使火焰蔓延。

5.5.2　动物的火灾反应策略

许多动物种群在易受火灾影响的环境中生存和繁殖，具有抵御火灾的策略。动物活动的类型和模式取决于物种的生态特征、生活史阶段及其外部环境，包括生物和非生物因素。火灾的直接影响会引发动物的一系列动作，包括在燃烧区域内远离和朝向燃烧区域的动作。对于捕食者来说，它们会利用对暴露在火灾后环境中的猎物的探测能力向最近被火灾烧毁的区域移动。研究表明，猛禽强烈地被火吸引，在火灾期间丰度增加了7倍。还有研究发现，石茶隼（Falco tinnunculus）和胡狼（Buteo rufofuscus）选择性地在最近被烧毁的地区活动。许多大型捕食者的移动和对火的强烈嗅觉和视觉（烟雾），可能使其定向运动数十到数百米。例如，在澳大利亚，野猫（Felis catus）定向移动了10 km后到达最近被火烧毁的区域进行捕食。

对于那些依赖火灾的物种来说，火灾发生期间和之后的这段时间是一个特别关键的时期，因为它需要从被烧毁的区域迅速扩散，以寻找更合适的栖息地。一些依赖火的物种具有避免移动来抵御火直接影响的适应能力。例如，一些哺乳动物进入麻木状态来减少它们的能量需求，并在火引起的变化下保持在它们出生的范围内。例如，短喙针鼹(*Tachyglossus aculeatus*)在火中寻求庇护，利用麻木状态维持较低的平均体温并减少活动，从而减少能量需求。同样，褐色前脚蚁(*antechinus stuartii*)和黄色前脚蚁(*antechinus flavipes*)在火灾后会增大迟钝频率和增加持续时间，减少日常活动，从而避免在火灾后的区域中冒险觅食。一些依赖火的物种体形较小或具有较弱的运动能力，对于这些物种来说，只能维持满足个体当前和短期需求的运动。

对于不能适应火灾的物种来说，将在火灾发生后立即寻找避难所。许多物种具有对早期火灾快速反应的能力。例如，在落叶下冬眠的东方红蝙蝠(*Lasiurus borealis*)会在烟雾和火焰声的刺激下从麻木状态中逐渐恢复体温，暴露在地面烟雾中的长耳蝙蝠(*Nyctophilus gouldi*)和脂尾袋鼬(*Sminthopsis crassicaudata*)则会迅速恢复体温并逃跑。

植被结构对动物的感知范围有重要影响，即动物能够探测景观特征的距离。一些研究表明，与高大复杂的植被相比，在低海拔简单植被的地区，物种的感知范围可能更广。例如，依赖森林的有袋类动物的运动路径受植被类型的影响较大，在视觉障碍较少的植被类型中，有袋类动物呈线性运动。同样，树栖壁虎的感知范围受植被高度的影响，当它们在较矮的植被中移动时，更倾向于向树木移动。当动物的偏好栖息地超出它们的感知范围时，会表现曲折的移动方向，而当它们的偏好栖息地在它们的感知范围内时，会表现更线性的定向运动。最近烧毁区域的简单植被结构可能增强了通过烧毁区域移动的个体的感知范围。然而，如果高强度的火灾烧毁了远远超出个体感知范围的大片区域，就会妨碍它们找到合适栖息地，因为它们缺乏定位移动的远距离线索(图5-4)。未能发现线索将导致无方向性的运动，增加运动时间，因此增加能量消耗和被捕食的风险，高强度火灾后的植被结构，可以增强捕食者探测猎物的视觉。例如，有学者发现，美洲马鼠(*Martes americana*)的死亡风险随着幼鼠移动的距离而增加。

在周期性变化的环境中，运动尤其重要，如那些经历过常规性火灾的动物。随着火灾后演替期间植被结构和组成的变化，动物可用资源的类型、丰度和分布也发生了变化，包括住所、食物和觅食小生境。因此，易发生火灾的景观的动态特性为动物移动提供了一个前提条件，从而提高个体生存能力和种群的持久性。大多数动物是可移动的单一生物，在火灾中即使只是部分烧伤，生存也会受到影响，因此，许多与动物生存相关的特征很难研究。鉴于动物在适应火灾环境中进化，它们可能已经具有了应对策略。

(1)抵抗

有些物种具有保护其最重要的组织免受高温伤害的特性，这在植物中很常见。可能没有任何动物对火灾具有绝对的抵抗力，但有可能在低强度火灾中某些动物的某些特性赋予它们一定的耐火性和生存能力。例如，Sanz-Aguilar et al. (2011)评估了火灾对地中海地区濒危陆龟(*Testudo graeca*)生存率的影响，结果表明，在烧伤区域和未烧伤区域，龟的繁殖能力和活动模式没有显著差异。

(2)避难所

火灾"避难所"是指未被烧毁或被烧毁程度较轻的地区，包括火灾前残留的栖息地结

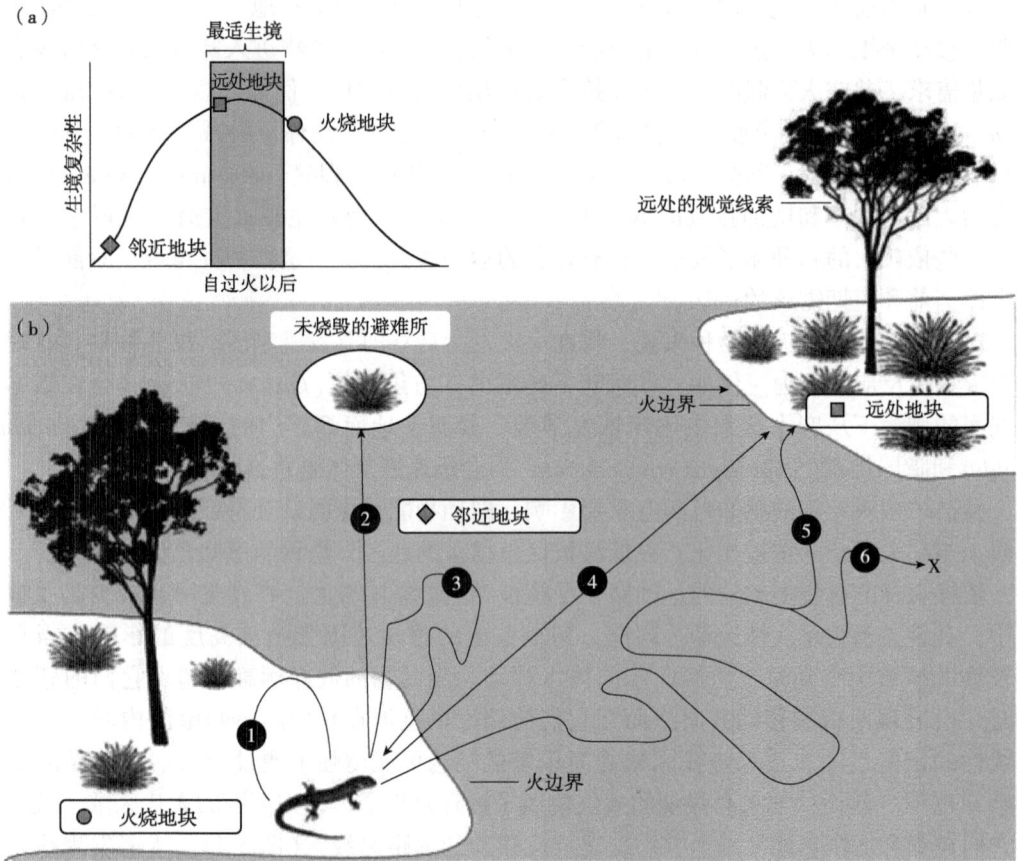

（a）该物种的最适生境为演替中期植被，生境复杂性较高。被火占领的地点已经超过了物种的首选火灾历史（由于栖息地复杂性的降低），引发了可能的迁离地点的行为。（b）可能的移动路径：1.对火烧地块和邻近地块之间的对比产生的强烈边界响应可能会阻止物种移动到次优斑块之外，从而导致适应度降低或死亡风险增加；2.未烧毁的避难所在动物的感知范围内，允许它使用避难所作为垫脚石，直到更大的视觉线索在它的感知范围内；3.探索移动到邻近的斑块类型，评估过境的风险，并寻找远处适宜栖息地的线索；4.远处的视觉线索在个体的感知范围内，允许快速、定向地向未被占用的地点移动；5.远处的视觉提示超出了动物的感知范围，导致曲折的、无方向性的运动，最终成功的过境和迁移；6.远处的视觉提示超出了动物的感知范围，导致了曲折的、无方向性的运动，从而导致不成功的过渡（X代表死亡事件）。

图 5-4　依赖火的物种在具有不同火历史的景观中移动

（Nimmo et al.，2019）

构，有助于物种在火灾后继续生存。一些物种位于或迁移到受防火保护的小生境内。例如，许多动物在火灾期间会迁移到树洞、洞穴或其他安全地点。事实上，与生活在落叶层的动物相比，穴居动物物种在演替早期往往数量丰富，因为它们在火灾中可以存活。避难所在火灾后为其提供了抵御捕食的庇护所。通常情况下。一些昆虫在植物内寻找保护和许多无翅昆虫(或无翅阶段)在林下火发生时向树上移动，很可能归因于这些动物具有提前感知火灾的能力(通过烟雾或声音)。

（3）逃避

有些物种通过降低可燃性或逃避到火焰区之外来避免火烧。与避难所不同的是，这种策略不涉及迁移到不同的栖息地。一些动物(如澳大利亚琴鸟、马利鸟和一些巴西切叶蚁)

通过减少巢穴周围的腐殖质来抑制附近的地表火(可燃物管理)。这种策略在地表火发生区域更为普遍，因为火灾强度较低。

(4)开拓外生殖民地

许多物种可能无法在火灾中生存，但在火灾后(火灾后的第一年)由于良好的扩散和快速重新定居的能力而得以存活。在避难所策略中，火灾后种群与火灾前种群相同；开拓外生殖民地策略与避难所策略相反，因此，这两种策略具有不同的遗传后果。火灾后，种群规模可能会增加，因为这些物种的条件已得到改善，如开放的环境、肥沃的植被和较少的竞争。在某些情况下，这可能包括几乎不存在的物种的快速定殖，并被火或火后条件吸引(如一些腐生昆虫)。在高强度火灾中，不太可能有避难所存在，这种策略更可能出现。

(5)蛰伏

有些物种成年后可能无法忍受火，但在休眠期能够抵抗火，从而使种群得以持续生存。这在植物中很常见，通常需要火来打破种子休眠，从而完成其生命周期。一些动物种群在火灾后持续存在，因为在火灾发生的时候，它们的卵或蛹在地下。

(6)保护色

由于火灾后的条件与火灾前的条件大不相同，对于具有生存策略的动物来说，它们的进食和隐藏能力可能在火后发生剧烈变化。因此，一些动物获得了在火后环境中生存的额外策略。例如，动物身上出现枯木的颜色或在火后进入麻木状态。

5.6　计划烧除对野生动物的影响

一些林业和野生动物专家认为，当前人们过分强调森林火灾的有害方面，而往往忽视了其积极影响。森林火灾作为一种自然灾害，常常对森林资源及生态环境造成严重破坏，但小规模、低强度的火烧，在减少可燃物载量、促进林分更新、维持森林生态系统健康方面具有积极意义，火在控制演替模式、初级生产力和碳循环方面对许多生物群落起着关键作用，这是计划烧除的理论依据。

在人为控制下，在指定地点或地段，按照预定方案有计划地对森林可燃物进行火烧以达到某种经营目的的过程称为计划烧除(prescribed burning)。通过人为控制和有效管理，实施低强度或中等强度的地表火，烧除地表植被，包括枯枝落叶、草本植物、灌木和幼龄乔木，以降低林下郁闭度，增大林下空间，促进喜光植物的生长以及森林的物质循环和群落更新，增加群落的物种多样性，并在一定程度上改善野生动物的栖息地。周期性计划烧除在不同时空尺度上对森林生态系统产生重要影响。短期来看，计划烧除影响森林生态系统结构、功能和特征等。中期来看，计划烧除已经成为土地管理工具，常用来增加景观多样性和维持火顶极群落，进而影响气候。长期来看，周期性计划烧除影响生理性状进化与氧循环之间的相互作用。

计划烧除对野生动物栖息地的保护也有重要意义。森林是野生动物最主要的栖息地之一，是野生动物赖以取食、栖息、生存和繁衍的场所。一个适宜的栖息地不仅能为动物提供充足的食物资源，也能为动物提供良好的繁殖场所和庇护地。随着生态系统特别是森林遭受大面积破坏，导致物种灭绝速率加快、遗传多样性减少，生物多样性问题成为国际关注的重点，许多国家已积极采取各种措施予以保护。计划烧除就是为了避免高强度森林火灾的发生和蔓延，改善野生动物栖息地环境，进而保护生物多样性。

5.6.1　计划烧除对野生动物栖息地的积极影响

计划烧除能够充分利用林火的有利方面，控制林火的有害方面。当大火摧毁一片原始林地时，它会影响所有的动植物物种。尽管火灾导致当地减少了许多物种，但也会促进适应火灾的生态系统发展。反复发生的火灾会逐渐改变植物的结构、外观和再生、动植物物种的组成以及水文循环、土壤结构和养分。即使火灾杀死树木，也能给野生动物带来积极的好处。许多洞穴筑巢鸟类依靠腐烂的树木挖掘洞穴。腐烂的树木吸引的昆虫是许多野生动物的食源。腐烂过程也会将重要的有机物质和养分返还土壤中。

研究表明，周期性的低强度火烧有益于适应火烧迹地的野生动物种群，并且对其具有至关重要的作用。计划烧除时产生的中等强度干扰的地表火，改变了林下草本和幼树的多样性，进而使某些动物的食物质量和数量有所提高，同时使野生动物的栖息环境有所改变，野生食草动物的种类以及活动范围、频次发生变化，使动物能够更好地利用生境资源。研究表明，动物群落的多样性、均匀度等在计划烧除后均有所增加。

(1)计划烧除维持某些珍稀动物的栖息地

森林中的一些植物群落可以通过计划烧除来使其始终处于某个特定演替阶段，使野生动物所需的食物资源、隐蔽场所及营巢条件得以维持，这对某些珍稀动物的保护具有重要作用。计划烧除对小果野芭蕉(*Musa acuminata*)的局部大量萌发有促进作用，而小果野芭蕉是极度濒危的脊椎动物亚洲象(*Elephas maximus*)的喜食植物。小果野芭蕉是西双版纳热带地区的一种先锋草本植物，在茂密的森林中难以生存，但在过去水湿条件较好的刀耕火种迹地中能够很好地生长，并能发展为以其为优势的群落。通过在云南西双版纳勐养子保护区开展计划烧除工作，发现杂草丛被烧除后，小果野芭蕉得到了良好的生长空间。

杨昆凤等(2019)研究了计划烧除对西双版纳野生动植物栖息地的影响，结果表明，持续的计划烧除对亚洲象的栖息环境有一定的改善作用。计划烧除也可为其他野生动物提供较好的栖息环境。从监测结果来看，低强度用火仅能烧除林下枯枝落叶，并烧死部分林下草本和小灌木，而这些物种又很快能重新萌发，不会造成物种的消失，因此，计划烧除对其造成的影响只是暂时的。但是，由于烧除后造成群落郁闭度减小，林下空间增大，有利于一些群落中原来没有的物种进入，一些长期由于郁闭度过大而难以生长的物种会因生长空间的改变而迅速生长。通过对栖息地的改造，在很大程度上改造了野生动物的栖息环境，对野生动物保护、促进人与野生动物和谐相处起到了积极的作用。

食草野生动物可以通过这些新生长的植物获得较好的食物来源。食物来源的增加，使野生动物与人类活动之间的矛盾得到更好的缓解。在北美短叶松林，幼树下垂的长枝所形成的环境是松鸡最适宜的栖息地。如果这种松林长期不发生火灾，幼树长大，成林郁闭，而且裸露的沙地被覆盖，这时松鸡种群显著减少，甚至消失。因此，必须每隔一段时期对松林进行计划火烧，以维持松鸡的生存环境，从而使这种鸟类得到保护。

(2)计划烧除改善野生动物的食物资源

植被是野生动物的食物来源及赖以生存的栖息环境。许多食草动物可借助计划烧除改善其食物种类、数量和质量，以确保种群增长。火烧使野生动物栖息环境及林地景观得到改善，不仅促进了林木生长，而且草场产量及牧草质量有所提高。墨西哥 Jicarilla Apache 自然保护区对野生动物的管理在应用计划火烧后取得了良好的效果。1991 年，在适于马鹿 (*Cervus elaphus*)栖息的 2 387.6 hm² 森林进行了低强度火烧后，第二年发现火烧区的马鹿数量比未过火区有显著增加。原因是火烧后演替起来的灌木和草本植物是马鹿喜食的植物。我国海南岛的特有种坡鹿(*Cervus eldii*)，以稀树蒿草地为栖息地，为了改善它们的生存环境，采用计划烧除，可提高草原草质，达到培养繁殖坡鹿的目的。

计划烧除可有效改善食草动物的食物质量，亚洲象是大型食草动物，食量大、活动范围广。据研究，亚洲象的食物种类多达 130 多种，包括禾本科、桑科、大戟科、苏木科等植物，但竹子和野芭蕉等草本植物是亚洲象的主要食物。通过监测可以看出，原来有野芭蕉分布的区域在开展计划烧除工作后，野芭蕉的数量恢复极快，为亚洲象提供了大量食物来源。禾本科植物和莎草科植物也是野生动物比较喜食的植物。监测发现，在计划烧除后，林下很多区域最先萌发的就是这些可为野生动物提供鲜嫩食物的植物。

(3)计划烧除为野生动物创造适宜生境

一些野生动物的生境需要靠周期性的火烧来维持。例如，有的啄木鸟喜欢在烧过的大松树上筑巢。因为，在过火的树干上啄木筑巢要容易一些，所以小规模的计划火烧可为这些鸟类创造适宜生境。火烧迹地形成的生境为一些动物的取食和隐蔽创造有利条件，因为这些动物喜欢在未火烧与火烧森林镶嵌的地带繁殖。对于一些捕食性动物来说，火烧后的空地利于其捕食，从而形成了较为繁茂的动植物体系。如美洲的山齿鹑，它们不能穿过密集的灌丛，随着灌丛趋于密集，这种鸟会逐渐消失，周期性地烧除密集灌丛，才能使其持续繁殖。国内外学者在火干扰对节肢动物尤其是甲虫影响方面进行了许多研究。研究表明，火灾发生后 24 h 内，部分甲虫能够进入火烧迹地，它们对火有较强的适应性，随后开始生存和繁衍。

5.6.2　计划烧除对野生动物栖息地的消极影响

计划烧除在一定程度上会破坏野生动物的栖息环境和影响野生动物的食物链，对野生动物的保护产生不利影响。针对计划火烧对美国亚利桑那州北部杰克松林的 4 种小型哺乳动物，如鹿鼠、灰鹿鼠，金毛地松鼠和墨西哥木鼠种群和栖息地影响的研究表明，计划烧除后导致栖息地发生变化，小型哺乳动物的种群减少。计划火烧后，地面灰层厚，妨碍了麻雀的觅食，其数量因此减少。野生动物的适应行为随着其食物资源和栖息环境在火烧中被改变而发生变化，进而引起不同种间的竞争、捕食、寄生等关系的改变。对于稀有物种来讲，这些改变可能为其生存和繁殖带来更大的威胁。

复习思考题

1. 简要说明林火对动物影响的两重性。

2. 阐述动物对林火行为的影响。

3. 火对动物的吸引表现在哪些方面？

4. 简要说明林火与昆虫的相互关系。

5. 简述动物的火灾反应策略。

6. 计划烧除对动物的影响表现在哪些方面？

第 6 章

林火与土壤环境

【本章导读】本章深入探讨了林火对土壤物理、化学及微生物特性的多维影响，包括土壤温度变化、结构破坏、侵蚀加剧以及养分循环扰动。结合火后土壤恢复机制，揭示火烧对有机质矿化、微生物活性及多样性的作用规律，为火干扰后的土壤生态修复提供理论支撑。

6.1 林火对土壤物理性质的影响

6.1.1 林火对土壤温度的影响

土壤类型、含水率、天气、可燃物种类数量以及火烧持续时间等都对林火中的土壤温度有着不同的影响。土壤温度是森林植物地下部分的环境要素之一，它的变化随着气候、地形、植被、土壤类型及其物理性质，如土壤含水量、孔隙度、结构、坚实度、质地等因子而变化，同时土壤温度的变化还对土壤养分吸收和水分运动产生影响。根据《森林土壤温度的测定》（LY/T 1219—1999），土壤表层温度（5 cm、10 cm、15 cm、20 cm）可用曲管地温计测量，上层土壤温度的观测通常在 7 时和 13 时进行，因为这两个时间的土壤表层温度通常分别接近每天的最低和最高温度；土壤深层温度（40 cm、80 cm、160 cm、320 cm）则用直管地温计测量，直管地温计最好利用特制土钻进行埋设，以便尽量减少破坏土壤的自然状态。

火烧强度可以分为轻度火烧、中度火烧和重度火烧。在野外，可以通过燃烧区域的火烧强度来估计土壤温度。轻度火烧的区域，树干被烤焦，有绿叶覆盖，土壤有机质保存较完整，炭化深度仅为几毫米，地表温度一般为 100~200℃；中度火烧的区域，树干仍被烤焦，土壤有机质少部分被保留，炭化深度仅几毫米，地表温度一般为 300~400℃；重度火烧的区域，大型可燃物几乎被烧掉，灰分呈白色，地表温度一般为 500~750℃，并有过超过 1 500℃的瞬时记录。影响火烧强度的主要因素为可燃物含量，可燃物越多，火烧强度就越高，对土壤温度的影响越大。有研究通过测定燃烧过程中火焰和土壤的温度表明，地面火焰温度为 79~760℃，土壤温度则为 79~302℃，火焰和土壤温度呈正相关。位于西班牙瓦伦西亚(砂壤土，气候干燥)的一项研究表明，以灌木植物为可燃物，用两种含量的可燃物进行燃烧试验后，造成了不同程度的土壤高温，2 kg/m² 的可燃物燃烧后，土壤温度升高到 218~240℃，而 4 kg/m² 的可燃物则达到了 418~448℃ 的土壤高温。但是，Stoof et al.（2013）研究发现，火烧强度与土壤温度反而呈负相关，而且植被稀疏和可燃物载量低的区域的土壤温度也会更低。对此，作者表示有 3 个原因导致了此反常现象：①更强的火烧强度会导致更强的上升气流，使高温向上传递；②更高强度的火烧会导致火焰蔓延速率的增加，高温停留时间减少；③该区域灌木冠层离地面的距离较高，燃烧时，向土壤传导的热量较少。

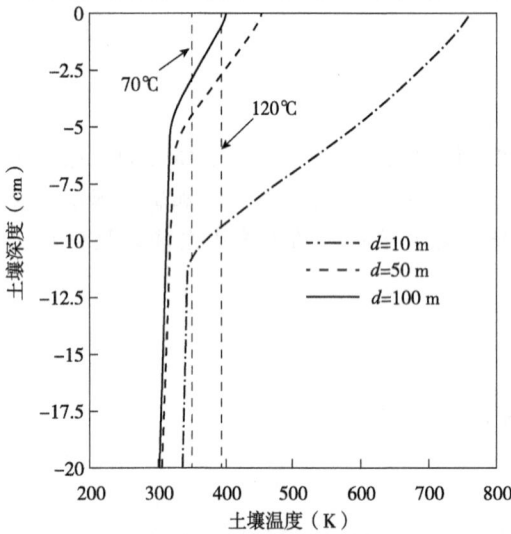

图 6-1　计算机三维模拟火烧 300 min 时，
距离着火点 10 m、50 m 和 100 m
不同深度土壤温度的变化
（Bao et al.，2020）

土壤的隔热性较好，随着土壤深度的增加，火烧引起的高温对土壤的影响逐渐减小。也就是说，火烧后，土壤上层的温度较高，但随着深度的增加，温度也在降低。研究表明，通过计算机三维模拟的火烧，对火点周围 3 个不同距离位置温度进行计算，离火点最近距离的地表温度约 490℃；中等距离的地表温度约 190℃；最远距离的地表温度约 125℃，随着 3 个位置土壤深度的增加，温度都开始下降，但当温度下降到一定程度，温度便不再随土壤深度的增加而下降（图 6-1）。

在森林火烧中，土壤含水率也是影响土壤温度的重要环境因子。含水率较高的土壤受到火烧的影响较小，通常增温相对较慢；含水率较低的土壤通常温度升高的速率较快。但是，在火烧的前期，含水率高的土壤可能出现短暂的增温较快的情况。计算机三维模拟实验表明，通过对不同含水率土壤进行火烧，在火点周围不同位置的土壤均出现不同含水率条件下土壤增温速率不同的情况，其中距离火点最远、受火烧影响较小位置，其不同含水率土壤之间的升温速度相差最大。此位置的火烧，在 0~100 min 时段，含水率高的土壤升温较快，含水率低的土壤则升温较慢，5%、10% 和 14% 3 种含水率土壤的增温速率依次递增，当到 100 min 时，3 种含水率土壤的温度都同时达到约 47℃；在 100~300 min 时，土壤含水率越高，其增温速率变得越慢，最终在 300 min 时，5%、10% 和 14% 3 种含水率土壤的温度则分别约为 76℃、679℃、570℃（图 6-2）。

土壤经历火烧后，由于植被减少以及土壤环境的变化，土壤表现温度上升或下降，并且持续较长时间。研究表明，从全球尺度来看，林火发生后普遍给土壤带来增温效应，这种增温效应与林火斑块面积有关，林火斑块面积越大，土壤的增温效应越强，地域、林型、气候的不同也会影响土壤的增温效应。但是，将尺度缩小到一片试验地或林地，土壤在火烧后的温度变化不是单纯的增温效应。火烧过后的一段时间，土壤温度则会表现为夏季更暖、冬季更冷，土壤的昼夜温差也会更大，白天的土壤温度相较于火烧前会更高，而

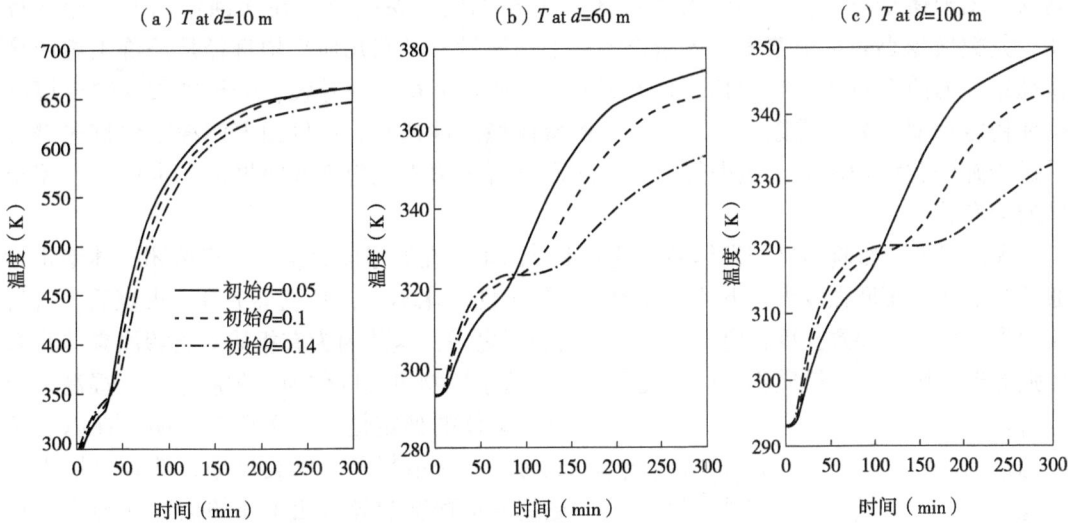

图 6-2　计算机三维模拟火烧，距离火点 10 m、60 m 和 100 m 的
不同含水率土壤温度随着火烧时间变化的情况
（Bao et al.，2020）

晚上土壤温度则会更低。位于巴西东北部巴伊亚州乌纳附近的雨林(气候全年炎热潮湿)的研究表明，火烧后 2 年的热带雨林火烧迹地的土壤仅有蕨类植物覆盖，因此昼夜温差较大，一天中最热的下午时间段，火烧土壤的温度比未火烧土壤的温度高，而每天日出前的最冷时间段，火烧后土壤温度则更低。也有研究表明，西伯利亚中部(沙质灰化土，大陆性气候)的针叶林在经受火烧后 2 年，土壤表面枯枝落叶层厚度下降到最低，与未火烧土壤相比，中午的土壤温度更高，升高了约 50%；火烧后 8 年，随着森林的更新，枯枝落叶层恢复至火烧前的厚度，中午的土壤温度也恢复至火前水平。这是由于原有植被遭到破坏，枯枝落叶层被烧掉，土壤裸露，吸收了大量长波辐射，再加上火烧后土壤上形成黑色的烧焦物质，加重了土壤吸收长波辐射的过程；土壤裸露也加速了夜晚土壤温度的散失。但是，随着时间的推移，植被和土壤环境逐渐恢复，土壤温度的变化程度减小。

6.1.2　林火对土壤结构的影响

　　土壤团聚体是土壤结构的基本单元，通常由不同尺寸的矿物颗粒和胶体物质共同参与发生凝聚胶结作用结合成多孔结构体。根据团聚体大小，可将团聚体分为直径大于 0.25 mm 的大团聚体和直径小于 0.25 mm 的微团聚体，土壤有机质和矿物质颗粒通过一定的外力结合成微团聚体，而微团聚体在植物根系、微生物菌丝体以及多糖等的固定作用下形成大团聚体。由于土壤团聚体的多孔隙结构，为土壤水、肥、气、热的协调创造了条件。

　　作为土壤结构的组成部分，团聚体的稳定性可以理解为土壤在经受雨水冲击以及其他分散作用时维持自身结构稳定性的能力。因此，团聚体稳定性可以作为评价土壤结构的重要指标。目前，常用直径大于 0.25 mm 大团聚体含量($R_{0.25}$)、土壤团聚体破坏率(PAD)、平均质量直径(MWD)、几何平均直径(GMD)和分形维数(D)反映和分析评价土壤团聚体稳定性。$R_{0.25}$ 的值与团聚体稳定性呈正相关，通常认为直径大于 0.25 mm 团聚体的含量越高，团聚体越稳定；土壤团聚体破坏率可直观地反映团聚体在水蚀作用下的分散程度，其数值越小表示土壤团聚体越稳定；平均质量直径和几何平均直径是评价土壤团聚体稳定性的两个重要指标，其值越大表明土壤团聚体稳定性越强；分形维数反映土壤结构和稳定程度，分形维数越小表明土壤团聚体稳定性越好。评价团聚体稳定性首先需要通过干筛法和湿筛法对土壤进行分级，从而分析土壤机械稳定性团聚体和水稳定性团聚体的分布特征。

火烧强度是影响土壤团聚体稳定性的重要因子，在高强度火烧下，土壤团聚体稳定性通常会下降，而低强度火烧下的土壤团聚体稳定性变化不大，甚至会上升。火烧后，有机质的含量变化是导致土壤稳定性变化的主要因素之一，这是因为有机质对土壤团聚体具有较强的聚合作用。有机质不完全燃烧后产生的疏水性物质可以作为一种胶结剂，提高了土壤团聚体的稳定性。许多研究表明，在以有机质为主要胶结剂的土壤类型中，随着火烧强度达到一定程度会导致团聚体的破碎和团聚体稳定性的降低。在实验室以 100~450℃ 的高温处理降低了土壤团聚体的稳定性，而且随着温度的上升，土壤团聚体稳定性会下降，尤其是在暴露于 200℃ 以上的温度后，与未加热的对照样品相比，高温处理的土壤样品的水滴撞击次数（CND）降低到 40% 以下（图 6-3）。土壤中有机质含量和火烧强度息息相关，位于土耳其西北部（地中海型气候）的森林里，分别在 1990 年、1994 年、2000 年和 2002 年发生过火灾的 4 个区域，土壤团聚体的稳定性被发现与有机质含量呈正相关。研究表明，位于墨西哥米却肯州的针叶林，火烧强度的增加会使 0~20 cm 和

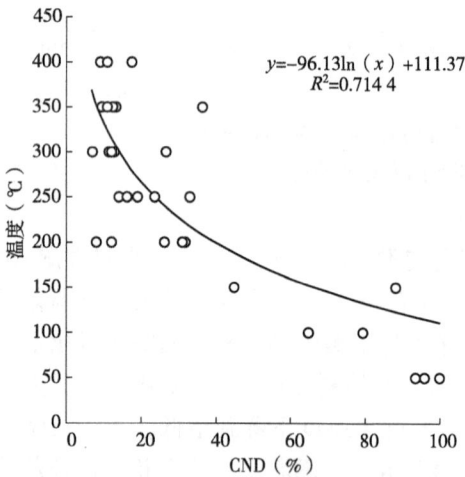

$$y=-96.13\ln(x)+111.37$$
$$R^2=0.714\,4$$

图 6-3　温度和土壤团聚体稳定性下降
之间的关系

(Zavala et al., 2010)

20~40 cm 两个土层的有机质含量和团聚体稳定性下降；并且发现，有机质不完全燃烧产生的疏水性物质，在一定程度上提升了团聚体的稳定性。位于西班牙东北部（有机质含量高、质地细腻的中性土）的研究也发现了灌木的低强度燃烧（100~400℃）造成土壤的团聚体稳定性增加的现象。位于西班牙南部（地中海气候）的研究也发现，低强度火烧后，土壤团聚体稳定性没有明显的变化。

土壤团聚体稳定性不仅受火烧强度的影响，也受土壤类型的影响。研究表明，对于以有机质为主要胶结剂的土壤，当斥水性较弱时，在低强度火烧中，疏水物质的产生会使团聚体稳定性增强；当土壤具有较强斥水性时，随着火烧强度的增加，疏水有机物质会在较高温度下被破坏，造成团聚体稳定性下降。对于以碳酸钙、铁和铝为主要胶结剂的土壤，团聚体稳定性会随着火烧强度的增加而上升。火烧过程中，铁和铝氢氧化物的存在也利于大团聚体的形成，可提高团聚体的稳定性；碳酸钙的分解温度高达 1 000℃，因此发生在石灰性土壤上的火烧，碳酸钙可以作为结构稳定剂增加土壤团聚体的稳定性。也有研究表明，西班牙巴伦西亚地区有植被覆盖的土壤碳酸钙含量高于裸露的土壤，在被高强度火烧

过后一个月，其团聚体稳定性居然得到了增强。位于巴西南部的一片农业用地的研究发现对玉米和黑豆进行收割后，对田地进行火烧后发现，在 660℃ 高温下，团聚体稳定性提高了 10%，该研究还证实了在高温下，团聚体对有机质具有保护作用。另一项研究也表明，当火烧使土表温度达 534~777℃ 时，土壤团聚体稳定性不降反升，作者提出，可能是因为铁和铝氢氧化物的存在。也有学者通过对美国加利福尼亚州火烧迹地土壤团聚体的化学分析研究表明，团聚体的聚合作用部分是因为火烧期间低结晶硅铝酸盐的形成和高岭石受热分解产生的非晶态硅和铝。此外研究表明，火烧中团聚体聚合机制改变对土壤结构的影响，并观察到火烧后铁和铝硅酸盐的变化导致了微团聚体结合形成大团聚体，而且其稳定性高于未火烧对照组。

　　加热速度也是导致土壤团聚体变化的重要因素之一。对于所有土壤类型来说，低强度火烧通常都不会引起土壤团聚体稳定性下降，甚至会使其稳定性增加，但是，由于加热速度的影响，轻度火烧下团聚体稳定性有可能会下降。美国内华达州的一项研究表明，通过不同加热速度使土壤被加热到一定的峰值，快速加热的团聚体比缓慢加热的团聚体更容易解体，特别是温度峰值为 150℃ 和 175℃ 时，排除了高温下有机质对土壤团聚体稳定性的影响，作者认为，温度的迅速升高，使团聚体内的水分达到沸点，进而导致气体压力的突然增加，压力的积累会造成团聚体内部结构的破坏(图 6-4)。

　　在火烧后的较长一段时间内，火烧对土壤团聚体稳定性的影响还会存在。但是随着时间的推移，植被的恢复、土壤有机质的输

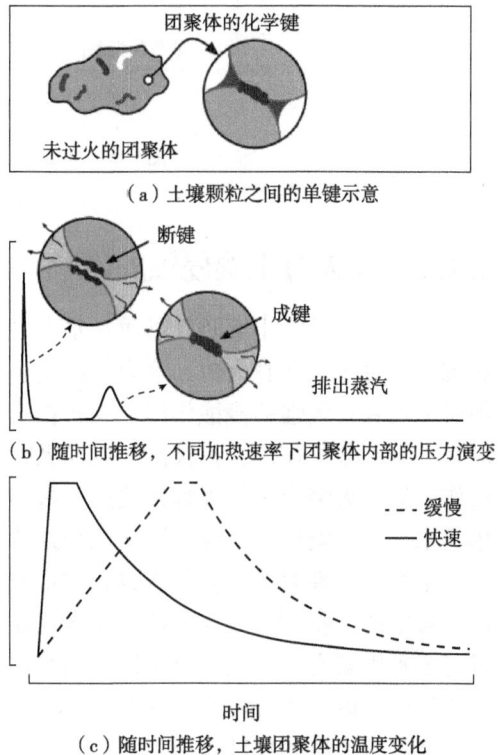

(a) 土壤颗粒之间的单键示意

(b) 随时间推移，不同加热速率下团聚体内部的压力演变

(c) 随时间推移，土壤团聚体的温度变化

图 6-4 低强度火下土壤团聚体降解机制示意
(Albalasmeh et al., 2013)

入、土壤养分循环的恢复等都会促进土壤团聚体稳定性的恢复。研究还发现，位于巴西南部的一片农业用地经过火烧后的 21 个月里，农作物根系、营养元素、有机质、降水、再生植被等因素会使团聚体稳定性产生不同的变化。火烧过后，有机质含量持续下降，火烧后 1~3 月，在火烧前有机质残留、农作物细根等因素的影响下，团聚体稳定性维持不变；火烧后 3~15 月，在没有额外有机质输入和雨水冲击下，团聚体稳定性才开始下降；火烧后 15~21 月，灌木的生长提供了挡雨的冠层和重建了根系，也有了有机质输入，团聚体稳定性恢复至火烧前水平(图 6-5)。火烧对土壤的影响甚至有可能会持续数十年，在位于贵阳市(亚热带黄壤，亚热带季风气候)的一片实验林场内，分别对火烧后 10 年、20 年、40 年、60 年和 100 年后的土壤研究表明，随着时间推移，土壤中的大团聚体稳定性先升高后下降，其中火烧后恢复 20 年后，土壤大团聚体稳定性达到最高。

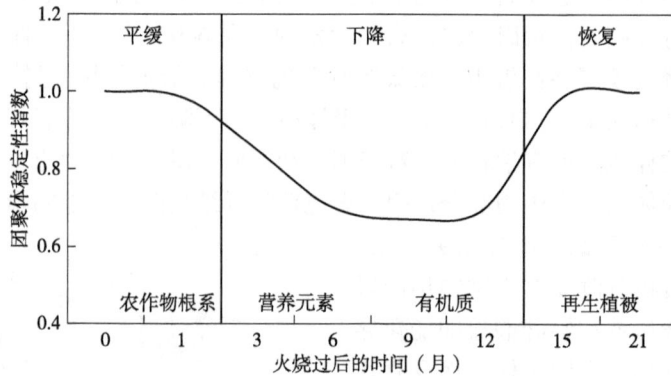

图 6-5　火烧对土壤团聚体稳定性的影响

（Edivaldo，2018）

6.1.3　林火对土壤侵蚀的影响

土壤侵蚀是指土壤及其母质在水力、风力、重力等外力作用下，被破坏、剥蚀、搬运和沉积的过程。在林火中，水力是影响土壤侵蚀的主要因素之一。雨水冲击和地表径流等都对土壤具有较强的侵蚀作用。森林在抵抗土壤侵蚀中发挥着重要作用，例如，植被冠层对降水具有截留作用；枯枝落叶层能吸收水分，以减少地表径流；植物根系对土壤具有固持作用等。火烧会引起森林植被的一系列变化，进而导致土壤侵蚀作用加强。但火烧对土壤斥水性的影响也是导致土壤侵蚀增强的主要原因之一。

土壤斥水性是指土壤不能或者很难被水湿润的现象（图 6-6），斥水性是普遍存在于各地土壤中的，特别是火烧迹地，斥水性强弱与土壤类型、火烧强度、植被类型、土壤含水量等多种因素有关。关于斥水性的研究，主要开始于 20 世纪初，直到 20 世纪 70 年代才开始广泛开展。火烧增强了土壤斥水性，使其水分的渗透速率下降，造成地表径流的发生，增强了土壤的侵蚀作用。

图 6-6　土壤斥水性实拍

（于振江等，2021）

斥水性是一种特别容易受火影响的土壤特性，也是一个很重要的土壤特性，因为它调节主要的土壤水文过程，并对植物生长有重要的影响。天然土壤斥水性通常在土壤表面表现更为强烈。火烧会增强土壤的斥水性，其中火烧造成的高温是引起土壤斥水性增强的主要原因。土壤斥水性的诱发是由有机质的部分燃烧，以及枯枝落叶层底层的疏水性有机物的蒸馏引起的，表层土壤中受热的疏水性有机物质在燃烧过程中随着土壤温度梯度向下移动，直到它们在较冷和较深的土壤层中凝结并覆盖矿物土壤颗粒。在对克罗地亚（地中海气候）2017 年 7 月的一场大火后的土壤进行研究发现，相比于未火烧土壤，火烧后的土壤具有更强的斥水性。也有研究人员对西班牙东南部区域(粉砂壤,地中海气候)的土壤在实验室加热后发现,松林土壤在 50℃ 的加热条件下,斥水性略有上升,在 200~300℃ 的加热条件下,土壤斥水性则显著上升。位于美国蒙大拿州的一项研究表明,当地本就具备斥水性的土壤在经过高强度火烧后,其表层的斥水性消失,在地表以下 1~2 cm 观察到一层表现出斥水性的土层。

　　火烧强度的不同,土壤也会表现不同的斥水性,通常火烧强度的增加,使土壤的斥水性增强,其发生频率也会提高。意大利西西里岛(壤土至粉质黏土)在 2016 年 6 月发生了一场野火,研究人员发现,当地未火烧土壤可湿润的比例达 91.7%,随着火烧强度的增大,较强斥水性土壤的比例也在增加,其中在重度火烧的区域,极度斥水性土壤的比例已经增加到 16.0%。也有研究表明,火烧强度的不同可以改变斥水性发生频率,火烧强度较轻的土壤斥水性发生频率为 40%~96%;较严重火烧的土壤斥水性发生频率可达 68%~74%;而没有经历火烧的对照土壤发生频率则为 0~18%。位于四川雅江的研究也表明,随着火烧强度的增强,研究区域内的斥水性土壤的比例上升,其地表的斥水性也更强;同时在该区域,轻度火烧能影响 2 cm 深度的土壤斥水性,中度和重度火烧对土壤斥水性的影响深度可达 3 cm。苔藓结皮又称生物土壤结皮,是由细菌、真菌、藻类、地衣、苔藓等及其菌丝、分泌物等与土壤砂砾黏结形成的复合物,在不同强度的火烧中,苔藓结皮的斥水性同样发生不同程度的变化。还有研究表明,位于陕西黄土高原的苔藓结皮随着火烧时间的增加,其斥水时间(滴水穿透法测得)和斥水系数(盘式吸渗仪法测得)都会增加。土壤斥水性是一项对火灾比较敏感的土壤水力特性,轻度火烧导致的小幅增温都可能使土壤斥水性发生变化。位于葡萄牙中北部区域的一项研究表明,该地区一场轻度火烧中,土壤温度保持在 60℃ 以下,土壤含水量无显著变化,但土壤斥水性却得到增强。

　　火灾发生后,土壤斥水性通常会在一到几年内得到恢复。研究表明,火灾发生 1 年后,土壤依旧存在较强的斥水性。研究发现,美国蒙大拿州的土壤在经历火灾后,其斥水性随着时间的推移而恢复,在火烧后 5 年,土壤斥水性显著减弱。并且,火烧强度不仅影响土壤斥水性的程度,也影响土壤斥水性的恢复。研究人员通过对火烧后 1 年和 2 年的土壤斥水性比较发现,较轻的火烧后一段时间,土壤斥水性会逐渐减弱甚至消失,而较重的火烧后一段时间,土壤斥水性不仅没有减弱,甚至还存在增强的现象。

　　当然,一些类型土壤中的火烧可能对其斥水性没有明显的影响。研究人员指出,在黏壤质地的亲水性土壤中,燃烧对其斥水性没有影响。通过燃烧证明了红色石灰土斥水性的低敏感性,并发现黏土含量和矿物类型是控制这一现象的主要因素。火烧能对弱斥水性土壤有更明显的增强作用,而对强斥水性土壤无明显影响。在西班牙西北部(壤质砂土、壤土、砂壤土)的一项研究中,无斥水性的土壤经历火烧后,斥水性明显增强;轻度斥水性的土壤经历火烧后,斥水性小幅增强;而高强度斥水性的土壤经历火烧后,斥水性没有显著变化。这与一项位于西班牙加利西亚地区的研究结果相符合,其研究所处地域表层土壤斥水性较强,经历低强度火烧后,斥水性无明显变化。

　　土壤斥水性存在温度阈值,当温度上升到一定程度时,土壤斥水性会减弱直至消失。在不同地区不同植被下的温度阈值存在一定差异,其阈值为 200~300℃,甚至也有土壤在

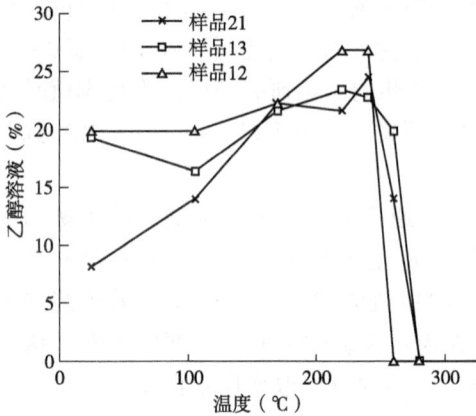

图 6-7　高温对土壤斥水性的影响

(Varela et al. , 2005)

350℃加热条件下也没出现斥水性阈值。位于西班牙西北部(壤质砂土、壤土、砂壤土)的研究发现,在 25~220℃的温度,低斥水度的土样随温度上升而明显增加;在 220~240℃,土样斥水度达到最高;在 260~280℃,土壤斥水性消失(图 6-7)。有其他的研究结果也表明,位于西班牙的加利西亚地区(酸性的砂壤土、壤土、粉质土壤,温带海洋性气候),经历中、高强度火烧后,土壤温度达到斥水性减弱的阈值,其 0~2 cm 土层的斥水性明显减弱。在对意大利西北部欧洲山毛榉林和苏格兰松林的土壤加热后发现,当温度处于 0~200℃时,两种林下土壤的斥水性都随温度的上升而增强,其斥水性也在 200℃时达到峰值;而当温度上升到 200℃后,随着温度的上升,两种土壤的斥水性都开始减弱。研究表明,与未加热的对照土壤样品相比,在经过 100~150℃高温处理 40 min 后,土壤斥水性的持久性(用 WDPT 法测量)和强度(由测量固液相接触角确定)没有显著变化,土壤原有较高的斥水性可能是造成这一结果的原因。研究还发现,高温下土壤斥水性的变化还受土壤深度、土壤湿度的影响。斥水性的温度阈值也受氧气含量的影响。研究发现,位于澳大利亚东南部不同地区(砂壤土、砂土)土壤缺氧条件下的温度阈值高于富氧条件下的温度阈值。土壤斥水性温度阈值的产生,与高温使土壤疏水性有机质产生变化有关,当达到一定高温时,疏水性有机质的表面会产生更多的负电荷,使这些物质对土壤颗粒的吸附能力减弱,从而影响土壤的斥水性。

土壤有机质含量对斥水性具有重要影响,而在火烧中,土壤有机质很容易受到高温的影响。研究表明,斥水性强度与土壤有机质含量呈正相关,但土壤火烧过后,其正相关关系消失。火烧后葡萄牙中北部地区土壤的研究表明,只有当土壤斥水性较强时(WDPT≥3 级),土壤斥水性与有机质含量的正相关关系才会存在。位于西班牙南部阿利坎特的一项研究表明,只有在筛分出来的 25 mm 土壤中,有机质含量与斥水性强度才表现正相关关系。总体来说,有机质含量与斥水性强度具有正相关关系,但是由于受到其他因子制约,对此还需要进一步研究。

在火烧过后,土壤斥水性不同程度地增强,带来的直接后果就是土壤渗透率的下降,水分无法穿透土壤,面对降雨时,火烧迹地更容易形成地表径流。同时,植被、枯枝落叶层和根系的烧毁也增加了地表径流。随着地表径流的增加,对土壤冲刷能力也大幅提高,并且受到地形影响,在地表逐渐形成细而小的密集沟,造成细沟侵蚀。有研究表明,火灾是导致葡萄牙地中海地区(棕色砂壤土)土壤侵蚀加速的主要触发机制。也有研究表明,蒙大拿州的土壤经历火烧后 1 年,土壤斥水性依旧较高,导致模拟降雨条件下地表径流中的泥沙浓度和泥沙量较高;火烧后 2 年,斥水性降低,径流中泥沙量相比于火烧后 1 年的量,减少了 2/3;火烧后 5 年,由于斥水性显著降低,枯枝落叶层和植被冠层的覆盖增加,径流中的泥沙浓度非常低,泥沙量降至对照组水平。四川雅江的研究也表明,随着火烧强度的增大，土壤斥水性增强，导致渗透率下降，最终造成土壤侵蚀的加剧，也为泥石流的引发创造了条件。火烧后土壤斥水性的增强，除了容易引发土壤侵蚀，还导致溪流和河流流量的增加。

6.1.4　林火对土壤含水率的影响

土壤水分是植物吸收水分的主要来源，对维持植物正常生理功能和进行生命活动具有重要的作用。植物的新陈代谢离不开水，除此之外，植物吸收养分的过程中也离不开水的作用，土壤中的养分只有溶解在水中才能被植物根系直接吸收和利用。土壤水分也为土壤中各种化学、物理和生物学过程提供了环境，甚至也直接参与过程，如有机质矿化、腐殖质的合成和分解、土壤养分转化和移动等。可以说，土壤水分不仅是土壤的组成部分之一，也是土壤肥力的重要影响因素，并且很多土壤物理性质、化学性质以及生物性质都受土壤水分的影响，如土壤含水率、土壤酸碱度、土壤根系分布、土壤微生物状况等。

土壤含水率是评价土壤水分含量的重要指标。目前，针对土壤含水率的测定方法主要是烘干法。烘干法的原理是将已知质量的土样放在 $105 \sim 110 \, ℃$ 的烘箱中烘干，当土样质量被烘干至恒重时，即可确定土样干重，将烘干前后的土样质量之差除以土样烘干后的质量，得到土壤含水率。除了烘干法，土壤含水率的测定方法还有中子仪法、时域反射仪法、频域反射仪法、遥感法和核磁共振法等。火烧对土壤含水率具有较大影响，在火烧引起的高温下，含水率的响应非常直接迅速。并且，火烧后植被的破坏、林分郁闭度的下降、热量吸收的增加以及土壤理化性质的改变，都导致土壤含水率的相应变化。

通常，火烧后土壤的含水率都会下降。研究表明，位于南非半干旱夏季降雨区(砂壤土)的一处牧场，土壤在火烧后 4 个月 $0 \sim 300 \, mm$ 土层的含水率下降了 31%，火烧后 1 年含水率仍低于未火烧的土壤。大兴安岭地区的土壤在经历火烧后土壤含水率也出现了下降。火烧形成的高温是土壤含水率降低的主要原因，高温使水分大量蒸发。火烧后产生的衍生效应也是造成土壤含水率下降的重要原因。火烧后，林分郁闭度的下降和地表的枯枝落叶烧毁导致土壤被太阳直接照射，有机质不完全燃烧形成的黑色物质又使土壤对辐射的吸收增加，并且土壤结构破坏、有机质含量下降对土壤渗透性和持水性也有很大改变，进而加剧了土壤含水率的下降。火烧产生很多木炭，而木炭具有一定的持水能力，这对火烧后土壤水分的损失具有一定的减缓作用。俄罗斯远东地区(砂壤质地的棕色针叶林土壤)的一项研究表明，火烧后木炭的含量与土壤含水量呈正相关，这是因为木炭的多孔结构具有一定的持水能力。

在不同的火烧强度下，土壤含水率的变化也是不同的。在高强度火烧下，土壤含水率下降幅度更大。研究表明，在不同程度人工火烧干扰下，大兴安岭地区(漂灰土，寒温带大陆性季风气候)的土壤含水率存在显著差异，火烧后 1 d 和 8 个月，重度火烧下的土壤含水率明显下降，但轻度和中度火烧下的土壤含水率变化不大。通过地表火的三维模型模拟实验发现，距离着火点越远，土壤的体积含水量越高；土壤初始含水率越高，在离着火点距离相等的情况下，火烧后的土壤含水率也越高。

火烧后，降水量的增多和植被的恢复都会短期和长期影响土壤含水率的变化。降水量的增加在短期内提高土壤含水率，而植被的恢复则在长期内缓慢地提高土壤含水率。研究表明，大兴安岭地区火烧后 8 个月，受春旱的影响高强度火烧下的土壤含水率整体下降，火烧后 10 个月，丰富的降水使原本较低的土壤含水率显著上升。另一项研究表明，降水量是影响火烧后土壤含水率的主要因素之一，随着火烧后年限的推移，土壤环境改善，植被也得到恢复，土壤含水率上升。

土壤含水率在林火预测中具有至关重要的作用，基于遥感对土壤湿度的观测可以预测 1~2 个月后的火灾活动，这是因为与土壤接触的地表可燃物含水率受到土壤水分的影响。当可燃物与土壤接触 10 h 时，土壤含水率上升 1%，可燃物含水率会上升 0.6%。多项研究表明，火灾发生前几个月土壤含水率都会下降，特别是在人口稀少和火灾较大的地区。通过对美国历史火灾数据分析发现，火灾发生前几个月，当土壤含水率较高时，小型火灾发生的概率较高；当土壤含水率较低时，大型火灾发生的概率较高。研究人员对东南亚泥炭地的研究发现，火灾前 30 d，土壤越干燥，火灾燃烧面积越大。

6.2　林火对土壤微生物的影响

土壤微生物指的是土壤中一切肉眼看不见的微小生物的总称。土壤微生物是土壤不可或缺的一部分，作为分解者，在土壤物质循环和能量流动中发挥着重要作用。总的来说，土壤微生物具有以下两个作用：

①土壤微生物能增加土壤肥力。在森林生态系统中，植物形成的凋落物和根系分泌的有机物质转移至土壤，微生物通过各种生物酶的作用，将土壤中的有机质降解为无机物质。这些物质是植物养分的重要来源，对植物的生长起着关键作用。

②土壤微生物在碳、氮等元素地球化学循环中发挥重要功能。在碳循环中，大气中的二氧化碳通过植物光合作用转变为植物生长所需的含碳有机物。植物死亡时，植物体内含碳有机物通过凋落物转移至土壤，在土壤微生物的分解作用下，一部分转变成二氧化碳重新返回大气，另一部分则留在土壤中供植物和其他土壤生物利用。在氮循环中，大气中的氮元素被固氮微生物固定，被植物吸收转变为含氮有机物，然后随着凋落物转移到土壤，含氮有机物被土壤微生物分解为无机氮，最终被植物重新吸收。

土壤微生物在土壤中受到很多因子影响，主要有土壤温度、土壤有机质、土壤含水量和土壤 pH 值等。林火可以通过改变环境因子间接对土壤微生物产生影响，也可以通过高温直接作用于土壤微生物，使其致死。火烧对细菌和真菌的影响可持续 30 多年。在火烧中，微生物性质的变化大于其他非生物性质的变化。不同的微生物在不同的环境下，其抵抗高温的能力也不同。

6.2.1　林火对土壤微生物生物量的影响

生物量是土壤微生物研究中的一个常用指标，也是一个比较能反映土壤微生物状况的指标。土壤微生物生物量通常采用氯仿熏蒸浸提法测定。该方法是在氯仿熏蒸培养法基础上提出来的，原理是土壤微生物被氯仿熏蒸杀死以后，细胞溶解释放的可溶性有机碳能够被 K_2SO_4 提取，提取的可溶性有机碳含量与微生物生物量碳之间存在较稳定的比例关系。

此外，测定土壤微生物生物量的方法还有显微镜计数法、氯仿熏蒸培养法和底物诱导呼吸法等。

①显微镜计数法。土样加水制成悬液，在显微镜下计数并测定各类微生物体的大小。虽然该方法简单直接，但计数难度大且结果不可靠，现已很少使用。

②氯仿熏蒸培养法。氯仿熏蒸杀死和溶解土样中微生物，重新培养土壤 10 d，然后测定土壤呼吸。根据熏蒸与未熏蒸土样释放二氧化碳量的差值，计算土壤微生物量碳。熏蒸培养法操作简单，误差小，虽适于常规分析但仍存在一些弊端。

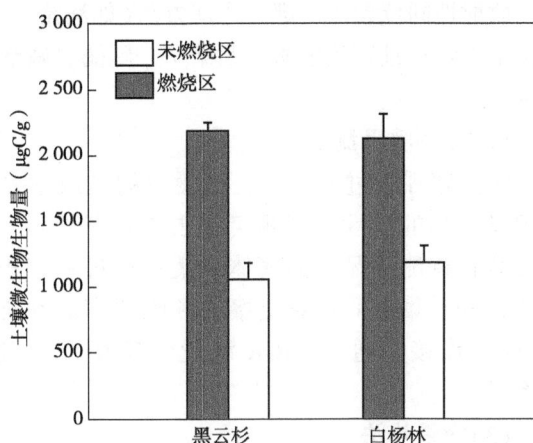

图 6-8　火烧后的土壤微生物生物量的变化
(Holden et al.，2016)

③底物诱导呼吸法。在自然状态下，土壤微生物的呼吸量很低，但当土壤中加入可降解底物(如葡萄糖)，土壤微生物的呼吸速率会急剧上升，其增加值与土壤微生物生物量成正比，如果向土壤中加入足够的葡萄糖可获得最大的诱导呼吸量，使微生物量酶系统达到饱和时，二氧化碳的释放速率与微生物生物量呈线性相关，可用于快速测定土壤微生物生物量。但该方法受培养时间、土壤类型、土壤 pH 值等条件影响，而且只能用于测定土壤微生物量碳，并且耗时、费力、成本高，不适于常规分析。

在不同程度的火烧中，土壤微生物生物量受到不同程度的影响，通常重度火烧对微生物的生长产生较大的负面影响，低强度火烧所带来的负面影响较小，甚至对部分微生物的生长有促进作用。研究表明，火烧后土壤微生物生物量呈显著下降趋势，平均下降33.2%，其中土壤微生物生物量在野火中下降得更显著，在计划烧除中下降不显著，这与野火温度更高有关。美国科罗拉多州的一项研究表明，火烧的严重程度影响土壤细菌群落结构和微生物总生物量。同样，美国的另一项研究表明，在火烧影响下，阿拉斯加内陆(始成土，气候寒冷干燥)云杉林和白杨林的土壤微生物生物量分别下降52%和56%，并且，火烧越严重其负面作用越显著(图 6-8)。位于大兴安岭林区(棕色针叶林土和暗棕壤)的土壤真菌的生物量在火烧后下降，在重度火烧下，其下降得更显著，并发现在轻度火烧中存活下来的树木有助于真菌生物量的恢复。大兴安岭(棕色森林土)的研究也发现，火烧过后外生菌根真菌的生物量下降。

6.2.2　林火对土壤微生物活性的影响

微生物活性即微生物代谢活力，准确、快速地测定土壤微生物活性对于评价林火后土壤微生物新陈代谢能力具有重要的作用。目前，常见的土壤微生物活性测定方法有土壤酶活性测定、土壤呼吸测定和微量热法等。

(1)土壤酶活性测定

土壤酶活性的测定方法较多，但并没有统一方法，常见的有分光光度法、荧光分析法、放射性同位素法及部分物理方法(如滴定法等),其中常见的是分光光度法和荧光分析法,主要针对过氧化氢酶、蔗糖酶、脲酶、磷酸酶、蛋白酶等由土壤微生物产生的酶进行测定。

(2)土壤呼吸测定

在土壤呼吸过程中,土壤微生物是最主要的贡献者之一,因此,土壤呼吸能反映土壤微生物的活性。其测定方法主要有静态气室法和动态气室法两种。静态气室法是用安装在待测样品上的气体收集室通过一定积累时间后收集一定量的二氧化碳,根据其体积和收集时间计算土壤的呼吸速率。动态气室法是直接将气室与红外气体分析仪(IRGA)连接,通过 IRGA 测量气室中二氧化碳浓度的变化,然后估算土壤的呼吸速率。

(3)微量热法

微量热法是近年来发展起来的一种原位、实时、无破坏研究生物环境样品热力学与动力学性质的重要方法。土壤呼吸的过程都伴随着热效应,微量热法通过微量热仪对这些热效应进行精确的测定,以表征其过程。

火烧对微生物活性有直接影响。微生物活性测定是目前林火研究的一个热点和难点,迄今为止,还没有直接测定微生物活性的方法,只能用呼吸速率、生长速率、胞内 RNA 含量等指标来反映。实验室土壤加热实验表明,加热后细菌活性、酶活性和活性固氮菌数量下降。研究发现,火烧发生后 1 个月,土壤呼吸值会下降,即便野火发生 2 年后,酶活性仍可能受到负面影响。西班牙东南部的研究表明,火烧显著降低了碳和磷的矿化能力和酶解能力,这种负面影响直到火烧后 20~24 年才恢复到火烧前的水平。土壤中可能会存在一些耐高温微生物,火烧中未烧毁植物体的输入和土壤有机质含量的增加,导致微生物可能在火烧后的很短时间迅速生长。同样,西班牙(黑色石灰土、钙质淋溶土,地中海气候)的另一项研究表明,野火发生 1 个月后土壤呼吸增强。土壤植被的恢复也是火烧后土壤微生物恢复的重要原因之一。美国科罗拉多州的一项研究表明,火烧后植物群落的生长和恢复对重度火烧中土壤 β-14-葡萄糖苷酶的活性产生增益效果,这是因为在严重火烧下,植被的生长和恢复显著增加了碳和氮的含量,改善了土壤养分状况。

6.2.3　林火对土壤微生物多样性的影响

土壤微生物群落结构和多样性及其变化在一定程度上反映了土壤的状况。目前,测定土壤微生物多样性的主要方法有微生物平板培养方法、磷脂脂肪酸谱图分析法和基于 PCR 的分子生物学技术等。

(1)微生物平板培养方法

传统的微生物平板培养法是根据目标微生物选择相应的专性固体培养基进行分离培养,然后通过各种微生物的生理生化特征、外观形态及其菌落数量来计测微生物的数量及其类型。该方法存在许多不足之处,例如,微生物对培养基具有选择性,不可能获得土壤微生物的全部信息,只能获得一小部分土壤微生物群落。

(2)磷脂脂肪酸谱图分析法

磷脂脂肪酸(phospholipid fatty acid,PLFA)是活体细胞膜的重要组成部分,不同类群的微生物能通过不同生化途径形成不同的磷脂脂肪酸，部分磷脂脂肪酸总是出现在同一类群的微生物中，而在其他类群的微生物中很少出现，通过分析磷脂脂肪酸谱图的变化能够了解环境样品中微生物群落结构的变化，并且部分研究也用此方法表征微生物生物量。

(3) 基于 PCR 的分子生物学技术

通过检测分子水平的线性结构(如核酸序列)，横向比较不同物种、同物种不同个体、同个体不同细胞或不同生理(病理)状态的差异。实验首先提取样品中的 DNA，根据实验目的设计 16S rDNA 引物对其进行 PCR 扩增，PCR 产物用单链构象多态性技术(SSCP)、温度梯度凝胶电泳(TGGE)、变性梯度凝胶电泳(DGGE)等方法进行电泳分析，进而评价土壤微生物的多样性。近年来又出现了一些分析方法，如变性/温度梯度凝胶电泳(DGGE/TGGE)、单链构象多态性(SSCP)、限制性片段长度多态性(RFLP)、扩增 rDNA 限制性分析(ARDRA)和末端限制性片段长度多态性(T-RFLP)。

微生物多样性对火烧非常敏感，其影响通常是负面的。研究发现，在西班牙西北部卡布雷拉山脉(砂质壤土和砂质黏壤土)，火烧的发生导致 3 种不同地中海生态系统土壤细菌群落多样性的下降，这种状态能持续到 2 个月。在加拿大北部森林，火灾发生 1 年后，真菌群落的丰富度和多样性降低。但在一些研究中，细菌多样性与真菌多样性在不同区域的火烧下，其对火烧的抵抗能力不同。北京东北部山区的研究表明，火灾发生 6 个月后，细菌和真菌的丰富度和多样性下降，真菌比细菌对火灾更敏感。相比之下，研究人员也在美国田纳西州(壤土、砾石细砂壤土和壤土的混合)的一场火灾发生 1 年后发现，相比于真菌，细菌对火烧更敏感，火烧后的细菌群落具有更大的变异。尽管火烧对微生物多样性的影响通常是敏感且负面的，但也有例外。在计划火烧后 1 年，福建农林大学西芹林场的土壤(铁质强淋溶土，亚热带气候)虽然检测到真菌和细菌数量发生了变化，但细菌和真菌多样性没有发生显著变化。而西班牙西北部加西利亚地区(由花岗岩发育而来的土壤，温带多雨气候)，发生在灌木丛的低强度火烧对土壤微生物活性几乎没有影响，而且由于土壤 pH 值的上升，土壤微生物多样性甚至增加。

6.2.4　火后土壤微生物的恢复

火烧对土壤微生物群落的负面影响随着时间的推移而降低，直至微生物恢复到火灾前的状态。土壤恢复的过程取决于火灾的严重程度、土壤类型以及火烧后的条件。在轻度或中度火灾之后，在植被再生的地区，土壤养分条件得到改善，火灾的影响可能在 1 年或 2 年后消失。然而，当火烧后间接的土壤效应持续存在，长期的养分有效性急剧下降时，负面影响甚至在火灾后 5~10 年持续存在，而且情况可能是不可逆转的。研究表明，在北方森林的火灾后 15 年内，火烧带给土壤微生物的负面效应依旧存在，直到 15 年后负面效应才消除。这个恢复过程主要与该区域的净初级生产力的恢复有关。

6.2.5　林火对真菌和细菌的影响

通常情况下，细菌的抗高温能力优于真菌，真菌的致死温度为 60~70℃，而细菌在湿润和干旱条件下的致死温度分别为 120℃和 100℃。在某些环境下，真菌和细菌的高温致死温度可能会更高。研究发现，火灾可能对真菌影响更大，其生物量平均降低了 47.6%，原因可能是火后土壤 pH 值的上升更有利于细菌的生长发育，而不利于真菌的生长。并且，不同类型微生物群落的耐火性也不同，北方森林和温带森林的土壤微群落生物量在火烧后显著下降，而草原微生物群落生物量则上升。一方面是因为草原可燃物载量较低；另一方面则是因为草原火灾频发导致其土壤微生物耐火性更强。

在土壤中，不同类别的真菌对火烧的抵抗能力是不同的。子囊菌、担子菌等是土壤中常见的真菌。在火烧下，子囊菌一般表现更强的耐火性。这意味着火烧后的土壤真菌群落中，子囊菌将更可能占据优势。子囊菌的耐火性可能与火烧后土壤 pH 值变化有关，也可能是一些子囊菌能产生分解纤维素和木质素的胞外酶，而火烧后撒落的植物碎屑恰好有助于子囊菌的生长；而担子菌则耐火性较差，可能因为担子菌在土壤中多为菌根，受限于共生植物火烧后的生长状况，而且菌根本身对火烧更为敏感。研究表明，美国阿拉斯加的子囊菌在火烧中表现更强的抵抗力，担子菌在重度火烧中受到严重的负面影响，并且某些菌根微生物也表现出较差的耐火性。北京东北部的油松林，火烧后土壤 pH 值的上升促进了子囊菌门盘菌亚门粪壳菌纲、散囊菌纲和盘菌纲真菌的生长，而担子菌门伞菌纲真菌的相对丰度下降。大兴安岭林区(棕色针叶林土和暗棕壤)土壤中的真菌主要以子囊菌和担子菌为主，且担子菌占据优势，火烧后子囊菌成为优势种，担子菌则受火烧的影响使相对丰度下降。

土壤中的细菌对火烧的响应也是不同的，通常变形菌、放线菌、厚壁菌等细菌对火烧具有一定的耐性，而酸杆菌等细菌则不具有较强的耐火性，这可能与某些细菌能通过孢子或者芽孢来抵抗火烧有关。研究发现，火灾发生后 4 年，大兴安岭棕色森林土中的放线菌和厚壁菌会产生更多的孢子。大兴安岭针叶林中的优势细菌群落在经历火烧后 1 年，变形菌和拟杆菌相对丰度分别增加了 200% 和 22%，放线菌无明显变化，而酸杆菌下降了 46%。西班牙阿尔巴塞特(石灰岩上形成的砂壤土)的一项研究同样发现，以酸杆菌和拟杆菌的细菌为主的土壤在经历高强度火烧后，土壤细菌的优势群落则变成了厚壁菌、变形菌等细菌。但是，也有研究表明，美国加利福尼亚州草原发生野火后，革兰氏阴性和阳性细菌的生物量都会下降；温带草原火灾后，拟杆菌的丰度下降；北部森林火灾发生后，硝化螺杆菌的生物量下降。

6.3　林火对土壤化学性质的影响

6.3.1　林火对土壤酸碱性的影响

土壤酸碱性是指土壤中存在的各种化学反应，通过土壤溶液中 H^+ 浓度和 OH^- 浓度的比例表现的酸性和碱性。土壤酸碱性是土壤最基本和最重要的化学性质之一，其对土壤养分和肥力、植被和土壤微生物的生长发育以及有害物质的产生都有着极其重要的影响。土壤酸碱性受到很多因素共同控制，母质、生物、气候、地形、时间以及人类生产活动等因素都影响土壤酸碱性。我国南方受气候影响，淋溶作用强，土壤盐基饱和度较低，因此，以华南和西南为代表，广泛分布酸度较低的红壤、黄壤等；而北方气温较低，风化程度低，淋溶作用弱，土壤盐基饱和度高，因此，以华北和西北为代表，土壤多为 $CaCO_3$ 含量较高的碱性土壤。

　　土壤酸碱性的强弱常以酸碱度来衡量，而土壤 pH 值则是表示土壤酸碱度的重要指标。土壤 pH 值是土壤溶液中 H^+ 浓度指数，也是土壤溶液中 H^+ 活度的一个标度。火烧会使土壤 pH 值显著升高，这是因为地表的枯枝落叶、活地被物、活立木等都在火烧的作用下转化为灰分，并随雨水下渗到土壤中，灰分释放的 Ca^{2+}、Mg^{2+} 等碱性离子使土壤 pH 值升高，并且火烧分解土壤和凋落物中大量未离解的有机酸，使土壤有机酸含量大大降低，最终造成土壤 pH 值升高。研究发现，意大利维苏威国家公园在 2017 年 6 月一场大火发生后 1 年和 2 年，土壤 pH 值相对于火灾前都显著升高。土耳其一片森林进行人工的低强度火烧后发现，土壤 pH 值趋于升高。但是，土壤 pH 值在火烧后也可能会存在不升高的现象。比利牛斯半岛的一项研究表明，该地区发生火灾后 0~10 cm 土层的 pH 值都下降，这与大多数研究结果相悖，其原因很可能是当地土壤较高的 pH 值(pH>8)，特别是在低强度火烧后。

　　在火烧土壤中，不同火烧强度下的土壤 pH 值也有不同的变化，通常随着火烧强度的增大而增大。研究表明，俄罗斯的诺斯基河保护区，未火烧的土壤 pH 值在 3.5 左右，经历火烧后，低强度火烧下的土壤 pH 值增加到 4.0~4.5，而中高强度火烧下的土壤 pH 值增幅相似。随着火烧强度的增大，更多的枯枝落叶和林下植被的燃烧，释放更多的灰分，土壤中有机酸也会随火烧强度的增大而更多地分解。

　　土壤是很好的隔热材料，随着土壤深度的增加，火烧所带来的高温逐渐降低。当火烧发生地表温度达 300~400℃ 时，地下 1 cm 处的温度可能为 200~300℃，地下 3 cm 处可能就只有 60~80℃ 了。灰分的产生和有机酸的分解与温度有着较强的相关性，并且灰分产生后也会通过雨水等途径转移到更深的土层，其转移到深层土壤的含量通常也随土壤深度的增加而减少。因此，随着土壤深度的增加，火烧对 pH 值的影响也减小了。智利南部的一项研究表明，不同树种产生的灰分施加到当地土壤中，使 0~10 cm 土层的土壤 pH 值升高；但土壤都具有一定的缓冲能力，随着土壤深度的增加，灰分对土壤的影响减小，当达到 20 cm 时，灰分对其的影响消失。但是，比利牛斯半岛经过火烧后的土壤并没有发现 0~5 cm 土层和 5~10 cm 土层的 pH 值有显著差异。

　　频繁的火烧对土壤 pH 值的上升也有重要影响。通常，土壤 pH 值的上升与火烧次数呈正相关关系。美国华盛顿州的哥伦比亚高原区 9 年内发生了 3 次火灾，研究表明，土壤 pH 值随火烧的频率增加而上升。这说明火烧所带来的土壤灰分增加和有机酸含量下降的作用是累积的，经受火烧的土壤在未完全恢复前再次经受火烧，使 pH 值再次上升。火烧后，土壤 pH 值的上升不会持续，随着土壤环境和植被的恢复，土壤 pH 值也存在一个恢复的过程。研究表明，相比于火烧前，西班牙东北部火烧后土壤的 pH 值显著上升，但在火烧后 1 年，pH 值下降并恢复到火前水平。俄罗斯诺斯基河保护区的研究也表明，火烧后随着时间的推移，上升的 pH 值会慢慢恢复。对于 pH 值在火烧后恢复的现象，主要是由于恢复过程中的降水会淋失 Ca^{2+}、Mg^{2+} 等碱性离子，以及土壤环境和植被恢复过程中凋落物分解所带来的酸性物质输入。当然，在不同的环境中，火烧后 pH 值的恢复时间也是不同的，其恢复时间甚至可以长达 10 年，这是因为其恢复过程受火烧强度、气候、土壤类型、灰分积累量等条件控制，并且火烧后植被的恢复情况也是影响 pH 值恢复的主要原因之一。大兴安岭的研究表明，火烧后 1 年，土壤 pH 值会上升；但火烧后 11 年，土壤 pH 值已经恢复至对照组水平。

　　火烧后，土壤 pH 值的变化对土壤养分有着极其重要的影响。在对智利南部土壤施加不同种类的灰分后，土壤 pH 值出现不同程度的上升，土壤中一些养分物质的溶解度发生了变化，因而对土壤有机质和钙、镁、铁、铝等元素等的淋溶作用产生不同影响。火烧后，土壤 pH 值上升，土壤有机质的淋失作用加强，从而产生损失，因为土壤具有一定的缓冲性，有机质的损失发生在 25 cm 以上的土层；对于铁、铝元素，土壤 pH 值的升高，溶解度会下降，但 pH 值上升到一定程度后，铁、铝元素会与一些有机质产生可溶性的金属络合物，从而促进了铁、铝元素的淋溶；灰分减轻了土壤的酸化，增加了钾、钙元素的有效性，增强了土壤对磷、锌元素的保持能力。

6.3.2　林火对土壤有机质的影响

　　土壤有机质泛指土壤中含碳的各类有机物质，是土壤的重要组成部分，包括土壤中的动植物残体、微生物以及其分解和合成的有机物质。土壤有机质是植物生长所需养分的重要来源，也可以作为微生物生命活动的能源物质，还与土壤保肥性、通气性、渗透性、吸附性等理化性质和其他的生物性质息息相关。土壤有机质含量约为土壤有机碳含量的 1.724 倍，因此，土壤有机碳含量通常作为有机质含量的重要指标。

　　土壤有机质测定方法主要有 CO_2 检测法、化学氧化法、灼烧法和土壤光谱测定法。

（1）CO_2 检测法

　　根据有机质组成特点，在无 CO_2 的环境下，将土壤中有机碳高温氧化成 CO_2，通过重量法、滴定法、分光光度法和气相色谱等技术测定 CO_2，并根据 CO_2 的释放量计算总有机碳含量。

（2）化学氧化法

　　有重铬酸盐氧化法、过硫酸盐氧化法、臭氧氧化法和微波消解法等，而现今实验室普遍采用的方法是重铬酸钾滴定法。在过量硫酸存在的环境下，用重铬酸钾氧化有机质，过量的重铬酸钾用标准硫酸亚铁溶液滴定，以消耗的氧化剂用量来计算所氧化的有机碳量。

（3）灼烧法

　　灼烧法是将在 105℃ 下除去吸湿水的土样称重后，直接在 350~1 000℃ 条件下，灼烧 2 h 后再称重，由灼烧后失去的重量计算有机质含量。

（4）土壤光谱测定法

　　土壤有机质光谱测定法是根据土壤自身特有的光谱特征，依据有机质在特定波段吸收情况估测有机质含量。

　　火灾对土壤有机质的影响既有定量的，也有定性的。根据不同的因素，总有机质含量可以降低或上升，这些因素包括火灾类型、火灾强度和严重性以及其他控制火灾行为的因素，如坡度、水分、气象条件等。在不同的火强度下，火烧会对土壤有机质产生不同的影响。一般来说，高强度火烧破坏有机质，进而导致其含量降低，而低强度火烧则有可能不使有机质遭到破坏。这是因为高强度火烧烧毁大量有机质，再加上部分有机质在高温下挥发，极大地降低了土壤有机质含量；而在低强度火烧下，植被、凋落物等在火烧作用下并没有大量烧毁和挥发，而是输入土壤中，从而增加土壤有机质含量。在火灾中，土壤有机质含量的变化是个很复杂的过程，受到很多其他环境因子的影响，因此，在低强度火烧下，土壤有机质含量还可能会出现下降的情况。地中海地区松林(钙质土壤，典型的地中海气候)的研究发现，在高强度火烧后 1 年，土壤表层有机碳含量相较未燃区减少了 50%；而在中、低强度火烧后 1 年，土壤表层有机碳含量相较于未火烧区域没有明显变化。有研究同样表明，低强度火烧下的土壤总有机碳含量上升；而中、高火烧强度下的土壤有机碳含量则下降。2010 年，俄罗斯的一场野火后，通过对比发现，相比于树冠火，地表火与地面接触更多，对地面产生了更多的高温危害，而地表火后的土壤有机碳损失更多，其中树冠火造成 2.37% 的有机碳损失，地表火则是 2.85%。在很多其他关于较低强度火烧的研究中，都得出低强度火烧不会降低土壤有机质含量的结论。尽管炎热干燥季节的一场野火使西班牙西南部多尼亚纳国家公园的松树林土壤中的总有机碳含量在 2 个月后仍明显低于未火烧的土壤。但 3 年后，同样位于西班牙，其北部比利牛斯的一场野火发生后，该区域 0~5 cm 和 5~10 cm 土层的有机碳含量上升，特别是 0~5 cm 土层。研究人员还观察到美国西部的火烧过后的土壤中可溶性有机质的含量上升。草原火灾的可燃物以草本植物为主，燃烧强度较低，但也会因为其他环境因子的作用，使土壤有机质下降。位于哥伦比亚高原的草地，在火烧后 4 年，相较未燃区，土壤表层有机质含量下降了 20%。然而，一些研究却在高强度火烧后观察到土壤有机质含量上升。研究表明，一场较高强度的野火后，部分区域土壤的有机质的增加，表明火强度较高时，森林中凋落物等仍有可能会大量输入土壤。西班牙的一项研究表明，低强度和高强度的火烧过后 1 个月，土壤有机质含量均出现上升趋势。

火烧过后，土壤有机质含量并不会单纯地上升或下降，而其含量处于一个动态变化的过程，最终慢慢恢复至未火烧时的状态，未烧焦凋落物的输入、植被的再生和土壤环境的恢复都会对土壤有机质的含量产生不同影响。研究人员对美国佛罗里达州火烧后不同时间的土壤进行研究，将火灾发生后的 20 年间土壤有机质变化分为 3 个阶段。第一阶段：火烧后的 1~4 年，由于火烧后未烧焦凋落物(木质素、纤维素)的输入，土壤有机质含量增加；第二阶段：火烧后的 4~11 年，土壤有机质的芳基碳含量会下降，这是木质素等物质分解的结果；第三阶段：火烧后的 11 年起，由于植被的恢复，大量有机质随着新的凋落物输入，土壤各种碳组分含量增加。大兴安岭森林的一项研究表明，对火烧后 3 年和 8 年的两种土壤采样分析后发现，相较未经历火烧的土壤，火烧后 3 年的土壤总有机碳含量显著增加 25.98%，而火烧后 8 年的土壤总有机碳含量则已经恢复到未火烧土壤的水平。火烧后 8 年有机碳含量降低是因为随着土壤环境和植被的恢复，土壤微生物活动也开始增强，使有机质的矿化作用加强，促进了有机质分解。俄罗斯西伯利亚中部地区的一项研究表明，火烧后 2 年和 6 年，土壤有机碳含量从 8.06 kg/m^2 分别上升到 11.13 kg/m^2 和 20.12 kg/m^2；而在火烧后 22 年和 55 年，则降到了 5.15~13.28 kg/m^2；116 年后，有机碳含量又恢复到最开始时的水平(8.00 kg/m^2)。

火烧后所产生的木炭等物质也会促进有机质分解。虽然木炭具有较强的稳定性，也不容易与其他物质发生反应，但木炭却能够通过促进土壤微生物活动来促进土壤有机质的分解。位于瑞典北部的一项研究将采集到的腐殖质、人工制备的木炭以及腐殖质和木炭的 1∶1 混合物装入网袋并埋于地下，通过长时间观察发现，3 个地点的腐殖质和木炭的 1∶1 混合物在 10 年间损失了更多的碳，其微生物活性也更强。此研究表明，木炭可以通过增强土壤微生物活性来促进腐殖质等一些有机质的分解。因此，火烧产生的木炭不仅是稳固的碳源和碳汇，也具有通过促进有机质分解而引发土壤碳流失的潜力。

土壤有机质在经受不完全燃烧和炭化后形成热解炭。这些热解物质由重新排列的、相对惰性的大分子物质组成，大部分来源于植物生物质，其主要成分为苯多羧酸。热解炭具有较强的稳定性，可以在土壤中存在几十年到几千年，这可能因为其与土壤团聚体相结合，可以免受氧化或者其他降解过程的影响，因为有机质是控制土壤团聚体的最重要的成分之一。研究发现，俄罗斯亚乌拉尔山脉北部的针叶混交林在经受低强度火灾后，当地土壤表层苯多羧酸含量由 3.2 mg/g 上升到 98.9 mg/g，并且在 2 年内含量没有明显变化。研究发现，在那些以有机物为主要聚集剂的土壤中，在实验室加热到 170℃ 有利于结构稳定性，而高于 220℃ 会导致结构退化。有学者采用苯多羧酸含量估算热解炭的方法发现，火烧后土壤中的热解炭增加。在周期性森林低强度火灾中，会积累很多热解炭，长期来看，热解炭被视为是土壤最稳定的碳库之一，也是一种可靠的土壤稳定剂。火灾后土壤中的脂类物质的比例也会增加，主要原因可能是植物体燃烧不完全，残留有机物质转移到土壤中。

6.3.3　林火对土壤养分的影响

6.3.3.1　林火对土壤氮循环的影响

在森林生态系统中，氮元素是植物生长发育所需的重要元素之一。总的来说，土壤中的氮元素可以分为无机态氮和有机态氮两大类。无机态氮在土壤中的含量较少，一般占全氮的 1%~2%，主要有铵态氮和硝态氮两种形态。铵态氮和硝态氮都是水溶性的，可以被植物直接吸收，所以称为速效氮。有机态氮一般可占全氮的 95% 以上，主要有水溶性有机态氮、水解性有机态氮和非水解性有机态氮 3 种形态。水溶性有机态氮含量一般不超过全氮的 5%，由于相对分子质量较小，故能直接被植物吸收利用。水解性有机态氮一般占全氮含量的 50%~70%，能水解成可被植物直接吸收的水溶性含氮化合物。非水解性有机态氮一般占全氮含量的 30%~50%，由于不溶于水，不易水解，故又称难矿化有机态氮。

氮循环是指氮在自然界中循环转化的过程，是生物圈基本的循环之一，其过程主要有固氮作用、氨化作用、硝化作用和反硝化作用等。大气中的 N_2 以及动植物的遗体、排泄物和凋落物等，分别通过固氮作用和氨化作用生成氨和铵盐，再通过硝化作用生成硝酸盐，其中一部分被植物吸收和同化，另一部分通过反硝化作用将氮元素返还到大气中。

林火对氮循环有着较大影响，一方面氮元素极易因火烧所产生的高温而挥发；另一方面通过火烧改变土壤环境来影响氮循环的过程。通常高于 200℃ 就会引发氮元素的挥发，当高于 500℃ 时，氮元素的挥发量达 100%，而林火通常都能达 200℃，甚至高于 1 000℃。在林火中，大部分氮元素以 N_2 形式挥发，少部分通过其他含氮化合物的形式挥发。火烧可以改变土壤有机质含量、含水量、pH 值等，这些都是影响土壤氮循环的重要环境因子，如火烧可以增加土壤有机质含量，这为土壤氨化作用提供了充足的底物，促进了铵态氮含量的增加。

在土壤氮元素的研究中，通常测定土壤全氮和有效氮两个指标。土壤全氮的测定通常采用凯氏定氮仪法和连续流动分析仪法。土壤有效氮的测定主要有碱解蒸馏法（凯氏定氮仪法）和碱解扩散吸收法。

火烧对土壤氮的影响通常是负面的，很多研究都表明火烧后土壤氮含量出现损失。通过对截至 2020 年 12 月的 296 项相关研究进行整理和分析计算后得出，这部分研究中的火烧平均降低了 14.6%的土壤氮含量。通过分析 1960—2018 年热带地区的 87 项相关研究发现，火烧过后，87 项研究的土壤总氮含量平均下降了 9.8%，不同地区或者生态系统土壤氮含量也会有不同变化。火烧对温暖或潮湿地区土壤氮含量的影响强于寒冷或干燥地区，对森林生态系统土壤氮含量的影响强于非森林生态系统；而在热带地区，火烧对热带草原生态系统土壤氮含量的影响强于热带森林生态系统。

不同的火烧强度对土壤氮含量的影响是不同的。研究表明，火烧强度对土壤氮含量的变化没有明显影响，这可能因为火灾更多地通过影响植被和土壤环境从而影响土壤氮含量变化的。东北大兴安岭北部地区的一项研究表明，总氮含量随着火灾严重程度的增强而显著减少，并且火灾发生 7 年后总氮含量还没有恢复。而印度的研究人员在当地的研究中发现，相较未火烧土壤，中度和重度火烧下的土壤总氮含量会下降。河北平泉的油松林火烧迹地，铵态氮含量在轻度火烧中略微降低，在中度和重度火烧中升高；硝态氮含量在 3 个火烧强度中都增加；而全氮含量在轻度和中度火烧中，随火烧强度的增大下降更多，但在重度火烧中明显上升。火烧后，土壤有机质的增多促进了全氮和铵态氮含量的提升，而土壤温度和 pH 值的上升促进了硝化细菌的生长，使硝态氮增加。但是，其他的研究得出了不一样的结果，因此，对于不同火烧强度对氮含量的影响还需要考虑更多的环境因子。

火烧后时间不同，氮含量也呈现动态变化。研究表明，西班牙西北部比利牛斯山脉的灌木林，在经历低强度火烧后铵态氮、硝态氮和水溶性有机态氮在火烧后 10 d、7 个月和 18 个月都有着不一样的变化，0~5 cm 和 5~10 cm 土层铵态氮在火烧后 10 d 无明显变化，在火烧后 7 个月其含量均有所上升，0~5 cm 土层的含量增长到原来的 2 倍，在火烧后 18 个月两个土层铵态氮含量恢复到对照组水平；两个土层的硝态氮在火烧后 10 d 无明显变化，在火烧后 7 个月两个土层含量分别增长到原来的 8 倍和 5.5 倍，在火烧后 18 个月其含量都恢复到对照组水平；0~5 cm 和 5~10 cm 土层水溶性有机态氮含量在火烧后 10 d 分别增长到原来的 2.5 倍和 1.5 倍，在火烧后 7 个月和 18 个月其含量都与对照组无明显区别（图 6-9）。土壤氮含量出现以上动态变化的原因可能是，火烧后，有机质含量的上升能让水溶性有机态氮含量在火烧后 10 天最先受到影响而上升，到火烧后 7 个月，有机质也促进了氨化作用，铵态氮含量上升，又因为火烧后土壤 pH 值和温度的上升，共同促进了硝化作用，硝态氮含量上升。

热带地区土壤火烧后，铵态氮含量增加了 21.8%，而硝态氮含量减少了 22.7%；随着时间的推移，铵态氮含量在火烧后 4 个月开始减少，直至火烧后 24 个月时恢复至正常水平，硝态氮含量则会在火烧后 4 个月开始增加，直至火烧后 12 个月恢复。西班牙加利西亚地区的研究揭示了高强度火烧下土壤氮元素和氮循环过程的动态变化过程，通过同位素示踪法测定了氮元素含量和量化了氮循环过程。当火烧发生后，发现有机氮通过异养硝化

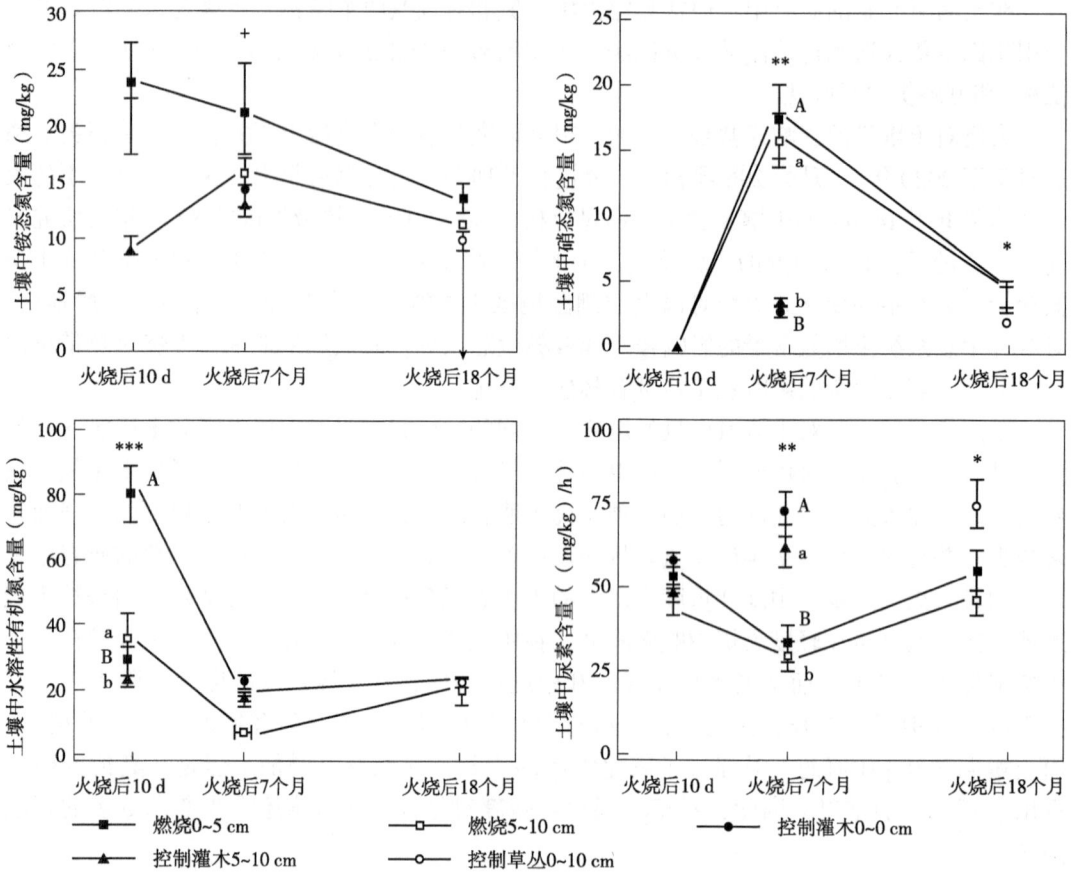

**图 6-9 经历低强度火烧后的 10 d、7 个月和 18 个月，
土壤中铵态氮、硝态氮和水溶性有机态氮的变化**

（Willaim et al.，2018）

作用生成硝态氮，说明火烧促进了异养硝化细菌的生长，开启了氮循环的异养硝化途径。

火烧间隔期也是影响土壤氮含量的重要因子。两次火烧的间隔时间越短，对土壤氮含量的恢复越不利。有研究表明，在澳大利亚昆士兰州的森林中，间隔期不同的 4 次低强度火烧后，2 年间隔和 4 年间隔火烧的土壤总氮和活性氮含量存在显著差异。间隔期为 2 年的火烧后，总氮含量降低了 54%，活性氮含量也有一定程度的降低，而间隔期为 4 年的火烧后，总氮和活性氮含量没有明显变化；间隔期为 2 年的火烧后，生物量碳和生物量氮含量均明显下降，而且生物量碳与生物量氮之比下降，说明土壤微生物活性下降，细菌群落占据优势，而间隔期为 4 年的火烧后，两者含量都没有明显变化。此研究为炼山的合适间隔期选择提供了科学依据。

火烧后，由于土壤氮循环以及不同形态的氮含量受到影响，使 N_2、NO、NO_2 等土壤含氮气体的排放增加。研究表明，林火发生时，西班牙中部地区土壤中 N_2、NO、NO_2 的排放量分别可达 3.3 g/kg、0.25 g/kg、3.1 g/kg，火烧后 1 年，土壤氮仍会以气体的形式损失，N_2、NO、NO_2 的排放量较火烧前分别增加了 0.8 kg/hm²、0.15 kg/hm²、4.7 kg/hm²（Dannenmann et al.，2018）。在土壤反硝化作用中，这些含氮气体是一种主要的中间产物，因此可以说，土壤 N_2、NO、NO_2 排放与参与反硝化作用的厌氧微生物有着极强的相关性。并且，铵态氮和硝态氮的含量、硝化作用强弱以及土壤 pH 值对土壤 NO_2 的排放起着不可忽视的作用。同样，另一项研究表明，西班牙中部地区土壤经过火烧后，NO_2 排放量增加，研究指出这是由硝化作用在火烧后发生变化引起的；土壤 pH 值与 NO_2 排放量呈正相关，火烧后土壤 pH 值的上升促进了 NO_2 的排放。

6.3.3.2　林火对磷循环的影响

磷是森林生态系统的重要生命元素，是组成植物体内许多化合物的重要成分，对植物生长发育具有不可代替的作用。土壤中磷的形态可以分为无机态和有机态两大类。无机态磷在土壤中含量较多，可占土壤全磷含量的 60%~75%，多以正磷酸盐的形式存在。一般无机态磷可分为水溶态磷、吸附态磷和矿物态磷 3 类。水溶态磷在土壤溶液中主要以 $H_2PO_4^-$、HPO_4^{2-}、PO_4^{3-} 等离子形态存在，三者含量随土壤溶液 pH 值的变化而变化，以 $H_2PO_4^-$ 和 HPO_4^{2-} 为主。水溶态磷能被植物直接吸收，但是含量极少，并容易转化为难溶性磷酸盐，因此其有效性较低。吸附态磷指土壤固相表面吸附的 $H_2PO_4^-$ 和 HPO_4^{2-}。吸附态磷在土壤中的吸附和解附处于动态平衡状态，其有效性取决于土壤固相的吸附饱和度、吸附能力等，解附的磷越多，其有效性越大。矿物态磷指一系列溶解度不同的含磷矿物，其含量占无机态磷的 99% 以上，在不同的磷含量和含磷矿物结晶状态下，其溶解率是不同的，从而影响矿物态磷的有效性。有机态磷在我国土壤中的含量变幅较大，一般占全磷含量的 20%~50%。目前，对于土壤有机态磷的所有形态还未完全研究清楚，已知的有机态磷有植素类有机物、核酸类有机物和磷脂类有机物。它们需要在土壤微生物分解作用下形成磷酸盐，才能表现有效性。因此，土壤有机态磷的有效性取决于微生物活性以及其他的土壤因子。

在陆地生态系统中，土壤磷的主要来源为岩石风化，也有少部分来自有机质矿化、地面径流输入和大气沉降等。在自然生态系统中，不同于氮的开放性循环，磷的循环过程比较封闭，基本只在土壤与植物之间循环，因此磷的损失较少。

森林土壤全磷测定的待测液制备一般采用碱熔法和酸溶法。在碱熔法中，样品经强碱分解后，其中的含磷矿物及有机磷化合物全部转化为可溶性正磷酸盐；而在酸溶法中，土壤中的含磷矿物及有机磷化合物与硫酸、高氯酸等发生作用，使之完全分解，全部转化为正磷酸盐进入溶液。碱熔法有碳酸钠熔融或氢氧化钠熔融两种。碳酸钠熔融分解最为完全，准确度比较高，可以作为仲裁方法，但熔融时需要铂金坩埚，因此，不适宜用于常规分析。氢氧化钠熔融法可用银坩埚代替铂金坩埚，分解也较完全，制备的待测液可同时测定全磷和全钾，操作较为方便，可为一般实验室采用。酸溶法中以硫酸高氯酸法较好，此法对钙质土壤分解率较高，但对酸性土壤分解不完全，结果往往偏低。酸溶法还可采用硝酸—氢氟酸—高氯酸法，制备的待测液也可同时测定多种元素。

有效磷的测定可采用比色法、连续流动分析仪法和电感耦合等离子体发射光谱法。传统的比色法耗工费时，试剂消耗量大，试验成本高，操作过程中样品稀释、人为清除气泡会增大测定结果误差。利用连续流动分析仪法和电感耦合等离子体发射光谱法测定土壤中磷的含量，使复杂的手工操作简化成仪器自动化操作，不仅分析速度快，降低试剂消耗，而且准确度高、对环境污染小，也减小了人为误差。

　　有效磷受火烧的影响较大，由于其挥发温度较高，所以火烧所带来的一定程度的高温会增加有效磷的含量。通过对 2015 年 7 月前的 213 项相关研究结果的分析表明，大多数研究中的火烧导致了土壤无机磷含量的上升。在众多的实验室模拟燃烧实验中，土壤有效磷含量出现了上升的现象。研究表明，在实验室用不同温度加热土壤 15 min，在 50 ~ 400℃温度下，有效磷含量与温度呈正相关关系。也有研究表明，在实验室不同温度下加热 30 min，在<450℃范围内，土壤磷的有效性随温度升高而增加（Ketterings et al.，2002）。对大兴安岭泥炭土进行 250℃和 600℃实验室模拟燃烧后也发现，火烧的强度越大，土壤无机磷含量越高。在真实的火烧下，土壤中的有效磷含量变化也与实验加热的结果相符。西班牙中部发生火烧后，土壤有效磷含量显著上升。南非的一项研究表明，表层土壤在受火烧后，有效磷含量立刻上升，但在火烧后 4 个月内，有效磷含量下降到火前水平。一项美国内华达州的研究显示，火烧后无植被覆盖、灌木覆盖和乔木覆盖的土壤有效磷中的重要组分正磷酸盐的含量都会上升（图 6-10）。高温下有效磷的增加，是因为有机质燃烧所产生的灰分含有无法挥发的无机磷。因此，火烧后土壤有机磷与无机磷之比增大，说明火烧使土壤中有机磷转化为无机磷。而有研究表明，火烧强度也会影响有机磷向无机磷转化，随着火烧强度的增大，土壤有机磷含量下降得更多，而无机磷含量上升得更多，其中，有机磷被破坏 90%以上，使无机磷有效性增加了至少 2 倍。并且，灰分会引起土壤 pH 值升高，这导致了酸性土壤铁铝化合物和氧化物对正磷酸盐的吸附能力减弱，从而释放正磷酸盐。但一段时间过后，出现有效磷含量下降的情况，可能是因为植物的吸收和高温引起淋溶作用加强等。也有研究表明，频繁的火烧虽然能在短时间内提高土壤无机磷含量，但是由于减缓了植被恢复和枯枝落叶层重建，火后的降水导致了无机磷大量流失。

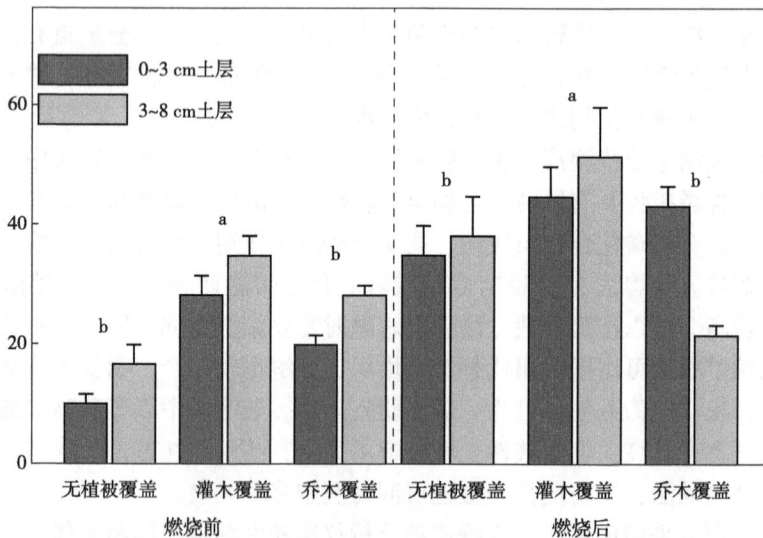

图 6-10　经过火烧后，不同植被盖度的土壤中正磷酸盐含量的变化

（黑色为 0~3 cm 土层，灰色为 3~8 cm 土层；Rau et al.，2007）

火烧除了影响土壤磷的有效性,也影响土壤磷循环中其他形态的磷。大兴安岭的一项研究表明,火烧过后土壤全磷含量会下降,但随着时间的推移,土壤中全磷会逐渐恢复(图6-11)。研究表明,火烧后 2 年,与对照组相比,土壤总磷含量从 423~516 mg/kg 显著上升至 566~632 mg/kg,土壤有机磷含量从 175~284 mg/kg 显著下降至 117~131 mg/kg,土壤无机磷含量从 155~341 mg/kg 上升至 437~515 mg/kg。总磷含量的上升是因为火烧后有机质的输入,而有机磷含量的降低和无机磷含量的上升则是因为火烧通过促进某些微生物生长加强了土壤有机磷的矿化作用,再加上有机质燃烧后灰分的输入,最后无机磷含量上升。研究也揭示了火烧后土壤总磷含量上升的原因,对 213 项相关研究结果进行分析表明,火烧后土壤无机磷含量的上升,可能会导致土壤总磷含量的上升。

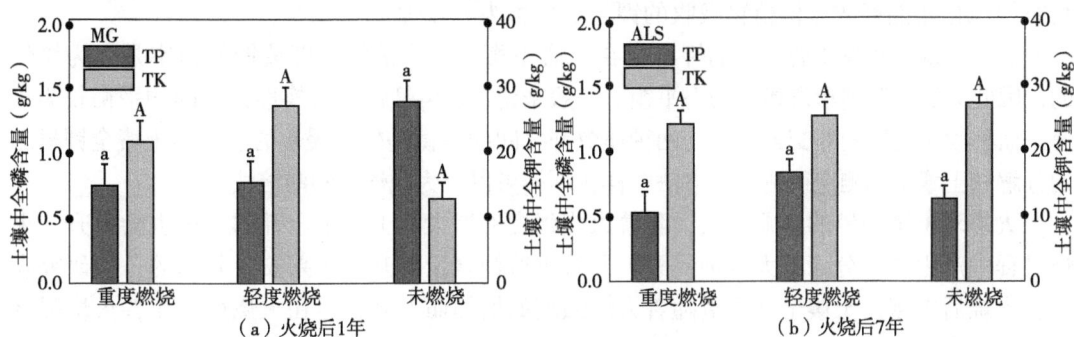

图 6-11　火烧后土壤全磷含量的变化
(MG 与 ALS 区域相邻,MG 区域 2015 年发生火灾,ALS 区域 2009 年发生火灾,
2016 年对两地进行采样;Li et al., 2020.)

火烧对磷循环的影响是较为持久的,影响时间可达 16 年。研究表明,与对照组相比,火烧后 5 年,凋落物的总磷含量从 2 699 mg/kg 显著下降至 1 777 mg/kg,土壤表层总磷含量从 1 260 mg/kg 显著上升至 1 618 mg/kg,土壤次表层总磷含量从 597 mg/kg 显著上升至 833 mg/kg;火烧后 16 年,凋落物的总磷含量仍低于对照组,土壤表层总磷含量恢复至对照组水平,土壤次表层总磷含量仍显著高于对照组。此外,研究发现,美国阿拉斯加火烧后的苔原土壤磷酸盐含量上升了 86%,并直到火烧后 9~12 年,土壤磷酸盐含量才开始降低,最后恢复到未火烧的正常状态;并且,由于火烧后土壤磷有效性的增加,使以苔原草原为主的生态系统转化为以灌木丛为主,火烧后 10 年,植被的总丰度是未火烧区域的 1.5倍,相比于未火烧区域,杂草和落叶灌木的丰度分别增加了 310% 和 150%。

6.3.3.3　林火对土壤钾循环的影响

钾是植物生长所必需的营养元素之一。土壤中钾的含量远远高于氮和磷,可以达到氮含量的 10 倍。作为土壤中含量最高的大量营养元素,土壤供钾的能力强于氮和磷。

土壤中的钾可分为水溶性钾、交换性钾、非交换性钾和矿物钾 4 类。水溶性钾以离子形态存在于土壤并能被植物直接吸收和利用,是有效性最高的钾形态。但是其在土壤中的含量很低,是各种形态钾中最低的。交换性钾是指被土壤吸附的钾离子,其与水溶性钾都属于速效钾,含量一般占全钾的 1%~2%。同为速效钾的水溶性钾与交换性钾之间存在一个动态平衡。当土壤水溶性钾含量降低时,交换性钾就会与土壤解吸,进入土壤溶液;反之，水溶性钾含量上升时，土壤就会吸附更多的钾离子。非交换性钾是指存在于层状黏粒矿物硅酸盐层间和颗粒边缘上的钾，其含量一般占全钾的 2%~8%。不同土壤中的非交换性钾含量相差较大，含高岭石和铁铝氧化物较多的红壤非交换性钾含量较低，而含水云母（伊利石）较多的土壤的非交换性钾含量较高。非交换性钾很难被植物直接吸收和利用，故称缓效性钾或固定态钾。不过缓效性钾与速效性钾之间也存在一个动态平衡，当速效性钾含量较低时，缓效性钾也会释放部分速效性钾，因此，非交换性钾也可以作为评价土壤钾供应能力的重要指标。矿物钾是指存在于原生矿物和次生矿物结晶构造中的钾，其含量一般占土壤全钾的 92%~98%，这些含钾矿物主要有长石、白云母、黑云母等原生矿物以及伊利石、蛭石等次生矿物等。矿物钾很难分解，也不能被植物直接吸收和利用，需要经过长时间风化才能释放可供植物吸收的钾，因此称为无效钾。

总的来说，土壤中各形态的钾都存在动态平衡，其中矿物钾释放钾的速率是极为缓慢的，因此无法与其他形态建立动态平衡。一般来说，水溶性钾和交换性钾之间的平衡较为迅速，而称为缓效钾的非交换性钾与两种速效钾之间的平衡是较为缓慢的。森林土壤全钾样品的分解和土壤全磷测定待测液的方法一样，同样可以分为碱熔法和酸溶法。

火烧对土壤全钾的影响较大，随着火烧强度的增大，土壤中全钾的含量也会上升。火烧过程中产生的灰分含有大量钾元素，导致土壤钾含量上升。大兴安岭北部的一项研究表明，火烧后 1 年，土壤全钾含量随着火烧强度的增加而上升，但在火烧后 7 年各火烧强度下的全钾含量略低于对照组。而智利中南部的一项研究表明，火烧后 1 年的土壤钾含量几乎是未火烧土壤的 2 倍。但火烧对全钾含量的影响也可能是负面的，新疆布尔津县的一项研究表明，林火发生后 22 年，不同强度火烧下，全钾含量相比于对照组都会下降，并且全钾含量随着火烧强度的增加而下降得更多；在火烧后 22~43 年，土壤全钾含量也在不断恢复，但并未恢复到未火烧土壤的状态，其原因可能是，在火烧后的 22 年里，雨水的淋溶作用使钾元素淋失。和其他元素一样，土壤深度也可能是影响钾含量的一种因素，大兴安岭北部的研究发现，在 0~1 m 深度的非冻土层，火烧对土壤全钾含量具有显著影响，而在对于 1 m 以上深度的多年冻土层，火烧对全钾含量没有影响。

速效钾是土壤钾元素的重要组成部分，也是评价土壤供钾能力的重要指标，因此，研究火烧对速效钾的影响具有重要的意义。火烧后，速效钾含量会增加，钾的有效性得到提升。美国莫哈维沙漠的一项研究表明，火烧后 1 年，土壤速效钾增加，并且处在乔木覆盖、灌木覆盖和无植被覆盖环境下的速效钾含量，都在火烧后有了显著的上升。而美国伊利诺伊州的研究同样表明，在 23 年间，每 1~3 年进行一次低强度火烧，速效钾的含量上升了 32%。但是，火烧对速效钾含量的影响可能会受其他环境因子的干扰，从而出现不一样的结果。例如，匈牙利的一项研究表明，相比于对照组，在低、中、高强度下的速效钾含量均下降了 50% 左右，从 402.48 mg/kg 分别下降到 212.48 mg/kg、212.15 mg/kg、215.15 mg/kg。由于钾的挥发温度可达 750℃，火烧后土壤的钾含量是不会下降的，而火烧后的研究土壤并没有经受淋溶，因此，研究人员将速效钾含量下降的原因归结到高温驱动下土壤速效钾被固定到矿物结构中去了。正常情况下，火烧后的速效钾含量并不会一直上升，受雨水淋溶作用，速效钾含量会降低。例如，在美国莫哈维沙漠，无论是林地还是无植被覆盖的空地，火烧后 7 年，土壤速效钾的含量会先上升后降低，最终速效钾含量甚至会低于未火烧的土壤。

6.3.3.4　林火对土壤钙、镁循环的影响

在土壤中，钙、镁元素是植物必需的中量元素，在地壳中含量都很丰富，成土过程中都易于流失，特别在我国南方风化淋溶强烈的酸性土壤中。经受火烧后，土壤中的钙、镁元素有着相似的变化。

（1）林火对钙循环的影响

钙在土壤中主要以 3 种形态存在：水溶性钙、交换性钙和矿物钙。水溶性钙是指存在于土壤溶液中的钙离子，可以被植物直接吸收和利用，有效性很高，但是含量较低。并且，水溶性钙的含量会因为钙饱和度的增加而升高，也会随着 pH 值的上升而升高。交换性钙是指被土壤胶体吸附的钙离子，在土壤中的含量很高，一般占全钙的 20%～30%，也是植物可以直接利用的钙，因此它与水溶性钙统称有效钙。作为土壤主要的代换性盐基离子之一，它与水溶性钙处在一个动态平衡中，当水溶性钙含量因为植物吸收或者淋失而降低时，交换性钙就会释放。交换性钙的释放速率受限于交换性钙的总量和饱和度、土壤胶体的类型和胶体上其他阳离子的性质，土壤钙的供应能力也取决于此。矿物钙是指存在于土壤矿物结晶中的钙，其含量很高，占土壤全钙的 40%～90%。并且，矿物钙不溶于水，也不易与土壤溶液中其他钙离子发生代换，还不会被植物直接吸收和利用。矿物钙经历缓慢的风化等作用后，以钙离子形态进入土壤溶液，其中一部分被胶体吸附形成交换性钙，另一部分则形成碳酸盐和硫酸盐。

（2）林火对镁循环的影响

镁主要在土壤中存在 4 种形态：水溶性镁、交换性镁、非交换性镁和矿物态镁。水溶性镁是指存在于土壤溶液中的镁离子，能被植物直接吸收和利用，在土壤中的含量极低，仅次于钙离子。交换性镁是指被土壤胶体吸附的镁离子，一般占全镁的 1%～20%，也是可以被植物直接吸收的镁。交换性镁和水溶性镁都为有效镁。非交换性镁又称酸溶性镁或者缓效性镁，是可以被植物直接吸收和利用的潜在有效态镁，一般占全镁的 10% 以下。矿物镁是指存在于土壤矿物结晶中的镁，不能被植物直接吸收和利用，一般占全镁的 70%～90%。矿物镁需要经过风化后，以镁离子形态进入土壤溶液，并参与到非交换性镁、交换性镁和水溶性镁之间的动态平衡中去。在土壤中，非交换性镁与交换性镁之间存在一个缓慢的动态平衡，交换性镁与水溶性镁则存在一个迅速的动态平衡。

土壤中，有效钙（镁）主要由交换性钙（镁）和水溶性钙（镁）组成，由于水溶性钙（镁）在土壤中的含量极少，因此，土壤中交换性钙（镁）的含量体现土壤钙（镁）的有效性。对土壤交换性钙（镁）的测定方法在酸性土壤、中性土壤和碱性土壤中是不一样的。目前，对土壤交换性钙（镁）的测定主要集中在中性和酸性土壤。碱性土壤属于盐基饱和土壤，交换性钙（镁）含量很高，其含量的变化一般不影响植物的正常生长，因此很少测定碱性土壤中的交换性钙（镁）。在中性和酸性土壤中，主要采用离心法和振荡法。

土壤有效钙和有效镁是评价土壤供钙和供镁的重要指标，火烧对两者的含量一般具有相似的显著影响。钙和镁的最高挥发温度非常高，分别达 1 484℃ 和 1 107℃，而火烧一般都达不到如此温度。火烧后，有效钙和有效镁含量上升，火烧强度、植被覆盖和恢复时间，都会对其含量的增长产生不同的影响。例如，西班牙东北部的研究表明，计划火烧

后，可提取钙和可提取镁的变化相似，其含量都在火烧后上升，而且这种上升的趋势会持续到火烧后 1 年。在一定火烧程度下，火烧强度越高，有效钙和有效镁上升的程度越高。研究表明，土壤有效钙含量随着火烧强度增加而上升，中强度火下的有效钙含量比低强度火烧下大约高 1 000 mg/kg，而中强度与高强度火烧间的含量没有差异；土壤有效镁含量也随火烧强度增加而上升，其含量由对照组的 25.67 mg/kg 上升到低强度火烧下的 31.67 mg/kg 和中强度火烧下的 47.67 mg/kg，但高强度下的含量与中强度火烧含量相比略微下降。这是因为在一定程度的火烧下，有机质的矿化作用和灰分的增加能促进有效钙和有效镁的释放，而火烧强度超过一定程度，则会抑制有效钙和有效镁的释放。

在不同植被覆盖下，火烧对有效钙和有效镁的影响也是有差异的。乔木覆盖土壤的有效钙和有效镁含量较高。研究表明，乔木覆盖下的土壤有效钙和有效镁含量在火烧后上升，而灌木覆盖土壤的含量无明显变化。非洲纳米比亚沃特伯格高原公园的一项研究也表明，林冠下土壤的有效钙和有效镁含量均高于冠间的含量。这是因为有植被覆盖的地方，淋溶和侵蚀作用相对较弱，土壤环境也利于微生物生长，有机质的矿化作用也增强，并且根系也能在深层土壤富集营养元素。

火烧后增长的有效钙和有效镁都会存在一定时间的恢复期，迫使两者含量下降至火烧前的水平。研究表明，土壤钙离子和镁离子含量在火烧后立即显著上升，但是在 1 年后，钙离子和镁离子含量又恢复到火前水平。研究也表明，火烧后不久，钙离子和镁离子含量都会显著上升，但是在火烧后的 2 个月、5 个月、7 个月和 9 个月钙离子和镁离子含量都呈下降趋势，并且很快就下降到与对照组无显著差异的水平。但在不同的土壤和气候环境下，钙、镁元素含量在短时间内不会恢复。钙离子和镁离子都容易被淋失和植物吸收利用，因此其含量在火烧后短时间上升后就会恢复至火烧前的水平。研究发现，火烧后 9 年，在没有任何火干扰的情况下，土壤钙离子和镁离子含量上升，这是因为生态系统中植被的恢复为土壤重新带来了有机质，土壤离子饱和度上升促进了有机质的矿化。此外，还有研究发现，土壤溶液中的钙离子和镁离子会与锰离子、铝离子等产生拮抗作用。因此，火烧引起锰离子、铝离子含量的上升，抑制了钙离子和镁离子的释放。

复习思考题

1. 简要说明影响土壤团聚体变化的因素。
2. 火烧强度是如何影响土壤斥水性的？
3. 阐述不同严重程度的火烧对土壤微生物生物量的影响。
4. 阐述土壤 pH 值的上升与火烧次数之间的关系。
5. 林火对土壤养分的影响。

第 7 章

林火与水体环境

【本章导读】水作为一种重要的自然资源，在人类生存、经济社会和生态环境中发挥着不可替代的作用。本章聚焦林火对水文过程与水体生态的连锁效应，分析火后截留、入渗、蒸散等水循环关键环节的变化，评估径流模式、峰值流量及水体理化性质的扰动。同时探讨火对鱼类、无脊椎动物及湿地生态系统的间接影响，揭示火-水耦合作用下的生态风险。

7.1 水资源特征及对火的响应

水文循环是指水从陆地和水体循环到大气然后再返回的过程和途径。虽然水文循环本质上是复杂的，但它可以简化为一个蓄水组件与蓄水点内与蓄水点之间的固体、液体或气体流动的系统。燃烧对流域的降水输入(雨、雪等)影响很小，但对截留、入渗、蒸散、土壤蓄水、积雪和融化模式、地表径流、基流和地下水的影响却很大。以下详细介绍水文循环过程、特征及其对火的响应。

7.1.1 截留

截留是一种由于植物冠层、凋落物和其他分解有机物质在土壤表面的堆积阻止了降水从大气下降到土壤表面的水文过程。植被对降水的截留影响渗透、侵蚀、土壤水分分布、地下径流、洪水等水文过程，是流域水量平衡的重要过程。林冠层是森林的最顶层，是首先与降水直接接触的部分，在对降水的分配过程中具有先导作用。降雨通过林冠层后分为穿透雨、树干茎流和冠层截留 3 部分，降雨强度及分布状况均发生改变，最终体现在对降雨的"能"和"量"的调节上，从而对森林生态水文过程产生重要的影响。不同类型植物冠层截留的降雨量存在很大差异。我国主要森林的林冠截留率为 14.7%~31.8%，有些地区林冠截留率也会超过 50%，欧洲赤松的林冠截留率一般为 13%~37%，而樟子松的林冠截留率一般为 5.60%~36.51%。干旱和半干旱地区，林地、灌木林地和草地的截水损失通常不到年降水量的 10%。此外，不同区域的森林植被，其林冠截留率也存在较大差异。

　　火灾破坏植物冠层或减少凋落物的明显水文后果是其对截留损失的影响。严重的野火会完全烧毁大多数植被冠层和枯枝落叶，因此，火灾发生后的降水截留相对较少。对于轻度火灾，由于仅消耗少量植被覆盖物或枯枝落叶，其对拦截过程的影响就不那么明显。在植被被火灾破坏的情况下，保持火灾前的凋落物和其他分解有机物质水平对于保护土壤表面很重要。当两个保护层(植被和枯枝落叶)被火严重烧毁时，通常会加重侵蚀过程造成的土壤流失。

7.1.2　入渗

　　水进入土壤的过程称为入渗，水进入土壤的最大速率称为渗透能力。渗入土壤的水要么通过壤中流缓慢向下和横向移动到河道，要么向下更远地移动到地下水含水层。当供应到一个地点的水超过渗透能力时，多余的水会通过地表径流流入河道。渗入土壤并移动到河道或通过土壤渗透到地下水含水层的净降水的相对比例在很大程度上决定了流域内产生的径流数量和时间。渗透计测量表明，与其他类型的土壤相比，未受干扰的森林土壤具有更高的渗透能力。正是这种高渗透率使人们普遍认为森林对水流状况具有调节作用。

　　当火烧毁流域的植被和枯枝落叶地被物时，土壤的渗透特性通常发生改变。当燃烧严重到足以暴露土壤时，减少渗透的原因包括：由于去除了作为黏合材料的有机物质，土壤结构坍塌，随后土壤容重增加；随之而来的是土壤孔隙度减小；雨滴对土壤表面的影响导致土壤板结和进一步减小土壤孔隙度；雨滴冲击导致表层土壤孔隙密封；灰烬和木炭残留物堵塞土壤孔隙。

7.1.3　蒸散

　　土壤、植物表面和水体的蒸发以及植物蒸腾的水分流失统称蒸散。部分蒸散成分是指植被冠层截留的降水从植物叶子蒸发的部分。蒸发量通常是水分平衡中降水的主体，在一些森林流域接近100%。蒸散过程在很大程度上控制着流域对降雨和融雪事件的水文响应。植被的组成、密度和结构会随着时间的推移影响蒸腾损失。

　　世界各地的流域管理研究表明，随着植被变化，蒸散减少，水流量将会增加。美国加利福尼亚的火灾对水平衡影响的评估表明，中度至强度野火会在5年或更长时间内增强水流排放量。也就是说，在植物发生变化之后，通过蒸散过程转化为水蒸气的降水减少，因此，更多的水可用于河流流动。因此，植被改变或者由火导致的植被变化(包括改变林下和地面凋落物、减少林分密度和叶面积)将会改变蒸发量。1985—2017年，加利福尼亚内华达山脉的蒸散发量在火灾后的第一年平均减少了265 mm(占火灾前蒸散发量的36%)，火灾后的前15年平均减少了169 mm。火灾对蒸散的影响变异性很大，这主要取决于干扰前的植被组成和条件、气候、地形、干扰严重程度和恢复率等因素。

7.1.4　土壤蓄水

　　土体抵抗重力所保留的最大水量称为土壤的田间持水量。当将水加到已经达到田间持水量的土壤中时，多余的水要么从陆上流到河道里，要么从土壤中排出。在降雨期间和植物生长季节开始时，土壤通常会达到或接近田间持水量。然而，储存在土壤中的水大部分会在降水稀少时被植物消耗，而且随着生长季节的进行，蒸发过程也会消耗其中一部分。当高降水量再次出现时，生长季末发生的土壤水分亏缺才会得到补充。

火灾对土壤蓄水的影响主要表现在因燃烧造成的植被损失会降低蒸散损失。相反，在生长季节结束时，较低的蒸散损失使在土壤中留下的水比没有燃烧植被时存在的水多。由于土壤储水量增加，水的地表流动以及最终的水流状况对随后的降水事件变得更加敏感。如果植被覆盖也恢复到燃烧前流域特征的条件，那么在生长季节结束时被烧毁地点的土壤水分亏缺通常会及时恢复到火灾前的水平。野火引发的一系列复杂的水文过程将改变烧毁流域的土壤水分动态。例如，燃烧会对融雪输入地下水储存的数量和时间产生反作用：变黑的树木提供长波辐射源，而树冠损失会减少遮阴，加速融雪和升华速率，但与茂密森林相比，树冠损失也会减少截留，并能减少长波辐射，增加降雪堆积，延缓融雪。同样，虽然成熟树木的损失会减少蒸腾作用，但遮阴的损失会增加土壤蒸发，而林下植被或幼龄生命阶段的再生会增加需水量，降低土壤湿度水平。

7.1.5　积雪和融化模式

降雪是许多地区降水输入的重要形式。在高纬度和高海拔地区，积雪融化通常是下游的主要水源。整个冬季，总积雪量在很大程度上是总降雪量的函数。然而，由于较高海拔的温度通常较低，高海拔处的积雪量往往高于低海拔处的积雪量。与"温暖"地点相比，"较冷"地点的积雪更多，并在冬季积聚的时间更长，因为前者的太阳辐射水平较低。与茂密的森林相比，稀疏的森林中积雪也更多。一旦在春季开始融雪，森林开口处的融化速率就会比茂密植被冠层下的融化速率更快，因为照射到开阔地的太阳辐射水平更高。火烧森林中的雪融化会加速，主要归因于树冠的光传输增加以及吸收光的杂质沉积导致的积雪反照率降低。2002—2016 年，通过对 7 个火烧森林收集的积雪进行测量表明，炭黑和燃烧的木质碎片在火灾后的 15 个冬季使积雪变暗并降低了积雪反照率。据估计，在过去 20 年中，积雪吸收的太阳能在烧焦的森林下方增加了 372%～443%，2018 年火后辐射增强导致美国西部季节性雪区超过 11%的森林中积雪提前融化。

7.1.6　地表径流

从土壤表面流出的那部分净降水称为地表径流，也称陆上流，是许多河流系统的主要贡献者，也是大多数间歇性河流的主要水分来源。当降雨强度或融雪速率超过土壤的渗透能力时，就会发生这种水文过程。地表径流对流域水流的相对贡献是可变的，主要取决于土壤表面的不透水程度。地表径流通常发生在不透水、局部饱和、净降水量或融雪速度超过渗透能力的地点。植被和土壤对截留、蒸散、入渗率和土壤含水量的影响最终会影响地表径流的大小。当火灾降低林冠截和入渗速率时，通常导致地表流量增加。一场高强度的野火可以烧毁大片流域的全部或几乎所有保护性植被和枯枝落叶层，对地表径流的大小产生显著影响。Venkatesh et al. (2020)利用 SWAT 模型的模拟研究表明，火烧面积的增加会减少渗透而增加径流，2005—2017 年，因火烧导致径流量增加了约 30.83%。2005 年由于燃烧面积的百分比较小，未发生火灾与火灾后的水文参数没有显著差异。火灾后，植被覆盖、截留量和蒸散量减少，这与火灾引起的土壤疏水性一起，总体上增加了径流，具体而言，增加了洪水强度。这表明火灾通过改变植被对地表径流量产生显著影响，说明了植被对于维持流域适当水平衡的重要性。

7.1.7 基流和地下水

基流是指河道内常年出现并基本稳定的那部分水流。当流域条件得到维持并且流域内的植被因火灾等原因减少时，基流可能增加。然而，当流域条件因干扰而恶化时，基流可能减少，更多的过量降水将以地表径流的形式离开流域。在极端情况下，由基流维持的多年河流持续时间变得短暂。Crouse(1961)报道了美国加利福尼亚州南部圣迪马斯实验林因被烧毁而使流域的基流增加。Berndt(1971)观察到，华盛顿东部 564 hm² 的流域发生野火后，基流立即增加。虽然所涉及的水文机制尚不清楚，但火灾对河岸植被的清除也消除了流量的昼夜波动。火灾发生后的 3 年时间内，增加的基流持续高于火灾前的水平。

7.2 火对流域河川径流的影响

森林流域是世界上最重要的供水来源之一，保持良好的水文条件对于保护这些重要土地上的水流数量和质量具有至关重要作用。不同类型的森林干扰对风暴高峰洪水流量的影响是高度可变和复杂的。火是最有可能改变流域状况的森林干扰。火对世界上许多森林生态系统中流域的水文条件都产生了巨大影响。这些森林地区的火灾是一种重要的自然干扰机制，其作用因气候、火灾频率和地貌条件而异。流域的地表覆盖物由有机森林地面、植被、裸土和岩石组成。火对有机地表覆盖层的破坏和矿质土壤的改变会导致流域水文的变化远远超出历史变化的范围。低强度火灾很少对流域状况产生不利影响，而高强度火灾则通常相反。大多数火灾是不同强度火的混合，但在世界部分地区，自 1990 年以来，高强度正在成为火灾的主要特征。要对一个火后的流域实施有效管理，需要了解火灾引起的流域条件和水文响应的变化，其中洪水是最大的水文响应。

7.2.1 河川径流

随着树木开始主宰生态系统，如火季草原稀树草原，由于树木具有更大的截留损失和蒸腾能力，它们将改变水的平衡。森林采伐通常导致年径流增加，年蒸散发减少，而且随着采伐面积的增加而增加。研究表明，同一降水区间下年径流量与采伐面积呈正相关，年蒸散发与之呈负相关。其中，林地转旱地年径流响应程度比林地转草地和灌木地更高，林地转旱地比例达 15% 时可引起年径流量的显著变化。土壤和地质条件将决定产水量的最终形式。降水量和降水时间以及潜在蒸散量的季节性模式决定了是否有多余的水形成径流。例如，在干旱地区，所有降水都将因蒸散作用而流失，因此基本上没有水分会以足够快的速度渗透到根系之外，或从土壤表面蒸发以补充泉水或含水层。

7.2.2 径流效率

年产水总量通常随着流域降水输入的增加而增加。因此，源自森林流域的径流一般大于源自草原流域的径流，源自草原的径流大于源自沙漠流域的径流。此外，当成熟的森林采伐、被昆虫袭击或烧毁时，年径流总量经常增加。观察到的这些扰动后的流量增加通常随着流域降水输入的减少而减少。Campbell et al.（1977）观察到，在西南黄松森林发生野火后，一个面积为 8.1 hm² 的严重烧毁的小流域中，年平均暴雨径流量增加了 3.5 倍。与未燃烧（对照）流域相比，来自面积较小（4 hm²）中度燃烧流域的年平均暴雨径流量增加了 2.3 倍。平均径流效率（即径流量与降水量的百分比）从未燃烧流域的 0.8% 分别增加到严重燃烧流域和中度燃烧流域的 3.6% 和 2.8%。与中度燃烧流域相比，当降水输入为降雨时，严重燃烧流域的平均径流效率高出 357%，而在融雪期间则低 51%。研究人员推测，在降雨事件期间观察到的差异主要是归因于林分密度较低、凋落物覆盖大量减少以及疏水性土壤的广泛存在，导致严重烧毁流域出现更少的蒸散损失和更大的暴雨径流量。

7.2.3　洪峰流量

洪峰流量是河流系统中河道形成、沉积物输送和沉积物再分布的重要事件。这些事件通常导致河流系统的水文功能发生重大变化，有时还会导致文化资源的毁灭性损失。洪峰流量是结构设计（如桥梁、道路、水坝、堤坝、商业和住宅建筑等）的重要考虑因素。火灾有可能使洪峰流量增加，远远超出在完全植被条件下的流域中观察到的正常变异范围。因此，了解对火灾的洪峰流量响应是了解火灾对水资源影响的最重要方面之一。森林干扰对风暴洪峰流量的影响是高度可变且复杂的。火灾后洪峰流量增加的幅度比径流排放量变化更大，并且通常远远超出森林采伐产生的响应范围。由强度野火导致的洪峰流量增加通常与各种过程有关，包括强烈和短时间降雨事件、被烧毁流域的坡度以及燃烧后土壤防水性的形成。火灾后会出现具有洪水特征的较高洪峰流量情况。野火降低了植被的截留和蒸腾作用及地被物的蓄水作用，使更多的水渗入土壤。火烧后地表径流增加，火迹地上的积雪融化较早，将增加河流年径流量，并导致洪峰期提前。任何使森林密度、结构或组成发生明显改变的自然（非计划的）干扰，都可引起水量平衡的明显变化。严重的野火引起的集水区总出水量的增加大约相当于皆伐导致的出水量。如果凋落物和有机层被严重火烧，它对洪峰流量的影响会更加明显。

7.3　火对水体理化特性的影响

7.3.1　火对水体物理特性的影响

水文学家和流域管理者更关注火灾后水体变化的物理特性是悬浮沉积物浓度、浊度以及水温升高（热污染）。由泥沙和土壤胶体组成的悬浮沉积物从水质方面对工农业用水和水生生物及其环境产生重要影响。升高的水温也会影响水体特性进而影响水生生物及其环境。

7.3.1.1　悬浮沉积物

火灾后植被遭到破坏而引起的地表径流、土壤侵蚀、土壤滑坡、干蚀及河道漂移等，会产生大量悬浮沉积物（图 7-1）。悬浮沉积物流入河道和水库后会影响水体颜色和浊度，

**图 7-1　2002 年被严重烧毁的亚利桑那州
Stermer Ridge 流域产生大量悬浮沉积物**
（Daniel Neary 摄）

也可能输送各种颗粒污染物。从饮用水质量和处理的角度来看，悬浮沉积物浓度的升高可能会阻碍对细菌和病毒的检测，吸附营养物质水平的升高促进细菌生长，并限制有效的消毒。

许多水质成分，特别是微量元素和磷，往往以低沉降速率与细颗粒结合，因此需要重点关注细沉积物。细沉积物通过河流系统的运输可能主要由复合悬浮沉积物颗粒（絮凝体或聚集体）所主导，而不是初级颗粒。这些复合颗粒的结构包含了微生物群落、有机和无机颗粒以及化学成分，这可能对水质产生不利影响。研究表明，土壤团聚体的沉降速率明显高于相同直径的未燃烧颗粒，这是由有机含量和孔隙空间减少导致燃烧团聚体密度增加所致。此外，黏土颗粒聚集成较粗的复合颗粒是由于受土壤加热的影响，因此，相对于尺寸相似的初级颗粒，复合颗粒上结合的污染物浓度可能增大。

火灾后悬浮泥沙产量反映了各种因素，包括降水模式、集水区燃烧程度和严重程度、侵蚀过程、沉积物来源（与主要支流的位置和连通性）和尺度效应（如随着集水区规模的增加，沉积物储存的机会增加）。随着植被覆盖层的恢复，火灾后 1 年的悬浮沉积物产量普遍下降，火灾对土壤和山坡水文特征的影响（如土壤防水性和山坡表面粗糙度的变化）下降到火灾前的水平。随后每年悬浮沉积物产量的增加可能重新影响大型降水事件，影响部分恢复的集水区和支流中的风暴流，使以前火灾后流动事件中的沉积物重新沉积。

7.3.1.2　水温与 pH 值

水温是许多溪流和水生栖息地的关键水体物理特性。温度影响水中某些对温度敏感的动植物的生存。通过燃烧清除河岸植被会导致水温升高，从而导致发生热污染。某个时间点水的 pH 值是水体化学平衡的指标。它的水平影响水中某些化学物质的存在。火灾后立即沉积的灰烬会影响水的 pH 值。在火灾后 1 年，会引起土壤 pH 值升高，通常也会导致水流 pH 值升高。

7.3.2　火对水体化学特性的影响

7.3.2.1　溶解的化学成分

流域流出水溶解的化学成分（营养物质）主要来源于地质风化、光合产物分解成无机物质和大风暴事件。植物群落在将土壤、水和大气连接成生物连续体的生物学作用中积累和循环大量养分元素。营养物质以基本有序且通常可预测的方式进行循环，直到外力干扰改变其分布形式，其中火便是一种干扰。

火灾对流域生态系统养分状况的影响主要表现为植物养分从生物内到生物外状态的快

速矿化和分散。部分植物和枯枝落叶中含有的氮、磷、钾、钙、镁、铜、铁、锰、锌挥发，并通过此过程从系统中排出。钙、镁和钾等金属养分转化为氧化物并以灰层的形式沉积在土壤表面。氧化物的溶解度很低，直到它们与大气中的二氧化碳和水发生反应，并由此转化为碳酸氢盐。在这种形式下，与氧化物相比，它们更易溶解，并且更容易因浸出或地表流动而流失，或者它们被结合到植物组织或枯枝落叶中。与火灾前的情况相比，由于植被覆盖较少，因而凋落物和其他有机物质的积累较少，增加了流域因侵蚀而流失养分的敏感性。随着植被覆盖的减少，土壤—植物循环机制减少了养分吸收，进一步增加了浸出造成的潜在养分损失。

7.3.2.2 氮、磷、硫

硝态氮、铵态氮和有机态氮是火灾干扰指标中最常见的氮素形式。水文学家和流域管理者对火灾后水质响应的注意力主要都集中在硝态氮，因为它具有高度的流动性。燃烧后溪流中硝态氮增加的潜力主要归因于矿化作用和硝化作用加速以及植物需求减少。这种增加归因于有机氮转化为可用形式、矿化作用或微生物生物量通过灰分养分的施肥作用和改善的小气候。然而，这些火灾后的影响是短暂的，通常只持续 1 年左右。

磷在土壤溶液和水流中以多种形式存在，包括反应性正磷酸盐（无机磷酸盐）、溶解的复合有机磷酸盐、颗粒状有机磷酸盐以及其他无机形式。与硝态氮不同，总磷不易发生浸出，这主要归因于其与土壤中有机化合物的复合作用。研究表明，土壤渗滤液中磷的移动性受到土壤有机化合物的显著影响。此外，燃烧过程会导致土壤中总磷含量的增加，这表明燃烧后磷的移动性显著加快。这种现象可能与燃烧改变土壤化学性质、释放结合态磷有关，从而影响磷在土壤中的迁移和分布。

硫酸盐在土壤—水系统中交互流动。在大多数荒地流域的溪流中观察到的硫酸盐水平本来就很低，离子燃烧前的硫酸盐浓度范围为 $1.17 \sim 66$ mg/L，而燃烧后的范围为 $1.7 \sim 76$ mg/L。Landsberg et al. (2000)研究表明，所有硫酸盐浓度均低于饮用水二级水质标准 250 mg/L。

7.3.2.3 碳酸氢盐、总溶解固体及重金属

由于燃烧，土壤溶液和水流中的 HCO_3^- 通常会增加。HCO_3^- 代表土壤溶液中的主要阴离子、根呼吸的最终产物和火灾后氧化物转化的产物。碳酸氢盐和阳离子浓度的伴随波动表明，碳酸氢盐是土壤溶液中阳离子的主要载体。

Landsberg et al. (2000)在对源自自然生态系统的饮用水质量的科学文献进行综合分析时发现，只有 2 项研究报告了总溶解固体(TDS)的浓度，尽管其他研究中的研究人员测量了一些总溶解固体的成分，但不是总溶解固体本身。Hoffman et al. (1976)检测到来自美国加利福尼亚州国王峡谷国家公园未燃烧区域的水流中的总溶解固体浓度为 11 mg/L 和来自相邻燃烧区域的水流中的总溶解固体浓度为 13 mg/L。

在美国的一些森林地区，重金属日益受到关注，特别令人担忧的是，由于增加的计划火烧和大型野火，重金属会释放到空气中并最终释放到溪流中。关于水质与火灾使用和管理方面的信息相对稀少。经常被忽视的流域养分和重金属流失的一个潜在重要来源是沉积物颗粒传输。

7.4　火对水生生物的影响

通过物质能量的转化和转移，源头溪流与邻近的河岸森林紧密相连。与高级溪流和河流相比，被森林覆盖的源头溪流由于河道宽度小、树冠封闭，形成了初级生产力低、高度依赖外来能量补充的栖息地。河岸森林以落叶和陆生无脊椎动物的形式为河流生态系统提供关键的能量补充，驱动着溪流的新陈代谢和食物网结构，是水生大型无脊椎动物和小型森林溪流中微生物群落的主要能源。因此，源头溪流生态系统对邻近河岸森林的干扰(如野火和砍伐)十分敏感。一般来说，森林火灾对水生系统的影响取决于火灾的严重程度、频率和位置，从对水化学和水流温度的短期影响到对水生无脊椎动物群落多样性和鱼类群落生物量的长期影响。

7.4.1　火对鱼类的影响

20世纪90年代之前，关于野火对鱼类及其栖息地的影响主要集中在讨论火对鱼类的潜在间接影响，而未涉及火对鱼的直接影响。美国西南部一些历史上严重发生的野火让学者们陆续开展野火对水生生态系统直接影响和间接影响的研究，其中就包括了关于火对鱼类影响的研究。

7.4.1.1　火对鱼类的直接影响

火虽然会导致鱼类立即死亡，但很少有研究记录到野火后的鱼类直接死亡情况。河岸地区高强度火灾和残留物堆积是导致鱼类直接死亡的常见诱因。Moring et al. (1975)发现，美国俄勒冈州 Alsea 盆地进行高强度计划火烧后，鱼类的死亡仅出现在残留物堆积严重的溪流源头；而 Rinne(1996)发现，3条河流的鱼类密度并没有因为在它们的分水岭处燃烧的一场大火而显著下降；美国新墨西哥州西南部发生分水岭火灾后，濒临灭绝的吉拉鳟鱼并没有立即死亡。火灾后鱼类立即死亡的关键因素是河岸区域的面积、河岸可燃物载量、火灾严重程度和溪流大小。具有高可燃物载量和严重火灾的小溪流最有可能因火灾而导致水生生物立即死亡。阻燃剂也可能是鱼类死亡的原因之一。据报道，使用阻燃剂后附近河流会出现死鱼，阻燃剂的使用量和河流的方向是决定鱼死亡率的关键因素。然而，相关文献资料很少，无法证实以上结论。

7.4.1.2　火对鱼类的间接影响

火对鱼类的间接影响是显著的。Rinne 和 Carter 记录了2002年美国新墨西哥州发生的一起野火，受火灾影响的河段有4个物种完全消失。干旱条件、溪流间歇性、灰烬和洪水流量协同导致了鱼类的死亡和数量减少。相比之下，2002年6~10月，新墨西哥州里奥梅迪奥火灾后的灰烬和洪水使褐鳟鲑鱼种群数量减少了70%。类似地，在轻度山火灾之后，希拉河的6种本地鲤科鱼类减少了70%。这两条河流都有夏季的冲刷底流，这明显地降低了火山灰和洪水对鱼类生存环境的直接影响，使部分鱼类能够在受火灾影响的河流中存活。2003年，亚利桑那州的一场火灾影响了3条溪流中的6种鱼类(包括3种本地物种)，显著地改变了 Tonto 国家森林的溪流栖息地。Bozek et al. (1994)注意到，在美国怀俄明州一个被烧毁的流域发生强降水和洪水后 2 年，4 种鲑鱼出现死亡，死亡归因于悬浮颗粒物负荷的增加。

7.4.2　火对无脊椎动物的影响

野火导致河岸植被群落的改变对河流的影响包括水源溪流和河岸森林中大型无脊椎动物群落的功能（如有机质分解过程）和结构（如丰富度和群落组成）的变化。这些影响的持续时间取决于野火的位置、频率和严重程度。

与鱼类类似，火对大型无脊椎动物的直接影响尚未观察到。Albin（1979）报告火灾期间和之后水生大型无脊椎动物的丰度并没有变化，也没有观察到大型无脊椎动物的死亡。

一般来说，水生大型无脊椎动物对火灾的反应是间接的，并且反应差异很大。Stefan（1977）研究表明，火灾对水生大型无脊椎动物的影响很小或无法检测。La Point et al.（1996）也报告称，在被燃烧和未燃烧地点包围的溪流中，水生大型无脊椎动物的分布没有差异，但发现火灾后水生大型无脊椎动物功能性的摄食群体发生了改变，可能归因于受火灾影响与未受影响的河流之间底物稳定性的差异。相比之下，Richards et al.（1992）报告说，在火灾后的 5 年内，受火灾影响河流中大型无脊椎动物的多样性比未受影响的河流表现更大的年多样性变化，这种变化随着时间的推移而下降，同时，在被烧毁区域内的溪流中保持了更大的物种丰富度。1988 年美国黄石公园特大森林火灾为研究火对水生生态系统的影响提供了机会，并提供了关于水生大型无脊椎动物对火的反应的大部分可用信息。在火灾后 1 年，大型无脊椎动物的丰度、物种丰富度和多样性都有略微的下降；火灾后 2 年，这些指数有所增加，但在小溪流中的增幅较小。未燃烧的粗颗粒物质形式的食物供应被认为是大型无脊椎动物多样性增加最重要的因素。

7.5　火对湿地和河岸生态系统的影响

湿地和河岸生态系统包含因经常性淹水而发展起来的生物群落。湿地和河岸生态系统在改善水质、削弱洪水高峰、减少侵蚀和沉积物运输方面发挥着重要作用。与此同时，这些生态系统往往比较脆弱且容易受到干扰，野火和计划火烧都会影响湿地和河岸生态系统中的土壤、水、枯枝落叶和植被。尽管"湿地"和"河岸"这两个术语有时可以互换使用，但要在生态和对火灾的个体响应方面区分这两个系统。一方面，虽然水的存在是两个生态系统的共同基本特征，但湿地的典型代表是大量的地表有机物质积累，这些物质在一年中长期处于淹水状态，产生持久的厌氧土壤条件；另一方面，河岸地区的植物群落通常出现在河流系统中，因为那里的水分很容易获得，但土壤仅在短时间内处于饱和状态。这些形态和水环境的差异强烈影响两种生态系统中的火灾类型。当湿地的地下水位低时，地表火和树冠火经常在腐殖质、泥炭和淤泥层中点燃阴燃的地下火，导致深度燃烧；相反，当地下水位高时，无论火线强度如何，火都表现较低的燃烧深度。在河岸地区，火势通常会以低强度从山坡上倒退，造成不规则的混合严重程度的烧伤。然而，由于燃料的高连续性和地形的烟囱效应，河岸地区会周期性地经历高强度树冠火。因此，在湿地和河岸系统多种大火混合出现的情况是很常见的。

7.5.1　火对湿地生态系统的影响

　　湿地是重要的自然生态系统之一，其在保护生物多样性，改善水质和调节气候变化方面发挥着重要的作用。虽然湿地与火之间的联系似乎很脆弱，但火在湿地物种和生态系统的形成和发展中起着不可或缺的作用。火灾的古生态证据来自多种来源，包括花粉分析和木炭分布，湿地土壤中花粉和木炭的分布反映了火灾历史和火灾发生时的环境条件。例如，美国佐治亚州奥克芬诺基沼泽的泥炭核心显示明显的木炭带，表明了火灾历史。美国威斯康星州西北部沙质外冲平原湖泊岩心的花粉和木炭显示了过去 2 500 年每隔 50～100 年的植被变化和 10 年时间尺度的森林火灾历史。

　　湿地水文过程是湿地生态系统演变的关键驱动力。它直接改变湿地土壤环境，深刻影响湿地的生物地球化学循环，并在很大程度上决定了湿地生态系统的演变方向。湿地水文系统的核心特征是年度水资源的收支平衡，包括水资源的储存、降水、蒸散、截留以及地表和地下水的流动。水的季节性变化和流动性也对湿地生态系统具有重要影响，尤其是淹水周期和水动力学特征。淹水周期是指土壤饱和或被洪水淹没的时间，这种周期性变化是由湿地流入和流出之间的动态平衡以及地下水位的季节性波动共同决定的。水动力学特征则反映了湿地中水流的速度、方向和强度，这些因素共同塑造了湿地的水文环境。水动力学的变化对湿地生态过程具有显著影响。例如，水动力的减弱可能导致湿地植物生产力和多样性的下降，影响水生微型无脊椎动物的定殖，干扰水鸟的繁殖活动，并改变养分的转化和循环效率。此外，淹水周期和水动力学的长期变化还会对湿地的生产力、分解速率、燃料积累以及有机土壤的沉降产生深远影响。这些湿地特征的变化进一步导致湿地火行为和地面火灾潜力的改变。例如，水动力的减弱可能使湿地土壤更加干燥，增加燃料积累，从而提高火灾发生的可能性和强度。因此，湿地水文过程不仅影响湿地的生态功能，还可能通过改变火灾行为对湿地生态系统的稳定性和可持续性产生深远影响。

　　尽管研究已经确定了湿地生态系统中水文、火和土壤之间的相互关系，但火和水文的共同影响尚不清楚。水文特征会影响火灾的严重程度，而火灾的严重程度反过来又会影响火烧后水文和未来火灾的严重程度。火灾严重程度和火灾后水文决定了营养贫乏、间歇性湿地的养分释放量和火灾后植物演替的程度。这两个因素也会影响许多生态变量，包括土壤湿度、土壤通气和土壤温度状况。与高地下水位条件相关的地表火灾减少了灌木和草的覆盖。通过对俄罗斯远东地区阿穆尔河沿岸洪泛平原湿地火灾的短期影响数据分析发现，火灾发生后，焚烧地块的凋落物量直接减少了 50% 以上，火灾发生 15 个月后，这种影响不再明显。此外，通过火灾清除凋落物显著增加了植物物种的多样性和土壤温度。实验表明，火灾后有机土壤化学的变化可能导致养分可用性增加。由于焖烧野火的高严重程度，有机物的矿化和各种养分的释放对土壤的理化性质有重要和持久的影响。

　　湿地中的可燃物积累是生产力和分解率的函数。生产力是淹水周期和流体动力学的函数，调节水、养分和氧气的流入和流出。潮汐沼泽和冲积森林湿地中常见的季节性或临时性洪水提供外部水和养分输入，导致高生产力和高分解率。相比之下，沼泽和其他养分有限的湿地中常见的长期、稳定的水文周期以及对水和养分的降水依赖导致较低的生产力和较慢的分解速率。在具有长期稳定水周期的营养有限湿地，由于相对缺乏营养的枯枝落叶和细小可燃物的分解速率较慢，因此积累了更多的可燃物。这种较慢的分解速率导致在营养有限的地点发生更频繁的火灾。

7.5.2　火对河岸生态系统的影响

河岸带包括河流和溪流沿岸的绿色植物群落，代表水生生态系统和相邻陆地生态系统之间的界面，由独特的植物和动物群落组成，需要定期存在自由或未结合的水。河岸带在多样性方面具有很高的价值，是因为它们与相邻的高地和水生生态系统具有共同的特征。生物的种类在空间和时间上都存在很大差异，从而极大地促进了景观和水生生态系统中数量、种类和模式的整体多样性以及与这些模式相关的众多生态过程。

河岸生态系统由水、植被、土壤及各类生物有机体共同塑造，其中水及其水文过程是核心驱动力。水文过程不仅将河流与河岸植被紧密相连，还将其与整个流域融为一体，形成一个有机整体。河岸与分水岭的关系受地质构造、地貌特征、地形条件以及气候因素的综合影响，这些因素共同决定了河岸与分水岭相互作用的强度和方向，进而塑造了河岸生态系统的独特格局和功能。

火灾是河岸生态系统和周围山坡的常见干扰，在许多河岸流域系统中都会发生野火和计划火烧。火灾可以直接和间接影响河岸地区。直接影响主要包括破坏拦截降水的植被（树木、灌木和草本）以及对下伏枯枝落叶层的部分消耗。河岸植被受损的严重程度取决于火灾的严重程度，火灾可能会消耗部分或全部植被。与低强度、低温燃烧的计划火烧相比，严重的野火会对植物覆盖造成严重破坏，并会增加水流速度、沉积速率和河流水温。当火灾烧毁周围的流域时，对河岸地区的间接影响是降低了盆地的稳定性，在陡峭的可侵蚀地形中，泥石流、干裂和小滑坡很常见。因此，火灾后植被的恢复反映了火灾和洪水的综合干扰，它们共同影响火灾后植被恢复所需的时间。

复习思考题

1. 火对水循环的哪些过程产生较大影响？
2. 举例说明不同类型植物冠层对降雨截留量的影响。
3. 火烧是如何影响土壤入渗的？
4. 火对水体理化性质有哪些影响？
5. 火灾后悬浮泥沙的产量受哪些因素影响？
6. 火对湿地和河岸生态系统循环与更新有哪些影响？

第 8 章

林火与大气环境

【**本章导读**】空气污染是全球最严重的环境健康风险之一，林火是造成空气污染重要污染源。本章主要介绍了林火污染物的组成，林火烟气颗粒物的理化性质，林火污染物对大气环境和人体健康的影响，林火对区域和全球碳平衡的影响，以及大气环境对林火的影响。

8.1 林火烟气的组成

林火产生的烟气成分主要是二氧化碳和水蒸气，这两种物质占所有的烟气的 90%~95%；另外还有一氧化碳、碳氢化合物、硫化物、氮氧化合物及微粒物质等，占 5%~10%。

8.1.1 林火气体污染物的组成

林火可在短时间内释放巨大的能量，产生烟气羽流，受气流浮力的驱动，排放大量有毒有害气体和气溶胶，其中含碳气体是林火最主要的排放物，分为无机类（CO、CO_2、NO_x、HCl、H_2S、NH_3、HCN、P_2O_5、HF、SO_2 和 O_3 等）和有机类（CH_4、CH_3Cl、$NMHCs$ 等）。这些气体可能会危害人类健康，威胁生态系统平衡，影响生物地球化学循环，增加温室气体排放，并可能对对流层产生重大影响。

二氧化碳对空气来说是不是污染物主要看其在空气中的含量。正常情况下，空气中的二氧化碳含量为 0.03%，对植物和人类来说都够不构成危害，而且二氧化碳是绿色植物光合作用的主要原料。但是，对于人类和某些动物来说，空气二氧化碳的含量过高会影响其健康。例如，当空气中的二氧化碳含量达 0.05% 时，人就会感觉呼吸不适；达 4% 时，人就会出现头晕、耳鸣、呕吐等症状；超过 10% 时，人就会因窒息而死亡。所有的林火都会不同程度地向大气排放气体污染物，主要以二氧化碳为主，将直接影响空气二氧化碳含量。

一氧化碳是森林火灾产生的空气污染物之一，直接危害人体及某些动植物的健康。一氧化碳是一种无色无味的气体，由木材或其他有机材料不完全燃烧产生。一氧化碳进入空气会迅速稀释，因此，一般公众很少担心一氧化碳的吸入风险，除非距离林火非常近（通常在距火线 4.8 km 以内且存在阴燃时），而靠近火线的消防员则需注意防范一氧化碳中毒。据测定，燃烧 1 t 可燃物可产生 13~73 kg 一氧化碳。而在可燃物含水量大或供氧不足时可产生 1 865 kg 一氧化碳。火烧时，火场附近的一氧化碳含量为 0.02%，而距火场 30 m 处，一氧化碳含量降到 0.001%。为防止一氧化碳含量过高、火持续时间过长导致的窒息或死亡，扑火指挥人员应每隔 4 h 将扑火人员转移到一氧化碳含量较低的地方，或从火场下风侧转移至上风侧。

硫化物是空气污染的主要成分之一。硫化物主要指二氧化硫、三氧化硫、硫酸及硫化氢等有毒物质，其中二氧化硫是主要的硫化物。当空气中的二氧化硫含量为 1~10 μg/g 时，对人就具有刺激作用；当含量为 20 μg/g 时，人就会出现流泪、咳嗽等反应；当含量超过 100 μg/g 时，人的生命会受到严重威胁。空气中的硫化物还是产生酸雨的主要原因。酸雨在世界很多地区已成为公害，不仅导致森林大片死亡，而且对人类的生活及建筑物的危害也越来越严重。酸雨形成过程见式(8-1)：

$$SO_2+O_2 \rightarrow SO_3+H_2O \rightarrow H_2SO_4 \tag{8-1}$$

林火气体污染物可引起空气臭氧浓度升高。森林燃烧向空气中释放氮氧化物和碳氢化合物，这些物质经阳光照射在林火发生地及其顺风方向形成臭氧。通常状况下，空气的臭氧含量为 0.03 μg/g，主要分布在 20~25 km 高空的大气层，称为臭氧层。据测定，林火烟雾中臭氧的含量达 0.1 μg/g；针叶林采伐剩余物火烧烟雾中臭氧的含量高达 0.9 μg/g。臭氧还是光气(光化学烟雾)的主要成分之一。臭氧不是直接从林火中释放的，而是在烟气羽流顺风移动时形成的。臭氧一旦与城市氧化亚氮源混合，危害将进一步加强。值得注意的是，臭氧的形成和分解是一个复杂的光化学过程，研究显示，火灾顺风方向的臭氧并非增强的。

空气中的大量氮气无论对植物还是对人类均没有危害，但当空气中的氮转化成氮氧化物和氮氢化物(如二氧化氮、一氧化氮、氨气等)后，其危害作用就会显现。森林燃烧会释放氮氧化物，在紫外线作用下，氮氧化物会转化为其他氮氧化物和臭氧。氮氧化物和臭氧都是强氧化剂，会对细胞造成损害。二氧化氮具有强烈的刺激性，能引起哮喘、支气管炎、肺水肿等多种疾病。当空气二氧化氮含量达 0.05% 时，就会使人致死。二氧化氮一般在 1 540℃ 的高温条件才能够产生，多由闪电诱导产生。如果空气中有游离氢基存在，即使温度较低也可形成二氧化氮。

臭氧和氮沉降的增加显著影响了森林生态系统的碳、氮和水平衡，进而增强了森林对火灾的敏感性。臭氧和氮沉降促使叶片周转率提高，导致凋落物量增加，尤其在针叶混交林中，这种增加容易形成较厚的凋落物层，为火灾提供了更多的可燃物。同时，氮沉降改变了凋落物的化学性质，降低了其分解能力，使得凋落物在森林地表积累，进一步增加了火灾风险。此外，臭氧和氮沉降还降低了植物在叶片和根部的生物量比例，使得树木对干旱胁迫更加敏感，同时增加了树木患病的可能性。这些变化共同作用，使得森林在面对干旱和火灾时的适应能力下降，从而显著提高了森林对火灾的敏感性。

碳水化合物种类很多，绝大多数是无毒的。色谱分析表明，森林燃烧排放物中除了烃基物质，至少还有 100 多种有机气体，其化学组成有氧饱和化合物，如有机酸、醛、呋喃等高分子脂肪基、芳香基等碳氢化合物。针叶燃烧时能产生 60 多种碳氢化合物，碳原子的数目为 4~12，其中含碳原子较少的甲烷、乙烯等占所有碳氢化合物的 67%。对所有可燃物来说，火烧时碳氢化合物的挥发量只占烧掉可燃物干重的 0.5%~2%。许多芳香烃（多环芳香烃）是动物致癌物质。如苯并[a]芘（$C_{20}H_{12}$）就是一种具有强致癌作用的物质。

羟基自由基（·OH）是大气中的主要氧化剂，控制污染物和温室气体的降解，并促进光化学烟雾和臭氧的形成。亚硝酸（HNO_2）是对流层光化学反应的关键组成部分。

8.1.2　林火颗粒物的组成

林火产生的微粒物质由可燃物类型和燃烧条件决定，通常由 PM_{10} 和 $PM_{2.5}$、挥发性有机化合物（VOC，如醛、正构烷烃）、多环芳烃（PAHs）、气体（CO、SO_2、NO、NO_2）和金属元素组成。

森林可燃物均含有一定量的水分，使挥发出的水蒸气产生一定的蒸气压，在周围空气与可燃物燃烧时氧化混合不均匀的情况下，致使可燃物不能充分燃烧，从而产生了大量的烟雾。燃烧初期，水汽、二氧化碳、一氧化碳、碳氢化合物、焦油、树脂、灰尘等物质随烟雾升起。继续燃烧时，反应速率加快将促进烟气总量的增加，火场出现浓烟密布的现象。随着周围空气的补充，燃烧进一步加剧，气温攀升。此时若使用化学灭火剂和化学阻燃剂，促使迅速裂解，不但会增加有毒有害气体的种类和数量，甚至还会形成暂时性和区域性的化学烟雾。

森林燃烧产生的微粒物质主要是灰尘和飘尘，颗粒直径为 0.01~60 μm，大部分为 0.1~1.0 μm（表 8-1、表 8-2）。不同的性质的林火产生的微粒物质质量不同。据报道，美国森林火灾每年产生的烟气微粒物质量高达 350×10^4 t；而计划火烧产生的烟气微粒质量为 43×10^4 t。此外，不同种类的火烧产生的烟量不同，顺风火的烟量是逆风火烟量的 3 倍，无焰燃烧的烟量是有焰燃烧烟量的 11 倍。

微粒物质是森林燃烧的主要排放物。据测算，林火通常微粒的释放量很大，约 10 kg/hm^2。微粒物质对空气污染的影响主要取决于颗粒的直径，直径越小危害越大。林火产生的烟尘对林火扑救人员的生命威胁极大，往往烟尘将人呛倒而被火烧死。微粒可使大气能见度显著下降。

在林火产生的烟雾中也发现了甲烷等多种挥发性有机化合物的存在。目前确定的碳氢化合物有脂肪族，如烷烃、烯烃和炔烃。代表性化合物包括乙烷、庚烷、癸烷、丙烯、1-

表 8-1　颗粒类型及直径大小对照

形状	直径或长度（μm）	形状	直径或长度（μm）
单球状	直径为 0.5~0.6	在一起形成链条状	
多个球状颗粒聚集	长度为 4~80	球形颗粒	直径为 0.5~20

表 8-2　不同大小颗粒所占的比例

颗粒直径（μm）	比例（%）	颗粒直径（μm）	比例（%）
小于 0.3	68	小于 1	82

壬烯、1-十一烯和乙炔。此外，还发现了芳香烃，如苯和烷基苯。挥发性混合物包括以下含氧化合物：醇(苯酚、间甲酚、对甲酚、愈创木酚)、醛(甲醛、乙醛、糠醛、丙烯醛、巴豆醛、苯甲醛)、酮(丙酮、2-丁酮)、呋喃(苯并呋喃)、羧酸(乙酸)和酯(苯甲酸、甲酯)。同时，在产生的烟雾中也检测到氯甲烷，其已被确定为生物质燃烧过程排放的最丰富的卤化碳氢化合物。

森林火灾产生的微粒中也含有微量元素，如钠(Na)、镁(Mg)、铝(Al)、硅(Si)、磷(P)、硫(S)、氯(Cl)、钾(K)、钙(Ca)、钛(Ti)、锰(Mn)、铁(Fe)、锌(Zn)、钒(V)、铅(Pb)、铜(Cu)、镍(Ni)、溴(Br)和铬(Cr)。这些物质通常被细颗粒表面吸收。

林火烟雾排放量因可燃物的化学成分含量、含水率、可燃物载量和分布，以及火行为和天气条件而有所不同，更多取决于火的种类、火强度和燃烧阶段。不同性质的火产生的烟量也有差别，低强度(低热和光释放)火比高强度(高热和光释放)火产生更多的微粒排放，而阴燃(无焰燃烧)产生的 CO、NH_3 和微粒比明火燃烧更多。在一次火烧中，可以同时产生不同类型和数量的烟雾。含水率高的细小可燃物会促进阴燃，而干燥可燃物会产生明火燃烧。草地火可能导致大部分草本植物在燃烧过程中被消耗，而在含有大量泥炭、腐烂倒木的生态系统中大部分可燃物在含水率较低时也会产生阴燃。

8.2　林火烟气的理化性质

8.2.1　乔木燃烧烟气排放因子及其化学组分

郭林飞等(2019)以大兴安岭 5 种主要乔木[兴安落叶松(*Larix gmelinii*)、樟子松(*Pinus sylvestris* var. *mongolica*)、白桦(*Betula platyphylla*)、蒙古栎(*Quercus mongolica*)、山杨(*Populus davidiana*)]的树枝、树叶和树皮为研究对象，定量研究不同树种燃烧时烟气(CO、CO_2、C_xH_y、$PM_{2.5}$、NMHCs)的排放因子，同时通过对 $PM_{2.5}$ 的碳质组分、水溶性离子、有机物及其含量进行对比分析，研究发现：

①各树种不同器官燃烧释放的污染性气体(CO、CO_2、NO_x、C_xH_y、NMHCs)和细颗粒物($PM_{2.5}$)存在显著差异。阔叶树种燃烧释放的 CO_2、NO_x、C_xH_y 高于针叶树种，而针叶树种燃烧释放的 CO_2、$PM_{2.5}$、OC 和 EC 则高于阔叶树种。树皮燃烧释放的污染性气体和细颗粒物的排放因子高于树枝和树叶。

②5 种乔木树种燃烧释放细颗粒物中 16 种元素的平均排放因子顺序为：Ca > K > Zn > Mg > Cu > Ba > Ni > Sr > Pb > As > Se > Mn > Li > Co > Cr > Cd，其中 Ca、K、Zn 和 Mg 为主要元素成分。不同树种间元素排放因子差异较大。针叶树的排放因子高于阔叶树，不同器官间排放的元素总量无明显差异；不同树种类型的不同器官燃烧释放细颗粒物中水溶性元素的分布比例顺序较为一致，其中 Ca、K、Zn 和 Mg 4 种元素的排放因子在 3 种器官中均较高。

③在不同树种燃烧过程中，总共释放了 48 种 NMHCs，包括 19 种烷烃、15 种烯烃和 14 种芳烃，其中烯烃的臭氧生成潜势最高。除山杨以外，其他 4 个树种树叶燃烧释放烷烃排放因子均大于树枝和树皮，山杨则表现为树皮燃烧释放烷烃排放因子大于树枝和树叶；落叶松、樟子松、蒙古栎燃烧排放因子均表现为树叶大于树枝和树皮，白桦燃烧排放因子

表现为树枝>树叶>树皮，山杨燃烧排放因子表现为树皮>树叶>树枝。

8.2.2 可燃物含水率对林火烟气理化性质的影响

马远帆等（2020）以福建典型乔木树种［针叶树种：马尾松（*Pinus massoniana*）和杉木（*Cunninghamia lanceolata*）；阔叶树种：香樟（*Cinnamomum bodinieri*）和大叶桉（*Eucalyptus robusta*）］的凋落物（枝、叶）为研究对象，解析不同含水率的凋落物燃烧产生气体污染物浓度和排放因子，主要研究结果如下：

①含水率对凋落物燃烧排放的 TC、OC 和 EC 排放因子有直接影响，均表现为随含水率的升高其排放量存在一定的升高，在含水率为 20%～30%时排放量相对较大，并且均有大量 SOC 产生。

②4 种乔木枝和叶凋落物燃烧排放 CO 最高浓度均随含水率升高而升高，而含水率较低则能提前到达浓度峰值。燃烧排放 CO_2 和 NO_x 实时浓度变化趋势相近；燃烧均在含水率为 0%时最早达到峰值，而且峰值浓度较其他含水率排放高，其中凋落叶排放高于凋落枝。而 C_xH_y 的排放浓度呈现不同的排放特点。

③枝和叶凋落物燃烧释放 CO、CO_2、NO_x 和 C_xH_y 排放因子均受自身含水率的变化而显著变化，其中不完全燃烧产物 CO 和 C_xH_y 排放因子随含水率的升高而升高，而 CO_2 和 NO_x 则与之相反。

④针叶树凋落物燃烧释放的 CO、CO_2 和 NO_x 排放因子均随含水率的升高而显著增加；阔叶树凋落物燃烧释放的 C_xH_y 排放随含水率升高显著增加，而 CO_2 和 NO_x 显著降低，但 CO 的排放因子受含水率变化的影响不显著。

⑤$PM_{2.5}$ 的排放浓度受含水率的影响呈现低含水率时能提前达到浓度峰值，而 $PM_{2.5}$ 排放因子受含水率影响显著，均随含水率的升高而显著增大；凋落枝燃烧释放 $PM_{2.5}$ 的排放因子均显著高于凋落叶，而随含水率的增加，凋落枝与叶之间的差异显著增大。

⑥不同含水率下，$PM_{2.5}$ 中水溶性离子含量存在较大差异。马尾松和杉木枝叶凋落物、香樟和大叶桉凋落枝燃烧排放中 K^+ 和 Cl^- 为含量最高的离子。而香樟和大叶桉凋落物叶则以 NH_4^+ 和 Cl^- 含量较高。Li^+ 和 F^- 的含量相对其他离子较低，且 4 种乔木凋落物均呈现含水率 0～10%显著降低，而 10%～30%显著增长的特征；Mg^{2+}、Ca^{2+}、Br^- 和 NO_3^- 和 SO_4^{2-} 均呈现随可燃物含水率升高其排放因子显著增大。

8.2.3 林火细颗粒物排放中水溶性无机离子含量

通过调查中国北方和亚热带森林十种主要树种的叶和枝在阴燃和明燃两种燃烧状态发现，北方林区 $PM_{2.5}$ 及其水溶性无机离子组分的排放量高于亚热带林区，针叶树种排放量高于阔叶树种。叶燃烧时释放的水溶性无机离子通常高于枝，而且阴燃始终高于明燃。$PM_{2.5}$ 中的水溶性无机离子成分以 K^+ 和 Cl^- 为主。总之，研究结果表明，根据森林类型和物种，森林火灾会向大气排放大量水溶性无机离子。并且阳离子与阴离子的比率高于 1.0，特别是对于北方森林，这表明颗粒物质主要呈弱碱性。因此，这些地区的森林火灾可能不会通过释放水溶性无机离子而导致生态系统酸化。

8.3　林火污染物对大气环境和人体健康的影响

8.3.1　林火污染物对大气环境的影响

森林火灾会造成大范围的空气污染，使大气布满烟雾、草木灰及液体颗粒，降低了大气透明度。这不仅妨碍水陆空交通，而且影响植物生长和发育。森林燃烧产生微粒物质、气体和水蒸气，它们在高温下的混合物会产生大量悬浮性气溶胶，降低大气透明度，气溶胶是造成大气散射作用的主要物质，已被证明能够降低大气透明度，并且能够造成太阳辐射的减弱，进一步降低大气能见度。

当森林火灾造成的烟雾笼罩面积较大时（$15 \times 10^4 \sim 20 \times 10^4 \ hm^2$），对夜间露珠的形成有抑制作用。原因在于烟雾阻止地面的夜晚热辐射，使近地层空气降温缓慢，空气不能冷却到露点。与未被烟雾笼罩的地段相比，在烟雾笼罩的地段降水推迟。根据推算，若火烧区面积达 $15 \times 10^4 \sim 20 \times 10^4 \ hm^2$，大气能见度低于 $2 \sim 3 \ km$，则推迟降水达 $5 \sim 8 \ d$。被太阳加温的烟雾气体在凝结层降温，携带着大量的水汽被风吹出烟幕区，继续降温凝结成云。所以烟雾笼罩的区域几乎总是无云的天空，而周围天空总是多云。在火灾的影响结束后，天空才会变得明朗且气温下降。此时，大气有凝结成雨的条件，所以火灾烟雾散去后常常出现降雨。

林火污染物会影响全球大气的行为和组成、空气质量、生态系统酸化和人类健康。这些污染物可以通过吸收和散射太阳辐射对气候产生重大的影响，$PM_{2.5}$ 可以作为云凝结核影响云的形成、寿命及水文循环。烟羽中 CO_2 和 NO_x 浓度升高可直接作用于叶面影响植物的形态和生理，而 $PM_{2.5}$ 中的水溶性无机离子会改变土壤和水体酸度，从而导致生态系统酸化并通过形成雾霾降低能见度。森林火灾期间排放的大量非甲烷碳氢化合物（NMHC）和挥发性有机化合物（VOC）可参与大气光化学反应，并参与臭氧的产生。

林火排放的污染物恶化了与人类健康息息相关的空气质量，在海洋等水体表面沉积的火灾污染物也会刺激浮游植物的生长。例如，2019—2020 年澳大利亚林火向大气释放了 $400 \times 10^{12} \ t$ 二氧化碳，相当于 2018—2019 年澳大利亚工业二氧化碳排放量的 3/4。这些污染物会对暴露人群造成严重的健康影响，尤其使儿童和老人等易感人群导致肺功能下降和诱发哮喘病。

烟雾中的气体和微粒会影响区域和全球气候。其中一些影响是即时的，而有些则是长期的。烟雾中的气溶胶对低层大气有增温作用，从而抑制对流，减少区域降水。此外，火灾释放的气溶胶可导致降水量减少，因为它们可以起到云凝聚核的作用。这意味着可用的水蒸气聚集在大气中数量增加的颗粒周围，从而减缓颗粒的聚集，形成液滴，从而减少降水量。严重的火灾可能引发带有积云的强烈对流风暴，从而产生强风、暴雨和闪电活动。在极端的火势下，甚至会形成积雨云风暴，并喷射穿过对流层的烟雾进入较低的平流层，就像火山爆发一样。烟雾的大量存在还会增加闪电。火灾期间，大片海洋上空的空气变得异常复杂，向上漂浮的冰晶与下降的冰雹碰撞，产生了电荷，引起了闪电。

森林火灾使二氧化碳等温室气体不断增加、臭氧层破坏、火烧频繁、草原退化、湿地减少，陆地下垫面性质改变，地表水热平衡遭到破坏，空气下沉，气流强度加大，地表裸露，蒸发量加快，水分减少，土壤、大气加速变干，气候变得更加敏感，这种变化格局在中高纬度地区反映尤其明显。气温越高，可燃物中水分蒸发的速率越快，火灾发生的可能性越大。气温影响可燃物的燃烧性，高温还会促使火势更加猛烈。

降水量减少，无雨日较多，森林可燃物的含水量将不断下降，森林火灾发生的可能性和严重性也随之增大。春季温度较高时，积雪提前融化导致后期土壤含水量低，且物候期提前使森林产生了充足的可燃物。此外，温度升高增加植被水分亏损和可燃物干燥度，因此林火发生的概率增加。高温条件导致可燃物更为干燥，燃烧更为充分，燃烧率增加。温暖的气候条件使植物生长季延长，增加可燃物累积量，进一步加剧林火干扰。

火灾造成全球变暖既可能增加干旱和虫害导致的树木死亡，也可能导致过度的燃料积累，进而继续增加森林对大面积、强烈火灾的敏感性。严重的长期干旱可以直接在针叶混交林中引发强烈的火灾，全球变暖导致永久冻土退化。在地势较低的地区，永久冻土退化可能导致从落叶林到湿地沼泽和沼泽的类型转换。在内陆山地森林中，永久冻土的流失可能增加干旱压力和森林对林火的敏感性，并增加森林的落叶性。

风有助于火灾行为。风给火提供了新鲜的氧气，并将火推入新的燃料中。强风、热风和干风会导致林火迅速蔓延或"爆炸"。风也会使烟雾远离火场，并促进其与大气混合，这意味着在火场附近，烟雾对公众的影响可能会减小，因为风可以将烟雾长距离地移动到远离火场的地区。

8.3.2　林火污染物对人体健康的影响

任何来源的烟雾都会对人体健康产生有害影响，特别是对儿童、老人和呼吸功能差的人群。林火污染物是有害气体和烟雾等的混合物，其对人体健康的影响主要体现在吸入效应上。林火接触不仅与呼吸系统疾病有关，越来越多的证据表明林火也可能引发某些心血管疾病。科学研究表明，短期接触林火污染物会对人体健康产生影响，范围从对眼睛和呼吸道刺激，到更严重的肺功能降低、肺部炎症、支气管炎、哮喘加重和其他肺部疾病，以及心血管疾病恶化，如心力衰竭，甚至会过早死亡。

颗粒物是悬浮在空气中的颗粒的总称，通常是固体颗粒和液滴的混合物。颗粒大小的不同使其对人体健康的潜在影响也不相同，直径>10 μm 的颗粒通常不会到达肺部，尽管它们会刺激眼睛、鼻子和喉咙。直径<10 μm（PM_{10}）的颗粒可吸入肺部，影响肺部、心脏和血管。直径<2.5 μm（$PM_{2.5}$）对公众健康的危害最大，因为它们可以深入肺部，甚至可能进入血液。与较粗的大气颗粒物相比，$PM_{2.5}$ 粒径小、面积大、活性强、易附带有毒、有害物质，而且在大气中的停留时间长、输送距离远，因而对人体健康和大气环境质量的影响更大。林火烟雾中颗粒物，尤其是可吸入的 $PM_{2.5}$，是公众健康关注的主要空气污染物。

与颗粒物相比，地面臭氧（O_3）在林火中受到的关注更少，但其可导致肺功能下降、气道炎症、胸痛、咳嗽、喘息和呼吸短促等后果。这些影响在哮喘和其他肺部疾病患者中可能更为严重。臭氧暴露对呼吸系统的影响可导致更多的药物使用、与呼吸有关的住院以及哮喘和慢性阻塞性肺疾病（COPD）的急诊。除了呼吸系统，臭氧对心血管系统（心脏、血液和血管）影响的研究相对较少，但已发现短期接触臭氧可能导致心率变异和全身炎症的变化等。此外，短期接触臭氧可能导致过早死亡，流行病学研究表明，短期臭氧暴露与总非意外死亡率(包括呼吸和心血管原因造成的死亡)始终呈正相关关系。

二氧化硫(SO_2)是一种无色气体，易溶于水形成亚硫酸，再氧化成硫酸。动物长期暴露于二氧化硫环境中会对呼吸道造成损害，类似于人类慢性支气管炎，同时暴露于超细颗粒物环境中可能会增强这种影响。

烟雾对人体的影响主要体现在吸入效应上。烟尘微粒可吸附有害气体，引起人的呼吸系统疾病，火灾产生的有毒气体能使人的行为发生错乱。在火场之外，由于新鲜空气与烟雾之间形成对流，烟雾被稀释，对人体的伤害较小。但是，一氧化碳、氯化氢、氰化氢等毒气可以随着烟雾远距离移动，并且维持使人在极短时间内致死的浓度。

毒理学研究表明，林火相关的空气污染可能通过各种潜在机制导致心肺疾病。证据表明，各种空气污染物对人类健康有不同的毒理学和生理学影响。$PM_{2.5}$ 已被证明会导致内皮和血管功能障碍、氧化应激、血栓形成及代谢功能障碍。

林火发生后会产生各种毒性物质，毒性通常是指由化学、物理或生物制剂引起的有害或有毒生物效应。毒性可以是急性的，定义为在短时间内产生的毒性作用；也可以是慢性的，定义为物质因长期接触而对人类健康造成不利影响的能力。产生的毒性物质主要有以下几种：

①呼吸刺激物。可引起黏膜炎症，还可引起呼吸和肺功能的变化，如二氧化硫、甲醛和丙烯醛。甲醛和丙烯醛被怀疑会对暴露的消防员造成呼吸问题。

②窒息剂。可阻止或干扰氧气的吸收和运输。一氧化碳就是一个例子，高浓度的一氧化碳会导致人类立即崩溃和死亡。甲烷和二氧化碳也被认为是窒息剂。即使有益的气体也可能是窒息剂，如氧气，17%的吸入氧含量是长期接触的安全限值，氧气浓度降至1%以下会导致人类昏迷和记忆丧失。

③致癌物。是一类已知或被认为会导致人类癌症的化学物质。已证实的致癌物数量相对较少，但怀疑致癌的化学品很多。致癌物可分为 3 类：第一类是已知对人类致癌的物质，有足够的证据表明致癌物质，如苯；第二类物质是根据长期动物研究和其他相关信息，有充分证据表明致癌的物质，如甲醛；第三类物质可能具有致癌作用，但现有信息不足以进行充分评估，如乙醛。

④诱变剂。是一类可改变遗传物质的物质。这种突变可能是癌症发展的前兆，如甲醛、丙烯醛。某些诱变剂可能导致发育中的胎儿发生非遗传基因突变或畸形，如甲苯。

8.4　林火对区域和全球碳平衡的影响

大量使用化石燃料，大规模砍伐森林，致使大气中 CO_2 浓度升高。这种由大气 CO_2 浓度升高导致的温室效应和全球气候变暖趋势导致的生态效应已引起全世界的关注。碳元素不仅是活跃的环境因素，而且是绿色植物的重要组成部分。林木在生长过程中，通过光合作用吸收大量 CO_2，将碳固定、储存于植物体中。在这种意义上，森林是大气 CO_2 的"汇"。

森林植物还通过呼吸作用与大气交换碳，当受到人类或自然干扰(如皆伐、火灾或转向其他非林业用途)时，不仅使其失去固定大气 CO_2 的作用，而且将其储存的碳返还大气，

成为大气 CO_2 的"源"。森林是陆地生态系统的主体，不仅生产率高、产量多，而且是多年生长的可再生系统，累积了大量生物量，所以在地球生态系统 CO_2 气体交换过程中，森林起着重要作用，林火的发生会显著影响森林的碳汇功能，甚至使其转变为碳源。

8.4.1 林火释放碳量的估计

林火是森林生态系统中特殊而重要的生态因子，也是导致植被和土壤碳储量动态变化的重要干扰因子。全球每年大约有1%的森林遭受火干扰的影响，森林火灾碳排放与含碳气体排放是大气和环境污染的主要来源之一。随着全球气候变暖，森林火灾的火强度和频率加剧，因此，准确计量森林火灾直接排放的碳量，对进一步量化森林火灾对大气和森林生态系统碳平衡的作用具有重要意义。

20世纪70年代后期，人们开始关注森林火灾对全球碳循环的影响，到20世纪90年代，林火与气候变化研究成为一个重要的研究领域，美国、加拿大等发达国家开始开展有关林火碳排放的研究，近年来，随着气候变化的不断加剧，森林作为陆地生态系统的主体，在减缓气候变化的影响中将发挥重要的作用，为了准确估算森林的碳汇作用，各国学者在不同的尺度上开展了大量林火碳排放的研究。

全球碳储存在植被和土壤表层约 $2\,500×10^8$ t，其中81%储存在土壤中，其余储存在地上植被中。这种陆地碳储存量是大气中碳含量($760×10^8$ t)的3倍多。全球陆地碳储量中约 $1\,146×10^8$(占46%)位于热带、温带和北方森林；草原和大草原占34%，冻土带占5%、湿地占10%和农田占5%。林火每年向大气释放大量的碳，主要是二氧化碳，但也以其他气体(如一氧化碳和甲烷)和气溶胶(如烟尘颗粒)的形式释放。表8-3列出了不同林型和地区林火释放含碳气体的排放因子。

表8-3 不同林型和地区林火释放含碳气体的排放因子　　　　　　　g/kg

林型	地区	排放因子				文献来源
		CO_2	CO	CH_4	NMHC	
针叶混交林	美国	1 596	135	7.30	—	Urbanski，2013
北方林	美国(阿拉斯加)	3 320	178	56	—	Goode et al.，2000
北方林	俄罗斯	3 000	240	42	—	Kasischke et al.，2003
北方林	美国(西北领地)	3 060	200	48	—	Cofer et al.，1998
北方林	加拿大	3 200	140	74	—	Cofer et al.，1989
热带森林	美国	1 677	57	3.8	—	Yokelson et al.，2008
灌木	地中海沿岸国家	1 477	82	4	9	Vilén et al.，2011
针叶林		1 627	75	6	5	
阔叶林		1 393	128	6	6	
桉树林		1 414	117	6	7	
针叶林	中国(大兴安岭)	3 328	189	10	7.6	胡海清等，2012
阔叶林		3 107	195	18	7.3	

植物的光化学反应式为：

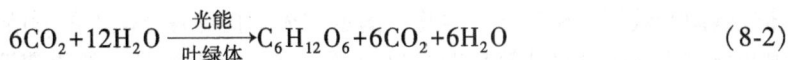

$$6CO_2 + 12H_2O \xrightarrow[\text{叶绿体}]{\text{光能}} C_6H_{12}O_6 + 6CO_2 + 6H_2O \tag{8-2}$$

由上式可见，植物光合作用形成 1 个分子的碳水化合物（$C_6H_{12}O_6$），需 6 个分子的 CO_2。因此，光合作用吸收 1 g 的 CO_2 所固定的能量，进而可以得到光合作用在植物体内积累 1 g 碳素所需的能量。

$$I_C = I \times (CO_2/C) = 2\,550 \times (44/12) \approx 9\,435 \text{ cal/g} \tag{8-3}$$

式中，I_C 为碳素积累耗热，即植物体内积累 1 g 碳素可固定的太阳能。

以此推导，根据不同类型森林火灾所释放的能量，即火灾实际消耗的有效可燃物量，可估算每年林火的释放碳量。

政府间气候变化专门委员会（IPCC）报告记录了近年来地球大部分地区的气候变暖情况。这种变暖趋势在北半球的北部和温带地区通常最为强烈，预计到 22 世纪将继续加速，进而导致更严重的干旱，并可能在世界许多地区导致更频繁和更严重的森林火灾。这种火灾模式的变化有可能导致大气化学和陆地碳储存的变化。因此，准确估计森林火灾对碳循环和大气化学的影响变得越来越重要。

森林燃烧产生的高浓度 CO_2 排放，可以将养分释放到土壤中，直接影响土壤碳循环，并且在林火干扰后的森林恢复和森林演替进程中间接影响森林生态系统碳平衡和碳循环，进而引发各种生态环境问题。全球每年约有 1% 的森林（过火面积可达 $3.3 \times 10^7 \sim 4.3 \times 10^7 \text{ hm}^2$）受到林火干扰，碳损失量超过 2~4 Pg。

林火干扰过程中释放的能量增加，使碳加快通过粗木质残体分解而损失，进一步影响森林的固碳能力与碳平衡。近年来，气候变化的加剧，改变了林火的轮回期和强度，植被组成和碳储量的分布方式也可能受到影响，改变森林生态系统碳净储存量。预测模型表明，到 21 世纪末，林火发生概率将增加 140%。林火干扰提高了土壤温度和土壤呼吸，影响森林生态系统积累碳汇的潜力。定量研究林火干扰对森林各碳库的影响，有利于减少全球碳平衡估算中的不确定性。

8.4.2　林火对森林生态系统碳库的影响

森林生态系统作为全球碳库的重要组成部分，在全球碳平衡估算中发挥着重要的作用。森林生态系统碳库主要包括植被碳库、凋落物碳库和土壤碳库。虽然全球森林面积仅占陆地面积的 27%，但其生物量却占陆地生物量的 85%，而其储存的碳分别占全球植被碳储量的 80% 以上和全球土壤碳储量的 40% 以上，其中森林生态系统生物碳储量达 282.7 Gt，占全球植被碳储量的 77%。植被中储存的碳在全球的碳循环中发挥重要碳汇功能，是全球碳循环与碳平衡研究的基础，并对全球的碳平衡产生重要影响，在调节气候变化、减缓温室效应方面均有不可替代的作用。

由于森林生态系统是巨大的碳库，即使该碳库发生较小的变化也足以对全球的气候系统产生显著影响。森林生物量是森林生态系统的物质来源，也是森林生态系统固碳能力的重要标志。

林火发生时，林分中大量的碳被释放到大气中，直接造成森林碳库的重大损失；林火发生后，林分结构和功能均发生了改变，从而影响了森林碳循环，改变森林碳平衡，促进林分碳源和碳汇互相转化。因此，揭示林火干扰对森林碳库的影响机制可为恢复火烧迹地碳和提高森林碳储量估算精度提供科学支持。火干扰是自然界普遍存在的干扰形式之一，是地球上许多森林生态系统得以维持和发展的原始动力。火干扰会严重影响森林碳储量和碳分配格局，但不同火烧烈度对森林碳储量的影响不同。火烧与植被类型、林分年龄、林分密度和景观结构等交互作用，共同控制着碳库动态。

火干扰作为森林非连续的生态因子，是森林生态系统干扰机制的重要组成部分，是全球生物地球化学循环的关键驱动因子，可显著改变生态系统的结构、功能及养分循环和能量传递，引起森林生态系统碳库碳储量和碳分配的变化，影响森林演替进程及固碳能力，进而对森林生态系统碳循环与碳平衡产生直接和间接影响。林火干扰过程中大量可燃物燃烧消耗大量植被碳和凋落物碳，产生含碳气体，直接影响生态系统的碳循环和碳平衡，是森林生态系统受干扰后的直接碳损失过程，主要对植被碳库、凋落物碳库和土壤碳库的动态变化产生影响；而林火干扰的间接影响主要表现为通过改变森林生态系统净初级生产力和土壤呼吸影响森林生态系统的碳循环与碳平衡，主要表现为通过改变凋落物和细根生物量来影响土壤有机碳的变化(图8-1)。

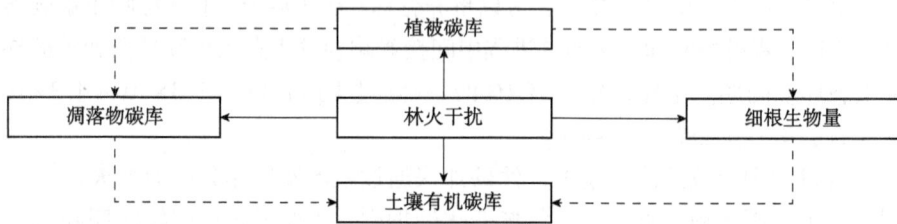

图8-1 林火干扰对森林生态系统各碳库周转的影响
(实线表示林火干扰的直接影响；虚线表示林火干扰后对各碳库的间接影响)

全球每年有几十万至上百万公顷的森林和草原被烧毁。有些是为了土地转换、牧场更新、减少危害或改善野生动物栖息地而进行的计划烧除，但大多数为非控制火烧。统计数据表明，全球林火排放量年际间有很大差异。尽管如此，林火的年平均碳排放量是化石燃料燃烧和水泥生产的20%~40%。研究显示，气候变化可能会增加林火发生的范围和频率，这进一步突显了准确量化林火对碳储量和大气碳化合物的区域和全球影响的重要性。火灾与气候之间反馈的性质和强度不仅取决于燃烧区域的变化，更重要的是，取决于这些火灾如何燃烧及生态系统如何响应和恢复。燃烧严重程度的变化会导致燃料消耗量、大气排放量及生态系统在火灾后固碳能力的显著差异。即使低强度的地表火也可能导致土壤呼吸的显著变化，这些变化可能增加或减少火灾对大气碳的净影响。火灾后恢复到不同的植被类型，可能是对气候变化、高强度燃烧的响应。过去和未来的植被和林火管理活动也在生态系统状况和碳储存方面发挥作用，尽管这些影响的性质和程度因区域和生态系统而异。在能够完全预测火灾对全球碳平衡和大气化学影响的大小或方向之前，需要更好地了解火灾发生的频率和严重程度、火灾与气候之间的反馈以及火灾状态变化对碳循环各个方面的影响。

火干扰影响森林碳储量及森林总碳库的分配特征，主要表现为会降低森林总碳库储量，并且火烈度越大消耗量越大。

林龄是决定生态系统碳通量与碳储量的关键因子，是影响森林生态系统碳汇功能变化的主要因子。研究表明，森林生态系统碳汇能力随着林龄的增加而提高。通过对广东省鼎湖山国家自然保护区内一片林龄 400 多年的成熟森林土壤连续观测发现，成熟森林土壤可持续积累有机碳，成熟森林仍然发挥着巨大的"碳汇"作用。通过选取大兴安岭 5 种代表性林型不同林龄的生物碳储量作为研究指标，研究结果表明，相同林型各组分生物碳储量均随着林龄的增长呈现较为明显的递增趋势，尤其是从幼龄林到近熟林阶段，单位面积生物碳储量增长较快。林龄也是森林燃烧蔓延速度的重要驱动因素。幼龄林分碳储量往往较低，这限制了林火在其中的蔓延速度。地下火的燃烧蔓延速度受到地下碳储量的影响。

在全球碳循环中，亚热带森林生态系统碳库的变化非常重要。林火干扰对生态系统中的碳平衡的生态过程有显著影响，林火干扰可能降低森林生态系统碳密度，随着林火干扰强度的增大，碳密度呈递减的规律。有学者研究了不同林火干扰强度对广东省亚热带两种典型针叶林森林生物碳密度的短期影响，定量研究了不同林火干扰强度（轻度、中度和重度）对 2 种针叶林的植被和凋落物碳密度的变化规律和空间分布格局。研究表明，林火干扰对亚热带 2 种典型针叶林的植被和凋落物碳密度均有影响，表现为：对照>轻度林火干扰>中度林火干扰>重度林火干扰。轻度林火干扰对植被碳密度的影响差异不显著，而中度和重度林火干扰则显著降低了植被碳密度。相同林火干扰强度下，植被各组分碳密度的变化均表现为乔木最大。乔木碳密度在不同林火干扰强度下均表现为：对照>轻度林火干扰>中度林火干扰>重度林火干扰，而草本碳密度则呈现与乔木碳密度相反的变化趋势，表现为：重度林火干扰>中度林火干扰>轻度林火干扰>对照。林火干扰强度显著影响乔木和草本碳密度，也对灌木碳密度产生影响。不同林火干扰强度对凋落物碳密度的影响有所差异，但不同林火干扰强度均显著减少了凋落物碳密度，并随林火干扰强度的增加，其减少幅度增大。研究表明，林火干扰减少了植被和凋落物碳密度，进而对森林生态系统的碳密度产生重要影响。通过分析林火干扰后碳密度的空间分布格局及影响机制，可为林火干扰后生态系统碳汇管理提供了科学依据。

8.4.3　火在生态系统碳平衡中的作用

火在碳储存和释放中的作用在很大程度上取决于生态系统火发生模式（频率、规模、季节性、火势严重程度以及这些参数的可变性）。在特定生态系统中，由于天气、可燃物结构、可燃物含水率和地形特征的作用，每场火灾的特征可能会有很大不同。这些差异也是气候、地形、林分结构、区域及全球尺度碳储量变化综合作用的结果。例如，美国西部和俄罗斯西伯利亚中部等不同地区的干松林每 10～30 年（甚至 50 年）燃烧一次，一般以低强度林火为主；而凉爽潮湿的针叶林，如美国西北太平洋沿岸的道格拉斯冷杉，火灾轮回期则为几百年。

由于被烧毁的植被最终会重新生长，因此，随着时间的推移，各林分对碳循环的总体影响最终会整合到景观层面。一般来说，重度火干扰释放的碳最多，碳储量恢复的延迟时间最长。这些火灾往往发生在净碳储存潜力最大的生态系统中。在森林系统中，重度火通常会烧毁所有或大部分活的植物甚至地下可燃物。这种火灾释放大量的碳和其他化合物到大气中，火后生态系统的恢复（包括碳储存和植被更新）通常缓慢（100～300 年）。因此，经历群落演替的林分，其火灾间隔相对较长。而在一些森林生态系统中，火灾虽然会杀死大部分地上生物，但当地物种会通过活根再生、基部发芽或其他方式快速恢复，这种生态系统生物量积累（固碳）的速率要快得多，并且通常火灾间隔时间较短。

　　碳通量的强度和时间受到火前可燃物负荷、植被结构、环境条件和特定生态系统特征的影响，同时火后一段时间的气候和天气状况也会显著影响生态系统恢复的速率和模式。图 8-2 展示了林火后引起碳动态变化的 4 个主要过程：①火烧直接碳排放；②土壤呼吸；③死亡物质分解；④植被恢复。根据林火种类和严重程度的不同，以及火灾前后生态系统的状况，这 4 个过程在时间上可能相对分散，也可能互相重叠。但无论如何，随着火后几个月或几年内植被的生长，吸收固定的碳会超过物质分解和土壤呼吸释放的碳，生态系统也会从林火发生时的碳源逐渐转变为碳汇。

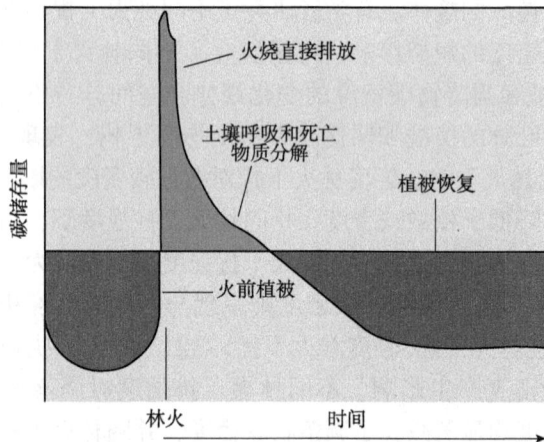

图 8-2　火灾循环中的净碳排放量和储存量随时间的变化

（Susan et al. , 2009）

　　林火是一把双刃剑，既能破坏森林生态平衡，也能维持森林生态平衡。低强度的森林火灾能量释放小，森林生态系统通过自我调节和自我恢复又能迅速达到新的平衡。不仅如此，这种低强度火对降低森林火灾风险和防治病虫害也具有正向作用。因此，这种火不仅不会破坏生态平衡，还能维护生态平衡，有利于森林生态系统的发展。计划火烧作为一种人为控制有计划、有目的、有步骤的用火方式，可以达到预期目的，取得一定经济效益。因此，计划火烧能够维护森林生态平衡。

　　林火在森林生态系统碳平衡中的作用可概括为以下方面：

　　①高强度森林火灾燃烧使大量重型可燃物受热分解，森林生态系统趋于崩溃，促进了 CO_2、CH_4 的大量释放，降低森林减缓大气中 CO 浓度增加的功能。

　　②由于树木吸收的碳几乎有一半储存在树叶、凋落叶中，森林经中、低强度火烧或计划火烧后，林地凋落物迅速分解，向大气中释放 CO_2 的速率增大。

　　③高、中强度火烧破坏森林生态系统结构和功能，林木长势减弱，引起森林生态系统生产力下降，降低森林固碳能力。

　　④火烧后前几年，林地生物现存量减少，同样会导致森林固碳能力降低。

⑤林火能够加速地被物分解，尤其能促进高纬度、高海拔地区林地地被物分解；林火还能提高地温，加速微生物活动，二者共同作用，增加了林地 CO_2 释放量。

⑥某些由火成树种形成的生态系统，经火烧后能够提高林地生产力，有时可提高 1~5 倍，但生物量变幅不显著，而且这类生态系统所占比例小。

⑦对某些森林生态系统而言，低强度火烧能够促进物质循环，改善生长发育条件，从而促进林木生长，增加森林生态系统的固碳能力。

综上所述，只要是林火，就会增加森林生态系统向大气中排放 CO_2 的量，并且火后森林生态系统的生产力都受到不同程度的削弱。因此，林火能够降低森林生态系统的固碳能力，增加 CO_2 向大气中的排放量。

在某些年份和地区，林火产生的 CO_2 排放量可能超过所有化石燃料排放量的总和。大气环流模型预测气候将变暖，因此，全球大部分地区的火险和严重程度将增大，特别是在北部地区和一些热带地区，气候变化可能会增大林火的范围和频率。随着火动态的变化，火灾将更难扑灭，过火面积将增加，单位面积的排放量也将随之增加。随着火灾发生越来越频繁，陆地生态系统中的碳储量将随着时间的推移而减少。所有这些都是在评估林火对碳储量和大气碳化合物的区域和全球影响时要考虑的重要信息。最重要的是，火灾与气候之间的反馈强度不仅取决于每年燃烧区域的变化，还取决于这些火灾的强度以及灾后生态系统如何响应和恢复。在未能完全预测火的动态变化对全球碳平衡影响的大小甚至方向之前，需要厘清火动态对碳循环各个方面的影响。

目前，将林火与碳之间相互作用的研究主要面临以下需求：过火面积和火灾严重程度的资料统计数据需进一步完善，以利于通过分析过去的模式，更好地预测火在未来的趋势；改进对气候潜在变化的区域预测，从而计算火情和与之对应的可燃物的变化；发展遥感方法，精确判定各种燃烧条件下火线和残余或阴燃释放的林火能量；研究火循环中的土壤呼吸，以加深对碳吸收和碳排放之间平衡的理解；深入了解火灾对辐射强迫的总体影响，以便评估未来的林火分布、强度对精确预测全球气候的影响；改进林火植被模型，以验证模型输出和过火面积算法，特别是基于遥感分析的算法。

8.5　气候条件对林火的影响

气候是指在一段较长的时间内表现的冷、暖、干、湿等气候要素的趋势和特点。气候变化引起的高温、干燥天气以及雷电数量的增加，使植被蒸发量增大，林中枯枝落叶和细小可燃物含水率降低，导致火险等级升高，防火期延长，林火发生次数增加。在森林可燃物干燥易燃的情况下，风速和风向是制约林火强度、蔓延速度、火烧面积和扑救难易程度的决定性因素。随着全球气候变暖，极端气候事件的出现频率随之增加，如厄尔尼诺现象、拉尼娜现象、南方涛动等。这些极端气候事件的出现，使林火呈现不断增强的趋势，而林火反过来也会影响全球气候的变化。

研究表明，气候与火干扰之间存在着紧密的内在联系，气候变化可以引起林火的改变。虽然人口数量增加和人类活动频繁对林火的影响日益加强，但气候特别是气候变化仍为林火变化的主导因素。从某种意义上讲，气候变化可以增强或减弱人为因素的影响。气候变化主要通过作用于林火天气和可燃物质性质来影响火干扰。同时，随着全球气候变暖，其他干扰形式的发生频率也会相应升高，如虫害、强风和洪灾等，造成大量的植被死亡，为火干扰提供了物质基础。气温升高，植被蒸发量增大，使地表可燃物含水率不断降低，可燃物质的易燃性不断升高。全球气温、降雨格局的改变使干旱、强风和雷击等火灾性天气的出现频率不断升高。地表温度的升高，地气之间对流的增强，可能会提高雷击的发生概率。随着雷击数量的增多，雷击火源也会越来越多。在美国，雷击频率的增加使着火点数量增加了约 40%。火源的增加、可燃物质的不断累积、火灾性天气的频繁出现，使火干扰发生的频率不断升高。而且温度升高，大气运动更加活跃，强风的发生概率也会随之升高。而强风是发生高强度火干扰的主要动力之一。另外，全球变化背景下，气候异常年份的不断出现，也对火干扰产生重大影响。持续的干旱使全球火干扰数量和强度大幅上升，印度尼西亚、巴西和澳大利亚等地都发生了高强度的火灾。1972 年，在印度尼西亚和巴西大约有 $500 \times 10^4 \ hm^2$ 的森林和灌木受到火干扰的影响。异常干旱年份使生态系统具备发生大规模火干扰的物质和气候条件，而异常湿润年份对于火干扰也具有同样重要的作用。对于处在干旱环境下的荒漠等植被稀少的区域，异常湿润的气候使地表生物量快速积累，当恢复到原来干旱气候时，火干扰发生的概率也会增大。人口数量的不断增大、道路的延伸、生态系统的开发强度加大，也为火干扰提供了大量的人为火源。

伴随着全球气候变化的不断加剧，火干扰频率也将随之升高，受干扰面积相应扩大，干扰强度不断加大，火灾季节也延长和提前。例如，20 世纪 70 年代到 90 年代，随着气候不断变暖，北美西部北方森林地区火干扰面积增加了 1 倍(从 0.28%增加到 0.57%)。模拟研究表明，在未来 CO_2 浓度增倍场景下，加拿大西部的受干扰面积将会增加大约 75%。同样的趋势也存在于欧亚北方森林地区。在全球变暖的背景下，北方森林的火灾频率将会增加大约 40%，火灾季节长度增加 20%~30%。

近几十年来，西伯利亚地区气温升高导致森林火灾的发生频率上升，过火面积和碳排放量增加，而火灾复燃时间逐渐缩减。除了气温升高，西伯利亚地区的气候变化导致急性干旱和热浪的频率增加，例如，2020 年 6 月，雅库特的 Verkhoyansk 记录了北极圈以北出现 38℃的高温，长时间的热浪导致了该地区森林火灾的发生。林火本身是一个重要的生态过程，林火对于耐火植物(如落叶松、苏格兰松等)在其范围内的主导地位至关重要。此外，林火是影响西伯利亚针叶林生物多样性的重要自然因素。又如，2003—2018 年，由变暖驱动的树皮甲虫种群暴发，加上干旱的发生，西伯利亚南部的冷杉损失了约 5%的优势林分。因此，西伯利亚针叶林将更容易发生森林火灾，并导致碳排放量的增加，并且很可能在极端林火的年份将西伯利亚针叶林转化为温室气体的来源，而不是汇。但是，西伯利亚地区相当一部分森林的初级生产力以及主要树种的生长增量增加，促进了碳储存量的增加。此外，西伯利亚的气候变暖也促进了森林面积的增加。林分密度的增加提高了森林火灾的潜在有效可燃物载量。在低海拔地区的南部区域，西伯利亚松树和冷杉的死亡率也有所增加，导致随后火灾增加。

在西伯利亚的高纬度地区，高达 90%的火灾的主要成因是闪电。同样，闪电也是阿拉斯加和加拿大北部大部分火灾的原因。西伯利亚的闪电引起的火灾经常发生在无雨的"干雷暴"期间，这是反气旋的典型现象。由于介电常数的急剧变化，永久冻土区内闪电引起的火灾次数是非永久冻土区的 2 倍，闪电能量在活性层和永久冻土层之间的浅边界内释放。气候每升温 1℃导致雷击频率增加约 12%。1975 年以来，在北美北方森林中，闪电引起的火灾每年上升 2%~5%。因此，如果这个结论具有普遍适用性，那么西伯利亚的闪电和闪电引起的火灾可能会增加。

气候变化将增加整个极地北方森林的碳排放水平，燃烧的总面积更大，预计西伯利亚未来的排放量将高于加拿大。直接和间接的野火排放都会影响气候变暖，从而影响西伯利亚的燃烧速度。西伯利亚燃烧率的提高可能会将落叶松主导区域从温室气体汇转变为源。除了燃烧速率增加，气候变暖还可能导致生长季节延长，从而导致树木生长量增加。在火灾造成的初始损害和温室气体排放之后，幸存下来的树木其生长指数显著增加，火后通常迅速再生。气候变暖还导致大部分落叶松林内初级生产力总值呈增加趋势，但是西伯利亚森林在 2000—2019 年仍然是碳汇。西伯利亚以及整个北方地区的气温上升速率约为全球平均水平的 2 倍，这将导致异常天气的增加、火灾季节的延长以及火灾频率、面积和强度的增加。森林可燃物水分含量是影响林火发生、蔓延和强度的关键因素，可燃物含水率随着气候变化而降低，可燃物随气候变暖变得更加干燥可能会加剧未来的林火。

复习思考题

1. 林火污染物应怎样分类？
2. 林火从哪些方面对人体产生危害？
3. 森林火灾对全球碳平衡有哪些作用和影响？
4. 简述火干扰在生态系统碳平衡中的作用。
5. 全球变暖、森林可燃物与森林火灾三者之间的关系如何？
6. 简述气候条件对森林火灾产生的影响。

第9章

林火与森林生态系统

【本章导读】林火干扰是森林生态系统的内在生态过程之一，对维持森林生态系统结构与功能具有至关重要的作用。林火发生过后，与之有关的大气、水和土壤等森林生态因子之间的生态平衡受到干扰，森林环境发生急剧变化，各种物质循环、能量流动和信息传递遭到破坏，从而破坏森林生态系统的平衡。本章从演替理论出发，分析火干扰对森林原生演替、次生演替及逆行演替的驱动机制。对比不同气候带林火−植被互作模式的差异，揭示火在维持生态系统稳定性与生物多样性中的生态功能。

9.1　林火对森林演替的影响

对于整个森林生态系统而言，火干扰的影响是长期复杂的生态过程。其已成为生态系统的一部分，并深刻影响着陆地生态系统过程和陆地森林景观结构。这种影响主要表现在以下方面：很多优势树种已适应火烧的循环周期；火干扰发生频率和严重性深刻影响区域森林的结构与组成，大面积森林火灾造成森林生态系统的巨大破坏；火干扰不仅直接排放碳，造成生态系统碳的净损失，影响大气碳平衡，而且对生态系统碳循环过程、土壤理化性质、生物过程产生影响，影响生态系统净初级生产力，对火烧迹地恢复过程中的碳收支产生重要影响，进而对全球碳循环产生重要作用；森林火灾影响火后迹地土壤呼吸以及火后植被恢复中对碳的吸收与排放等，进而影响森林生态系统平衡，从而对气候变化产生显著的影响。

火干扰也会对林下枯枝落叶层产生影响。林火直接将地表植被以及凋落物烧死，直接减少凋落物的数量，改变凋落物的组成。但是在强度较低的林火过后，可能会增加凋落物的积累，增加林火发生的可能性。对地表和不同土层凋落物分解速率的研究表明，相对较高的地表温度更有利于凋落物的分解。林火干扰会降低林分的郁闭度，改善林下光照、通风条件，导致地表气温上升，提高森林土壤和凋落物中的微生物活性，残留可燃物更易干燥，从而改变凋落物的分解速率，影响森林凋落物动态变化。

通常情况下，生态系统沿着一定的自然演替轨道发展。受干扰影响，生态系统的演替过程发生加速或倒退。火灾是森林历史中的重要事件，普遍存在于自然界中，有史以来，人类已广泛利用火作为改变环境的强大动力。几千年来，世界绝大多数森林都遭受过火灾的干扰。21 世纪初期，林学家和生态学家开始意识到自然火干扰在森林植被演替中的作用。然而，火一直被认为是破坏生态系统、导致群落逆行演替的非自然因子。如果没有火灾的发生，各种森林从发育、生长、成熟一直到老化，要经过十几年甚至几十年的发展。一旦森林火灾发生，大片森林被毁。火灾过后，森林发育从头开始，可以说火灾使森林演替发生了倒退。近 30 年来，人们逐渐认识到自然火干扰在森林中的普遍性和重要性，它开创并维系着森林的生态平衡与发展，即火灾在一定程度上促进了森林生态系统的演替，淘汰老旧树种，促进新树种发育。目前，人们对森林植被自然火干扰开展了广泛研究，认识到林火既能维持循环演替或导致逆行演替的发生，也可使演替长期停留在某个阶段。当前，林火干扰在森林演替中的作用已越来越受到人们的关注。

9.1.1　原生演替

原生演替(primary succession)是指开始于原生裸地上的植物群落演替。原生裸地是指由于地层变动、冰川移动、流水沉积、风沙或洪水侵蚀以及人为活动等因素造成的完全没有植被覆盖且没有任何植物繁殖体存在的地面。原生裸地上从来没有植物生长，或曾有过植被，但已被彻底消灭了，没有留下任何植物的繁殖体及其影响过的土壤。原生裸地营养贫乏，生产力低下。原生演替包括从水生到中生(水分适中方向)和从旱生到中生两个系列。

由于原生演替是从极端条件下开始，向中生方向发展，因此，火干扰对次生演替的作用大。但在特殊的条件下也会引起原生演替。如 2 000 多年前，长白山的火山流造成了原生裸地，火山爆发后形成的森林即为火引起的原生演替群落。大面积火烧以后，发生了表层土壤侵蚀，母质层以上全部被冲失或塌方的地段、由冲积物质的沉积形成的地段等，成为中生演替系列中原生演替的起点。又如，美国的红云杉发生强烈的树冠火后，在岩石上开始原生演替。火在原生演替中的作用表现在高强度的森林火灾对原有生态系统的毁灭作用。

9.1.2　次生演替

次生演替(secondary succession)是指发生在次生裸地上的植物群落演替。次生裸地是指那些原生植被已经被消灭，但土壤中还保存着一定数量的原来群落或原来群落的植物繁殖体，如火烧迹地、放牧草场、采伐迹地和撂荒地等。因此，次生演替速率比原生演替的速率快。近年来，关于次生演替的研究很多，火干扰引起的次生演替受到学者们的广泛关注。这方面的研究涉及植物生理、种群生态、生态系统分析和景观生态学等学科。许多演替模型应运而生，一些重要的演替模型专门用于处理火干扰后的次生演替。次生演替包括群落的退化和复生 2 个过程。林火影响群落次生演替过程主要有以下 4 个方面的因素。

(1)树种的组成或种源

森林经过火干扰后，火烧迹地上保存的树种及火烧迹地周围树种是决定演替的重要因素。有无种源、有什么种源、这些种源是否适合在火烧迹地上生长等问题，对次生演替的方向和进程都有影响。由于繁殖体的迁移受到可移动性、传播因子、传播距离和地形条件等因素的限制，所以决定演替的树种组成不仅是火烧后保存的树种，而且与迹地周围群落类型密切相关。种源不同影响迹地上的林木种类结构，火烧迹地上一般适合喜光树种的生长，因其环境变化为极端条件，而一般耐阴树种则需要一个稳定的生态环境才适合生存。如果周围树种都是耐阴树种，即使其繁殖体到达迹地也不会发芽，发芽也难以存活，这对群落恢复是非常不利的。

（2）生境条件

火烧后的生境条件也是决定森林生态系统演替方向的重要因素。由于火的作用，改变了原来的生境条件，造成火烧迹地所特有的生境。所有的植物种类都要受到这个生境新的选择。适应这种生境的植物种类就能生存，不适应的则要消失。因此，生境条件的变化幅度，决定了火烧迹地上演替后的植物种类结构。

（3）林木的发育期

林木的发育期长短决定了不同树种在次生演替中的竞争能力。例如，对大兴安岭地区主要树种落叶松和白桦进行比较：在火烧频繁条件下，落叶松竞争不过白桦（二者都是喜光树种），这是因为落叶松发育时间长，萌发能力比白桦弱。而白桦成熟期短，萌发能力强，因此在经过多次火烧的迹地上，白桦代替了落叶松。但是由于落叶松寿命长，在长期的进展演替中，落叶松最终取代了白桦，成为地带性植物。

（4）火强度

不同的火强度对林木的破坏程度不同，直接影响林木的次生演替。火强度越大，越接近逆行演替，演替所需的时间也就越长；相反，火强度越小，恢复森林群落次生演替所需的时间越短。

9.1.3 进展演替和逆行演替

进展演替（progressive succession）是指从一个初始先锋群落开始，经过一系列演替阶段和连续体，最终朝成熟的稳定群落的发展过程。Odum（1969）和Whittaker（1975）引用许多特征来描述典型的进展演替，如物种多样性增高、复杂度加大和生物量增加等。通常情况下，生态系统沿着自然的进展演替轨道发展。逆行演替（retrogressive succession）正好相反，它朝着物种组成简单、生产力低下和生物量小的早期阶段发展。产生逆行演替的原因主要是外力的干扰或胁迫，如森林火灾、过度放牧等。林火干扰可以看作对生态演替过程的再调节。

森林火灾后，群落的演替方向是进展演替还是逆行演替，取决于林火干扰的强度和森林群落的抗火性能。在次生演替过程中，森林火灾消失后，次生裸地上的植物群落能否恢复进展演替的极限称为次生演替的弹性极限。一个地区的外界影响是否超过弹性极限的主要标志是：①该地区的气候是否发生了根本改变，如该地区遭到外界干扰后，气候条件没有发生根本变化，则植物群落还会沿进展方向演替；反之，该地区经外界因素干扰后，气候条件发生了根本改变，即超过了弹性极限，一些与原有气候相适应的树种则难以恢复。②在局部地区，如果土壤和植被类型发生根本变化，说明外界影响超过弹性极限，群落也不会恢复进展演替。例如，大兴安岭林区兴安落叶松为当地典型的地带性植被，高强度森林火灾可能引起兴安落叶松林向白桦林逆行演替。低强度火烧可以维持良好的生态环境，促进森林生态系统的良性循环，使森林群落发生进展演替。在大兴安岭林区春季火烧草地，可以促进白桦的更新，使草地变成白桦林，这是明显的进展演替。如果白桦林四周有兴安落叶松林，则可以在白桦树下进行低强度的火烧，烧除林地上的地被物，促进兴安落叶松林的更新，使兴安落叶松林取代白桦林，又可引起白桦林向兴安落叶松林的进展演替。另一种火成演替的例子发生在小兴安岭的草地上，草地经过火烧会形成杨桦林，再经过火烧等干扰，该杨桦林又转变为硬阔叶林，如果采取人工促进更新等措施，则可诱导进展演替为地带性顶极群落——阔叶红松林。

　　一般来说，演替都要经过干扰，例如，大兴安岭林区地处寒温带的最北端，水热条件差、植被单一、土壤瘠薄，属于生态脆弱带，正处于森林与森林—草原的过渡地段，生态系统一旦遭到破坏，则易向森林—草原化方向发展，发生逆行演替。"5·6"大火对大兴安岭北部森林生态系统的破坏是惨重的，许多地区已开始出现明显的逆行演替。对于大兴安岭山脉南部地区，原有森林，若经过火灾反复破坏，将形成草原，而在草原上恢复森林是非常困难的，演替方向也变成了典型的逆行演替。逆行演替在我国东北林区分布面积非常大，这无疑是森林火灾影响的结果。林火干扰的程度不同（取决于火强度和火频率），可形成不同的演替阶段。

9.1.4　偏途演替

　　1943 年，Grren 综述了火烧对美国东南部林区植被的影响，首次使用了火偏途顶极、火烧演替等概念。偏途演替（disclimax）是指群落在演替过程中，离开了原来的演替系列，朝另外的途径发展，并且具有一定的稳定性。造成偏途演替顶极的主要原因是人为活动（耕作、造林、长期放牧、长期割草）和其他干扰（如长期林火干扰）。我国南方杉木人工林就是一种偏途顶极群落。小兴安岭的柞木林，在原来的气候条件下，演替顶极为红松阔叶林中的柞木—红松林，分布于低山山背，但是由于火灾的反复作用，红松渐渐被淘汰，最后留下柞木，故为火成偏途演替顶极群落。这种柞木林不容易恢复到阔叶红松林，原因是：①土壤和植被类型发生了根本变化，这类地区生长的都是耐旱植被；②柞木林的自身特点造成火灾周期性地发生，多代萌生柞木林大量叶子干燥易燃、不易腐烂，幼林叶子不易脱落，非常容易引发火灾。在这类生境中即使有红松种源，也不易成活，生长的红松幼苗也会被烧死，因此难以恢复红松阔叶林。

　　在我国东北林区，寒温带针叶林以及东北东部山地的温带针阔混交林经常发生森林火灾，其结果是：针叶林消失，其他阔叶林减少，只留下多代萌生的蒙古栎林；蒙古栎能够形成比较稳定的植物群落，不再演替为针阔混交林，从而形成偏途顶极群落。造成这种偏途顶极蒙古栎群落的主要原因是林火的长期频繁作用，同时也与蒙古栎的生物学、生态学特性有关：①蒙古栎树皮厚、结构紧密，具有很强的抗火能力。②蒙古栎对火有较强的忍耐力。它的萌芽能力强，在任何年龄阶段都具有萌芽能力，而且具有连续多代萌芽能力；在火频繁的地区，它还能形成木疙瘩以保证繁衍。③在生态学特性方面，蒙古栎能忍耐干燥的立地条件，在干燥瘠薄林地上的生长能力比其他阔叶树强。因此，它能在反复火烧后越来越干燥的立地条件下生存下来。④蒙古栎在火灾频繁作用下形成多代萌生林，为灌丛状，幼叶冬季不脱落，常挂于树枝上，容易燃烧，加上林地上多生长一些耐干旱的禾本科和莎草科杂草，使该类林区成为一个火灾发生频率较高的森林类型。因此，在这种林区恢复针阔混交林是不容易的，往往以偏途顶极群落的形式存在。

9.1.5　火顶极

用火来维持的亚顶极群落(subclimax community)称为火顶极群落(简称火顶极)。这种顶极群落并不是当地真正的顶极群落,而是由于构成这种群落的主要树种对火有很强的适应能力,在火的作用下,排除其他竞争对象,暂时成为非地带性植被,一旦火的作用消除,仍会被当地的顶极群落所代替。因此,火顶极实质是亚演替顶极,并且不能离开火的作用。

例如,美国南部地区生长着许多速生的松林(火炬松、湿地松、加勒比松等),这些松树属于喜光树种,经济价值高,在当地气候条件下生长迅速,尤其是幼年生长快,能够在10~20年培养成大径材,是当地的速生用材树种。同时,这些松树树皮厚、结构紧密、抗火能力强,对中、弱度火烧有较强的抵抗力。但是,该地区的地带性顶极群落为常绿阔叶林,如栎、核桃等,均属于耐阴树种。这些树种的经济价值较低,生长缓慢,树皮薄,结构不紧密,对火敏感,抗火能力差,只要遇到较弱的林火,林木地上部分就会烧死,但干基根蘖萌芽能力强,火烧后有较好的萌芽能力。在荒地上营造松林时,栎树、核桃等能在松林林冠下生长发育,当松林达到成熟时,由于林冠下部是耐阴阔叶树,直接影响松林的更新,因此,可能发生树种更替。这就是该林区天然演替的过程。

因此,在美国南部地区经营大径级松材时,常采用低强度计划火烧控制林下硬阔叶树的生长,同时给林地增加大量灰分和营养元素,促使松树快速生长、发育、成材。一旦停止火烧,耐阴的阔叶树抑制松林的更新,逐渐取代松林形成小乔木状的硬阔叶林。依靠林火来维持树林的更新,就是火顶极群落的形成过程与原理的应用。

美国南部各州维护火顶极的具体做法是:在荒地采用南方松造林,当森林郁闭后,松林的平均胸径大于6 cm时采用低强度火烧,火焰高度保持在1 m以下,在冬、春两季用火安全期点烧,在点燃区四周开设0.5~2 m的阻火带或开生土带,每2~3年火烧一次,连续火烧的目的是:①2~3年烧一次,可以抑制其他树种侵入,控制耐阴阔叶树的发展;②相隔2~3年火烧一次,加速凋落物的分解,促进营养元素循环,从而促进林木生长发育;③不断进行低强度火烧,可使林地可燃物大幅减少,不易发生大的森林火灾;④间断性火烧可以减少林内杂物和病虫害,改善林地卫生状况,有利于林木生长发育;⑤林地不断火烧可减少林内地被物,有利于松树更新,从而长期维持松林的存在与更新。

火烧顶极群落在美国南部各州的应用取得了较好的经济效果,培育了大量的大径级用材林。目前,北美南部有许多生长快速的松类树种,并向各大洲引种。我国的南方各地已引进湿地松、火炬松和加勒比松等树种。这些松树在我国南部各地生长良好,其生长速率不亚于原产地。为此,我国也可以在经营这些树种时,适当地采用火烧方式促进林木快速生长,实现持续经营,为满足我国木材需求,尤其是大径材培育的问题提供了较好途径。

9.2　不同区域背景下的林火与植物

9.2.1　北方林区

从北纬50°至北极圈附近的北方林区,分别占全世界针叶林和森林面积的3/4和1/3。

北方林区在气候上可明显分为两个季节，即漫长寒冷的冬季和短暂的夏季。最冷月平均温度为−50~−6℃，最热月平均温度为 16~17℃。无霜期不超过 120 d。在年平均温度低于0℃的地区常有永冻层分布。尽管年降水量很低(250~600 mm)，但由于蒸发量小，而不表现为缺水。在土层 1 m 深处土壤含水量基本上保持长年不变。因此，在排水不良的地段，土壤常常很湿，由苔藓或沼泽植被所覆盖。

该区的主要森林，如云杉林、松林、落叶松林及冷杉林等，均"产生于火"。因为没有火的作用，这些顶极群落很难完成更新。比较湿润地区的火灾轮回期(火周期)为 200~250年，火常发生在较干旱的年份，并且火烧严重，过火面积大。如 1951 年夏季，西伯利亚一次森林火灾过火面积达 1 425×10^4 hm^2，是全世界迄今过火面积最大的一次森林火灾。在高强度火烧地区，活立木常常被烧死，由演替起来的同龄林所代替。在比较干旱的地区，火灾轮回期可缩短至 40~65 年，在火灾发生后，很少出现树木全部死亡，这样火烧后又可形成异龄林，如桦木—松树混交林，云杉—崖柏—落叶松混交林等。如果火的作用只限于自然火(如雷击火等)而不是人为火，则某些"火成森林"会占据某些立地类型。这种现象在北方林南缘地区较为普遍，具有代表性的是北美短叶松和美国海崖松，它们的成熟球果具有迟开特性。因此，这些树种种子的释放需要在火的作用下才能够完成。

火对于维持黑云杉、美洲山杨及纸皮桦在加拿大和美国阿拉斯加地区的生存具有很大的作用。北方林区火灾的频繁发生是由于该地区降水量小、火灾季节(5~9 月)日照时间长、藓类可燃物易燃性大(如驯鹿藓)及雷击频繁，特别是"干雷暴"的发生。极地荒漠长年被冰雪覆盖，其上的植被仅限于稀疏的地衣和苔藓及零星分布的草本植物，可燃物稀少且不连续，因此，无论天气条件怎样，火灾都不易发生和蔓延。冻原分布于北半球北方林以北的广大地区。在火灾气候上，冻原包括林学家们常划分的泰加林的北部，其界限为云杉及其他针叶矮曲林。这些矮曲林在火行为上与其北部毗连的灌木相似，但与森林却有很大的差异。冻原的永冻层接近地表，夏季潮湿，正常年份一般不发生火灾。但是，在特别干旱的年份也能发生大面积火灾。一旦发生火灾，危害就非常严重，因为地衣冻原火烧后至少需要 1 个世纪才能恢复到能够维持驯鹿种群生存的水平。

针叶林常分布在高纬度和高海拔地区。在大陆性气候地区，火灾季节短却严重，几乎每年都发生大面积的森林火灾，特别是在美国的阿拉斯加、加拿大及俄罗斯的西伯利亚，火灾甚为严重。虽然林冠下层草木稀少，但林地枯枝落叶积累多，是火灾发生的策源地。

泰加林是全球分布最北的森林。在北美，泰加林的主要树种是云杉，在土壤排水较好的立地还分布着白云杉，并成为这种立地条件上的顶极群落；而在排水不良的立地上分布着黑云杉，成为白云杉的火灾亚顶极。在欧亚大陆泰加林的组成树种为云杉、落叶松、松属、冷杉及崖柏等，有由单一树种组成的纯林，也有由这些针叶树组成的混交林。通常，暗针叶林(云杉、冷杉、崖柏等)分布在土层厚、排水不良的地段，而明亮泰加林多分布在砂质土壤上。泰加林区也有永冻层，而且与火有着密切关系。火烧以后，光照加强，加之黑色物质大量吸收长波辐射，使永冻层下降，林木面临严重的风折危险。因此，在泰加林区，即使比较轻的火灾也常常使整个林分全部毁灭。由于可燃物积累缓慢，加之永冻层的湿润环境，使泰加林区自然火周期很长，美国阿拉斯加地区的火周期为 206 年。火烧后植被的恢复主要取决于火强度。在严重火烧区，特别是在干旱季节，厚厚的有机质层全部被火烧掉的地方，演替常常回到灌丛阶段，针叶林的恢复需几十年甚至数百年。在树冠烧毁但土壤没有被完全破坏的火烧迹地，杨、桦会通过无性繁殖首先演替起来，而后被针叶树逐渐取代。针叶树的种源来自火烧前地下种库和毗邻地区的种子雨。在轻度火烧甚至树冠还没有完全烧毁的地方，针叶树通过种子进行更新通常是很快的，因为此时的条件比较适宜更新。

9.2.2　温带林区

全球的温带林主要分布在以下一些地区：整个西欧、高加索山脉及乌拉尔山脉；北美的温带地区，从北方林的南缘一直到大西洋沿岸、墨西哥湾及太平洋沿岸；南美的巴塔哥尼亚、安第斯山脉、智利南部等地的部分地区；澳大利亚和新西兰大部；整个亚洲大陆的东部及日本大部。温带林分布广、植被类型多，以下分区介绍各地的植被特点及火的影响和作用。

(1) 欧洲

在欧洲，温带林在沿海地区的分布范围为北纬 40°~55°，春、秋两季漫长，冷热交替进行。降水量为 500~1 000 mm，虽然海洋性气候地区的冬季及大陆性气候地区的夏季雨量充沛，但是，由于夏季多云天气多、蒸发量少、冬季低温等特点，使该区没有明显的干季。在这种气候条件下，土壤几乎长年保持湿润，火灾季节为春、秋两季，仅在特别干旱的年份才会发生严重的火灾。

欧洲温带林主要由山毛榉和栎类组成。欧洲水青冈占据整个西欧海洋性气候区的平原、低平原及低山地区，并与欧洲栎、欧洲鹅耳枥及欧洲赤松等组成镶嵌植被。火灾常发生在短暂的秋季(此时叶子刚凋落)或树木放叶前的春季。欧洲大陆的温带欧石楠植被类型是过度放牧和频繁火烧造成的。在干旱条件下，欧石楠属植物燃烧强烈，许多种类同地中海灌丛一样对火具有较强的适应能力。

(2) 北美

在北美，温带林的分布东至东海岸，西至西海岸，北部与北方林接壤，南至热带雨林和热带荒漠，植物种类丰富。该区的东部以落叶阔叶林为主，降水量为 750~2 000 mm。夏季高温、高湿而漫长，北部地区冬季严寒，但持续时间较夏季短。雷击火是该区的自然火源，平均每年发生雷击火 1 370 多次。在美国东部，秋季是主要的火灾季节，而春季只有在特别干旱的年份才表现为短暂的火灾季节。北美温带林自然火发生的频率比北方林高。北部地区火灾间隔期为 10~25 年，而南部地区为 2~5 年；针叶林及针阔混交林发生火灾的频率比在纯阔叶林高。北美温带林火灾以地表火为主，为数不多的树冠火仅发生在针叶林。但是近些年来，过度的采伐及火灾控制能力的提高，使林地积累可燃物大量而导致树冠火经常发生。

(3) 南美

南半球的温带林与北半球的温带林有显著差异。北半球的温带林多以大陆性气候为主，并大面积连续分布；而南半球的温带林以海洋性气候为主，多呈小面积岛屿状分布。在南美，温带林及其植被主要分布在智利南部及阿根廷的安第斯山脉。主要气候特点是降水量大，年降水量达 1 000~3 500 mm。但是，温度变化幅度小，平均最高温度为 10~

17℃，平均最低温度为 5~7℃（有些高山地带可能会降到 0℃以下）。这个植被带属于针阔混交林带。除了北部边缘地区有短暂的火灾季节，其余大部分地区没有火灾季节。南美温带林的主要组成树种是南方假山毛榉（一种常绿乔木，其高度常在 45 m 以上）和南洋杉。典型的森林非常茂密，林木平均高在 40 m 以上，密闭的林下使人难以通过。在智利的中部及阿根廷的安第斯山脉也能发生火灾，但是次数很少。

（4）澳大利亚和新西兰

在澳大利亚，近 70% 的森林为桉树林。从干热的内地平原到高山地区分布有 500 多种桉树。澳大利亚的温带林区主要为降水量大于 600 mm 的地区。畜牧业是澳大利亚的基础产业。火常常被当作一种工具用来清理干枯、不可食用的杂草。每年火烧面积均超过 $5×10^4$ hm^2。虽然火灾的发生率很低，常在每百万公顷 2 次，但每次火烧面积达 400 hm^2。根据林下层的特点，可将桉树林分为两大主要类型——湿润型和干旱型。湿润桉树林的优势木常超过 30 m，下层生长着耐湿润的林下植物，如棕榈、雨林灌等。典型的林分密闭、异龄，高度可超过 70 m。温带林不能忍受如此短的火灾间隔期，因此，采用林内计划火烧来降低火灾的强度和每次火灾面积。干旱桉树林广泛分布于澳大利亚，下木为草质灌木，林分较稀疏，林内杂草较多。常常采用林内计划火烧来预防炎热夏季的大火灾。澳大利亚和新西兰引进了大量的北美针叶树（主要为辐射松），并广泛营造成林。这些人工针叶林的火灾问题十分突出。

9.2.3　地中海地区

地中海地区占地 8 100×10^4 hm^2，位于中地中海生物气候带上。年平均气温为 16.6℃，年降水量为 321 mm。干燥期为 6~9 月，期间相对湿度低于 50%。该地区的很多国家受到极端野火的威胁，如希腊、西班牙、法国、意大利和葡萄牙，占欧洲最易受火灾影响地区的 85% 以上。

近几十年来，尤其在地中海北部（欧洲）边缘，工业化和农村人口外流导致许多农田废弃，增加了早期演替物种（其中许多非常易燃）的覆盖率和连续性，并改变了景观格局和火情势。农田废弃意味着在缺乏天然食草动物的情况下，形成了易于燃烧的大型连续燃料床。此外，许多地方被松树种植园覆盖。尽管气候变化的影响对林火发生的影响是至关重要的，事实上，夏季越干燥，当年燃烧的面积就越大。林火发生的变化还存在另一个趋势：在传统上不易受火灾影响的地区，如一些山地（地中海以南）地区也开始有林火的发生。大多数沿海灌木林和橡树林都能很好地应对林火，物种组成和优势度没有发生很大的变化。几个世纪以来，这些生态系统遭受了多次火灾，并表现很强的抗火能力。

9.2.4　亚热带地区

在全球气候变暖的大背景下，全球范围内野火的发生频率和严重程度都在增加，在短期和长期尺度上都对气候变化产生了影响。亚热带森林是热带和中纬度地区易发生火灾的过渡区域，但人们对亚热带野火的变异性及其大规模气候驱动因素缺乏足够的了解。

中国南方亚热带地区的主要树种有杉木、马尾松、毛竹、木荷和樟树等。该地区野火的特点不同于中国北方的主要林火模式。中国北方的火灾规模可能比南方大，但发生频率较低。中国亚热带地区火灾发生主要与 3 个因素有关：可燃物可用性、气候和火源。第一，中国亚热带地区是世界亚热带森林分布较密集的地区之一，中国森林覆盖率最高的 10 个省份均位于亚热带。其特点是可燃物丰富。第二，中国亚热带地区在非季风季节(10 月至翌年 4 月)经历季节性干旱胁迫，在此期间，有效可燃物干燥且易燃。第三，中国亚热带地区人口稠密，人为活动频繁，有丰富的人为火源。这种以亚热带火灾为主的林火模式不同于亚热带火灾比例较低的其他地区的空间火灾模式。

大部分的常绿阔叶树种在干扰导致树冠死亡后，都具有较强的萌枝能力，乔木的萌枝更新对干扰后森林的恢复起着重要的作用。高强度火干扰后乔木的存活情况与群落的树种组成相关。群落有较大比例成熟的、具有强萌枝能力的树种时，存活个体较多，群落的恢复速率也较快。

杉木林高强度火干扰样地内，有较多的杉木存活个体，存活的杉木可以通过萌枝的方式迅速恢复。马尾松林高强度火干扰样地内，绝大部分的马尾松死亡，只有少量的大径级马尾松以树冠存活的方式存活下来。各群落高强度火干扰样地内，存活乔木密度表现为：杉木林>常绿阔叶林>马尾松林和针阔混交林。低强度和高强度的火干扰均会影响林下植被的组成，而高强度火干扰的影响更大。高强度火干扰促进了幼苗的更新，尤其是喜光树种幼苗的更新；火干扰使灌木物种数和盖度降低。

杉木林火后存活乔木较多，存活的杉木可以通过产生萌枝迅速恢复。因此，杉木林的恢复可以自然恢复方式为主。在恢复过程中要注意对萌枝进行适当修剪，以减小种群内竞争压力，促进森林恢复。马尾松林、针阔混交林以及常绿阔叶林火后大部分乔木死亡，需要进行人工恢复以加快群落恢复的速率。由于火烧迹地的环境适合喜光树种的生长，因此，可选择四川大头茶等先锋树种作为恢复树种，以促进森林的恢复。但在森林恢复的过程中，应适当补充耐阴树种的幼苗，以增加恢复后群落的稳定性和物种多样性。

9.2.5　热带雨林地区

热带雨林发生林火曾经是罕见事件，但在过去的几十年中，其林火发生率一直在大幅上升。并且，极端干旱事件可能会增加森林的火灾敏感性。由于碳排放和气候变化，热带野火频率的上升成为全球性问题，热带雨林地区林火发生率日益上升。

野火导致植物死亡，改变了热带雨林的结构和组成，引发了一个二次化过程，森林转变为一个更开放的状态，由生命周期较短的先锋物种主导，类似于年轻的次生林。

复习思考题

1. 简要说明林火对森林演替的影响。
2. 简要说明林火影响群落次生演替过程的因素有哪些？
3. 林火如何影响群落的演替方向？
4. 阐述火顶极的概念。
5. 简述火顶极群落的形成过程与原理。
6. 简述全球温带林分布地区的植被特点。

第 10 章

林火与人为环境变化

【本章导读】林火与人类关系密切，林火的发生会对森林、环境和人类产生影响，而人类活动造成的环境改变也会对林火特性产生深刻影响。本章从影响途径、影响程度、表征方式和研究挑战 4 个方面介绍了人类对林火的影响。此外，根据人类对林火认识的历程，本章还对现代林火管理进行了介绍，总结了我国林火管理模式，并对美国、加拿大和澳大利亚 3 个林火多发且林火管理发达国家的林火管理概况进行了归纳。结合案例探讨现代火管理技术的挑战与创新方向，为协调人火关系提供决策参考。

10.1 人类对林火的影响

火在植被适应性起源和生态系统分布中扮演着重要作用。人类在 100 万~140 万年前开始使用火，而后人类与林火彼此联系、相互作用。在全球尺度上，林火状况代表了由森林可燃物和气候方面的能量限制造成的火灾特征。与气候和植被一样，林火状况也会随着时间的推移而改变，以响应不断变化的驱动因素。

鉴于地球上几乎所有环境中的人文景观都会燃烧，精确地定义"自然的火灾状况"已经不可能。事实上，相较于气候变化，人为火造成的环境变化到底有多大的影响还存在很大的学术争论。解决这一争论对于理解物种生态以及明确人类生态位非常必要。此外，还有助于解答以下林火管理问题，包括：具有经济破坏性的林火是人类无法控制的自然灾害吗？还是只是管理政策的失败？人为活动造成的气候变化是否超出了人类管理林火的能力？不受控制的森林火灾会因为释放大量的碳而成为加剧全球变暖的主要因素吗？

10.1.1 影响途径

人类活动影响林火特性的各个方面，包括火灾数量、规模、强度、污染排放、时空分布等（表 10-1）。有研究指出，在世界文明发展的各个时期，人类活动对林火的影响体现在不同方面。在 1 000 年前，人类活动对林火的影响主要体现在火频率、季节性和可燃物载量 3 个方面，而到了近 100 年则是通过影响气候来间接影响火规模、火强度和过火面积。

表 10-1　自然和人为因素对火灾特性的影响

参数	自然因素	人为因素
火势蔓延速度	季节、气候、土地覆盖、地形(坡度、坡向)、河流和水体、植物生长季(类型、年龄、物候)	气候变化、土地覆盖变化、人为障碍(道路)、生境碎片化、土地管理
火强度和火烈度	乔灌草、自然干扰(虫害、霜害等)、食草动物、季节、降水量、相对湿度、气温、土壤含水率	放牧、采伐木材、引入新物种、灭火、可燃物处理、土地利用、气候变化、土地管理、植被类型和结构(树种组成、植被盖度)
火频率和时空分布	闪电雷暴、火山爆发、季节	人口规模、土地管理、道路网、气候

注：引自 Hantson et al.，2015。

10.1.1.1　直接影响

(1)火灾数量和规模

人类活动对林火影响最直接的体现是改变了火灾数量和规模。世界上 90% 以上的火灾是人为引发的，而在中国，人为因素引发的森林火灾占 98% 以上。在人口密度高的地区，林火多发，但受可燃物连续性的限制，过火面积一般不会太大。一个典型例子是与森林植被相贯通、同时人类活动频繁的野地——城市交界区域。因此，从全球尺度来看，人为火呈现规模小但全年多发的特点；但在区域尺度上，人为火的破坏也是巨大的，并且可能改变局部环境特征，引发连锁反应。

对火灾数量和规模影响的另一个方面是林火预防和扑救。目前在全球，尤其是美国等一些林火多发国家，越来越多的先进技术和高额费用正在投入林火管理中，林火预防和扑救力量不断加强，人类对林火的控制力度整体呈上升趋势，如防火线、生物防火林带等林火阻隔网建设，卫星、无人机遥感等林火监测科技，机械疏伐、计划烧除等可燃物管理措施，空中加油机、消防飞机等空中消防力量。

(2)林火季节

人为火的另一个重要直接影响是改变林火季节。雷击火具有很强的季节性，通常发生在雷雨天气期间，在旱季几乎不发生，而人为火不受此类限制。因此，人为火会延长林火季节。据统计，在美国人为火的平均发现月份在 5 月中下旬，比雷击火早 2 个月，并且人为引发的林火全年分布更为均匀，夏季为 24%，春季为 38%，秋季为 19%，冬季为 19%，这将美国林火季节的长度延长了 2 倍。对非洲地区火灾情况的分析也表明，在没有雷击火的旱季，人为火数量却达到了顶峰，而且易爆发大规模火灾，改变林火生态。

(3)空间分布

雷击火的发生主要受制于气候条件等自然环境因素，而人为引起的火灾则与道路网络高度相关。对加拿大地区 1959—1997 年间的林火分析表明，人为火主要分布在南部离居民点较近的地区，而雷击火主要分布在中北部地区。Balch et al. (2017)对美国 1992—2012 年的火点分析表明，美国东部和西部沿海地区以人为火为主，而西部山区则以雷击火为主。在热带地区，特别是亚马孙雨林和东南亚，农田、牧场和种植园的开垦导致了毁林和泥炭地的退化，而火常被用作清除地表植被。这些人为活动导致的火灾在气候较为干旱的厄尔尼诺年份更加突出。

10.1.1.2　间接影响

(1)植被类型和结构

人类活动对林火的重要间接影响是改变了植被类型和结构。植被是受人类活动影响较大的自然因子，农田耕作、森林砍伐、植树造林等强烈的人类干扰可在短时间内促使区域植被格局发生改变。随着人类对土地需求的提高和人类活动强度的不断加大，这种影响将在未来短期内继续扩大。

根据自然演替规律，理论上木本植物越厚，草本植物就会越薄，发生森林火灾时火势蔓延速度也会减慢。随着城市规模扩张、基础设施建设和毁林垦田等活动增多，导致大量木本植物被破坏，草类等轻质可燃物载量增加，有可能进一步促进林火的发生。但与此同时，土地管理、道路、放牧以及生态林、防护林建设等阻隔网络会不同程度地降低可燃物连通性，抑制林火的发生。

(2)气候

气候变化与林火频率和强度关系密切，高温、低湿和大风等因素会导致火灾风险上升。随着人类社会的发展，人类活动影响气候的广度和深度日益增加。如温室效应，工业交通和生活上各种燃料燃烧排放大量 CO_2，CO_2 浓度增加使温室效应增强。气候变化会引起区域甚至全球温度升高和降水格局变化。Wigley et al.(2001)根据联合国政府间气候变化专门委员会(IPCC)的预测结果，结合气候敏感性、碳循环、海洋因素和气溶胶等其他资料综合分析，认为全球平均温度从 1990 年至 2100 年将上升 1.7~4.9℃，降水格局变幅为 ±10%。其中，我国西部的年平均气温将升高 1.7~2.3℃，降水将增加 5%~23%；松嫩平原的年平均气温将升高 2.7~7.8℃，降水增加 10% 左右。有研究指出，人类活动导致的温室气体排放是造成持续高温等极端天气事件日益频繁发生的重要原因。另外，气候变化还影响可燃物的燃烧性，包括燃点、热值和挥发油含量等。在重度干旱地区，可燃物的燃烧性受植物生长所需的有效水分限制，导致植物体内挥发油含量上升；而在中等干旱地区，可燃物的燃烧性主要受水分亏缺期的控制。

考虑到气候—植物相互作用的复杂性，以及对未来区域气候(尤其是降水、风速和风向)的预测能力有限，我们很难精确预测植被类型的变化，更无法掌控未来的火况。在不同场景下，气候变化对林火的影响并不一致，有可能会加剧，也有可能会减弱。如在沙漠等干燥环境中，可燃物载量将进一步减少，因此，气候变化可能导致火灾发生急剧减少。而在热带雨林，极端干旱的气候也可能增加可燃物的燃烧性。

在一些可燃环境中，CO_2 浓度的升高可能提升树木的生长速率，增加可燃物载量，从而引发更强烈和更频繁的火灾。另外，CO_2 浓度的升高将改变林木和草类的竞争平衡，导致草丰度下降，从而减少热带稀树草原的林火活动。

10.1.2　影响程度

(1)生产力高的环境

由于气候条件的限制，热带雨林中发生雷击火的概率很低，即使发生雷击火，含水率高的可燃物通常也会阻止火势蔓延，但是人为活动却可以改变整个生态环境。热带雨林周边存在通过砍伐、焚烧等方式破坏外部林地开垦农田的情况，在异常干燥和炎热的年份，焚烧容易发生意外，造成不可控的局面。此外，以前发生过火灾的雨林更有可能再次燃烧。例如，1997—2006 年的火灾烧毁了婆罗洲岛约 21% 的热带雨林，其中有 6% 的土地已是多次燃烧。林火的多次发生会改变整个森林生态环境，形成反馈机制。有研究指出，在亚马孙地区，森林大火产生的烟雾气溶胶可以抑制云、雨的形成，从而将林火季节延长 15~30 d。烟雾还增强了击向地面闪电的威力和频率，极易形成雷击火。随着烟雾的长距离传输，这些影响可以持续数月，并且影响程度远远超出火灾发生地区。例如，墨西哥南部火灾产生的烟雾已被证明会增加远在加拿大安大略的地面闪电次数。

（2）生产力中等的环境

由于火灾天气的季节性和闪电的高发率，热带稀树草原火灾频发。但在这里，人类对林火状况的影响程度比热带雨林低得多。例如，一项对南非克鲁格国家公园 50 年记录的分析表明，截然不同的火灾管理模式对过火面积或火间隔的影响并没有显著差别，但人为火数量显著影响林火季节和空间分布模式，从而降低了火强度。Archibald（2009）发现，在非洲南部随着放牧、道路和人口密度的增加，过火面积减少。

（3）生产力低的环境

干旱的生物群落中，林火通常发生在降水量高于平均水平的时期，因为只有这时候产生的高生物量容易引发林火。然而，人类可以通过过度放牧、引入易（可）燃物种改变可燃物的分布格局。例如，在北美和澳大利亚的沙漠，易燃的入侵性草类使火灾更加频繁，造成了生态系统的改变。

10.1.3　表征方式

在人为活动对林火影响的表征方面，目前常用的指标包括人口密度、农田面积、载畜密度和人均国民生产总值（GDP）等。在全球动态植被模型中，火模块便利用林火观测信息与这些指标间的经验关系来模拟人为活动对火的影响。

有研究利用地理加权回归研究了全球尺度上人口密度与过火面积的关系，表明亚洲约 66%、非洲约 61%、南美洲约 47%、北美洲约 43% 的地区人口密度与过火面积呈显著相关。在易发生火灾的环境中，人们倾向于抑制林火的发生，而在缺乏可燃物而不易发生火灾的地区，人类活动倾向于增大该地区的着火概率。Bistinas et al.（2014）通过广义线性模型研究发现，在剔除其他共变因素后，过火面积随人口密度和农田面积比的增加而显著下降，表明人类活动总体上减少了林火的发生。Archibald et al.（2009）则发现，非洲大陆的火点数量随人口密度呈现先增加后减少的趋势。Andela et al.（2017）研究表明，载畜密度与林火面积的关系在热带湿润区呈正相关，而在热带干旱、半干旱区以及北半球温带地区则呈负相关。总体来看，在世界大部分地区，人口密度与过火面积之间的关系通常呈现非线性特征。人类活动的增加（以人口密度衡量）最初可能导致过火面积的增加，但当人口密度达到某一峰值后，过火面积会逐渐减少，这种变化反映了人类活动对火灾发生频率的复杂影响。

10.1.4　研究挑战

尽管人为活动会对林火产生广泛而深刻的影响,但对这一影响进行定量解释仍然面临巨大挑战。首先缺乏统一的理论框架来描述和解释人为活动对林火的影响;其次缺乏适当表征人类活动的指标以将其纳入林火模拟框架中。

由于使用经验数据解释人类历史对火灾状况影响的说服力不强,因此,大多数关于火的古生态学的大尺度研究都使用碳沉积速率的时间变化来表征。但碳沉积速率不仅与火频率有关,还与植被类型和燃烧的完整性有关,植被或燃烧季节引起的变化可能会与火频率的变化相混淆。因此,过去研究通常局限于描述性分析,例如,更多或更少的生物质燃烧,而很难与林火状况的特定特征联系起来。近年来,有学者提出新的量化方法,例如,Andela et al.(2017)通过卫星遥感影像分析全球林火面积的变化,提出了人为活动对热带地区林火影响的简单框架模型。该理论用资本投入来表征人为活动的强度,其结论为:在热带湿润区域,林火随人为活动强度呈先增加后减少的趋势;在热带干旱和半干旱地区,人为管理对林火则呈持续的抑制作用。

总体上,人类活动在 20 世纪特别是后半期对林火产生了显著的抑制作用,这归因于人为扑救火灾、管理集约化以及人为活动导致地表破碎化和可燃物连通性下降等多方面因素。Knorr et al.(2016)利用模型预测在未来气候变化情景下,21 世纪人为活动影响可能抵消全球升温带来的火灾加剧趋势,其中,在高大气 CO_2 浓度情景下,气候因素对林火的影响到 21 世纪中期以后才占主导地位。随着未来人口持续增加和人为活动的加强,人为活动与林火间的相互作用将成为持续的研究热点,预计会向跨尺度、重机理的方向发展。

10.2　现代林火管理

10.2.1　我国林火管理模式

我国虽然防火历史悠久,但新中国成立之后才开始重视林火管理,在一步步的实践过程中,初步实现了依法治火的管理模式。20 世纪末,我国已初步形成了以《森林法》和《森林防火条例》为主体,相关法律、法规、规章、规范性文件为配套的森林防火法律法规体系,为保护和管理森林发挥了极为重要的作用。党的十八大以后,我国逐渐确立了林火管理的总目标,即形成完备的森林火灾预防、扑救、保障三大体系,预警响应规范化、火源管理法制化、火灾扑救科学化、队伍建设专业化、装备建设机械化、基础工作信息化建设取得突破性进展,人力灭火和机械灭火、风力灭火和以水灭火、传统防火和科学防火有机结合,森林防火长效机制基本形成,森林火灾防控能力显著提高,基本实现森林防火治理体系和治理能力现代化。

(1)工作方针和管理目标

我国森林草原防灭火的工作方针是"预防为主、防灭结合、高效扑救、安全第一"。林火管理目标是从生态观点出发,根据森林的实际情况和现代技术的理论水平,采用多种人为的和天然的防火措施,有效地控制森林火灾。

作为森林生态系统的一部分,应充分发挥火的生态效益,对林火进行科学管理。20

世纪 80 年代，东北林业大学提出了综合森林防火模式和森林燃烧环理论，将可燃复合体与森林生态系统、林火管理相结合。从世界范围来看，我国的森林资源种类丰富，地形多种多样，因此可以充分利用自然条件，积极开展生物防火、营林防火和以火防火。同时，我国人口众多，要充分发挥人的作用，做到人力灭火和机械化灭火、传统防火和科学防火有机结合，实现森林防火治理体系和治理能力现代化。

（2）管理机构

国家层面，1957 年，林业部设立护林防火办公室，主管全国护林防火工作，随后各地先后设立省级森林防火机构。1987 年，大兴安岭森林大火扑灭后，经国务院、中央军委批准，成立了中央森林防火总指挥部。后又经几次调整，2018 年 9 月，更名为国家森林草原防灭火指挥部，负责指导全国森林防火工作和重特大森林火灾扑救工作，标志着国家对林火行政管理工作的全面加强。国家林业和草原局也担负森林防火的工作职责，承担组织、协调、指导、监督全国森林防火工作的责任。

地方层面，根据《森林防火条例》，森林防火工作实行地方各级人民政府行政首长负责制，县级以上地方人民政府根据实际需要设立森林防火指挥机构，负责组织、协调和指导本行政区域的森林防火工作。截至 2016 年，全国共有森林防火指挥机构 3 342 个，9 个省（自治区、直辖市）配备了专职指挥，森林防火专职管理人员达 2.2 万人。

（3）法律法规体系

进入 21 世纪，随着依法治国方略的深入实施，全国和地方一系列法律法规相继公布实施，形成了以《森林法》《森林法实施条例》《突发事件应对法》为指导，以《森林防火条例》为基本遵循，以防火部门规章、防火规划、《国家森林草原火灾应急预案》为组成部分，以地方法规为配合的法律法规体系。对森林防火而言，法治管理体制已较为规范。

2009 年，国务院批准实施了《全国森林防火中长期发展规划》（2009—2015 年）（一期规划），2016 年，国家林业局组织编制了《全国森林防火规划》（2016—2025 年）（二期规划），提出了各时期森林防火发展的总体思路、发展目标、建设重点和长效机制，用于指导全国森林防火工作。国家林业和草原局和应急管理部联合对二期规划开展中期评估和调整。

（4）预防监测

截至 2016 年，全国累计建成国家和省级森林火险预警中心 36 处、火险要素监测站 3 200 多个，火险预测预报精度已大幅提升。火源管控方面，国家森林草原防灭火指挥部陆续出台了各项关于火源管控的意见，约 30 万人的护林员队伍在森林防火重点时段和重要部位加强巡查巡护，严控火源；预警监测方面，目前在北京、哈尔滨、昆明、乌鲁木齐建成 4 个国家级林火卫星监测中心，10 个省（自治区、直辖市）设立了预警监测机构。此外，我国还不断强化宣传教育，截至 2016 年，全国累计建成宣传碑牌 13 万座，配备宣传车 2 700 余辆、宣传器材 2 800 余套，全民防火意识显著提高。

2020 年 6 月，我国开展了全国森林和草原火灾风险普查，涉及可燃物信息（包括可燃物载量、平衡含水率、燃点、热值等）、野外火源（野外用火、重要火源点）、气象信息、历史火灾、减灾能力等风险要素的各个方面。这对于摸清全国森林火灾风险隐患底数，查明重点区域防灾减灾能力，客观认识全国和各地区森林火灾风险水平有重要的意义，为全国开展森林火灾防控和应急管理工作提供了信息。

(5)扑救力量

目前，全国共有森林消防专业队伍 3 264 支，消防人员 11.3 万人。同时我国积极部署航空护林体系，全国森林航空护林覆盖 19 个省，年租用飞机 80 架，已经使用 EC155、米-26、卡-32、米-171 等中型直升机和大型灭火飞机，初步形成了以南(北)方航空护林总站为统领，以航空护林站为骨干的航空护林体系。

自 2009 年以来，全国累计投入森林防火资金 300 亿元，其中，中央建设投资和财政经费分别投入 77 亿元和 55 亿元，地方各级政府将森林防火基础设施建设纳入国民经济和社会发展规划，防火经费纳入财政预算。

10.2.2 美国林火管理概况

美国的林火管理始于 1886 年，美国军队开始在新建立的国家公园巡逻，主要职责是防火灭火。因此，早期美国消防机构对于林火的态度是坚决的，即扑灭一切火。但到了 20世纪 60 年代，消防管理成本呈指数增长。同时，1964 年颁布的《荒野法》，相关研究证实了自然火和计划火烧带来的正面效益。因此，美国消防政策开始着手发展火的经济和生态效益。1967 年 2 月，美国农业部林务局允许对火"手下留情"。1968 年，美国国家公园管理局改变其政策，允许自然火在规定的条件下燃烧，并使用计划火烧来实现管理目标。1971 年，美国农业部林务局出台了附加的林火管理政策，即所有计划火烧的过火面积加起来不可以超过 10 英亩。随后美国经历了 3 次消防政策审查，进一步明确了林火管理的重要性。21 世纪初，美国制定了有关环境和社区保护的 10 年战略，其核心内容是通过可燃物管理计划降低森林火险，保护野生动物栖息地。2009 年，美国通过了《联邦土地援助、管理和改善条例》(FLAME)并设立了两个基金。2010 年，美国明确提出"与火为伍，用火管理自然资源"的愿景。2016 年，华盛顿州议会通过了《森林弹性燃烧试验》的提案，提倡将计划火烧作为森林管理的工具。2018 年，华盛顿州提出了"20 年森林健康战略计划"，计划在 20 年内对 120 万英亩的森林进行计划火烧和间伐。

(1)管理体系

美国建立了 3 层次组织结构和扑火资源供给系统。

①国家层面。是由国家林火协调小组(NWCG)在全国范围内发挥领导作用，协调联邦、州、地方、部落和地区机构之间的林火消防行动。

②联邦层面。林火扑救管理机构是国家跨部门消防中心(NIFC)，该中心由美国林务局(USFS)、土地管理局(BLM)、消防局(USFA)、联邦紧急事务管理署(FEMA)等多个机构和组织联合成立(NIFC,2011)，主要职责包括：管理、维护相关林火系统；向州和地方政府提供消防援助；制订和实施林火防护计划等。

③在州层面。位于 NIFC 的国家跨部门协调中心(NICC)通过 10 个地理区域协调中心协调调动各州的消防资源，各地理区域协调中心的主要职能包括：协调调动该地理区域内的消防和其他资源；提供预测信息及相关产品；制定林火和事故管理决策。

(2)行政管理职责

①联邦政府的职责。所有对联邦土地负有管理和行政责任的联邦机构都有责任保护所

管辖土地免受林火侵袭。目前，对林火有直接管理权的部门包括农业部林务局，内政部（DOI）的 5 个机构：国家公园管理局、土地管理局、美国鱼类和野生动物管理局（FWS）、印第安事务局（BIA）和垦务局（BOR），以及国防部（DOD）和能源部（DOE）。其中林务局负责全国 1.93 亿英亩森林系统的林火管理工作，内政部负责管理超过 4 亿英亩的国家公园、野生动物保护区、印第安人保留区和其他公共土地的林火管理工作。农业部林务局和内政部的国家公园管理局、土地管理局、美国鱼类和野生动物管理局、印第安事务局的林火管理程序高度整合，采用相同的资格培训制度，并使用相同的指导手册。因此，这些机构被视为联邦政府的消防管理机构，其主要职责为：保护公众和消防人员的安全；扑救私人土地的火灾，保护社区；共同管理国家跨部门林火协调系统（包括国家跨部门消防中心、国家多部门协调小组和预警服务项目）；支持制订和实施社区林火保护计划（CWPP）；与联邦其他州和地区林火消防组织合作，提供经济有效的林火消防保护和应对措施；向州和地方政府提供消防援助，以应对超出其能力范围的林火等。

②州政府的职责。按照法定责任的不同，美国州政府提供的林火管理服务一般分为五大类：州政府对州内所有的公共和私人土地进行直接保护（佛罗里达州）；州政府与当地消防部门签订林火消防合作协议并通过当地消防部门实施（亚利桑那州）；州政府对州指定地区的所有公共和私人土地（或林地）负有直接保护责任，并为该州其他地区的地方管辖区提供支持和援助（加利福尼亚州、蒙大拿州、明尼苏达州、得克萨斯州和华盛顿州）；州机构和地方政府之间存在双重（共同）责任（新罕布什尔州、北卡罗来纳州和宾夕法尼亚州）；地方政府（如县治安官）对林火防护负有主要责任（科罗拉多州）。

美国林火消防还有应急指挥系统（ICS），可高效快速地为紧急林火事件整合资源。ICS 主要由指挥部、行动部、规划部、后勤部和财务部组成，主要职能包括确定管理目标和扑救策略，制订和发布任务、计划、程序和协议等，旨在通过快速整合设施、人员、程序和通信设备来实现高效的林火管理。

(3) 扑救力量

据美国国家消防协会（NFPA）估算，在全美约 26 000 个消防部门中有超过 110 万名消防员，其中 86% 的消防部门都有林火扑救职责（National Fire Prevention Association，2011）。美国的林火消防员主要由联邦、州和地方土地管理机构雇用，主要职责是预防、控制和扑救联邦、州和私人土地上的森林火灾（United States Department of Agriculture，2014）。根据受雇的消防组织种类，林火消防员一般分为志愿、联邦、州、承包商、县/农村、军队以及私人机构林火消防员七大类（NWCG，2017）。根据工作职能，他们又分为林火消防管理员、护林员、护林技术员、林火消防技术员、野地消防员、林火消防督察和预防专家。根据所接受训练的类型，职业林火消防员会被分配到不同的岗位，包括直升机组、空降组、机动车组、手动组以及巡逻侦查组等。

在装备方面，美国林火消防员执行消防任务时必备的个人防护装备包括防护服、防护手套、防护鞋、安全帽、护目镜、听力装置、避火罩和急救箱等。为了便于执行任务，消防队员使用的手动工具多为多功能、便携的组合工具，包括：锹背单刃手斧、麦氏锄耙、消防铲、消防斧等。另外，美国林火扑救的一大特色是空中消防。常用的空中消防装备有直升机、空中加油机、引导飞机、红外飞机。

（4）林火扑救资金投入情况

进入 21 世纪以来，美国林火发生频率和强度呈上升趋势，美国林火扑救费用也相应大幅提高。2008—2017 年，林务局用于林火管理的平均每年拨款总额为 54 亿美元，约占该机构可自由支配拨款总额的 52%。内政部用于林火管理的平均每年拨款为 8.881 亿美元，约占该部可自由支配拨款总额的 8%。另外，自 2010 年《联邦土地援助、管理和改善条例》基金设定以来，美国林务局平均每年收到 3.876 亿美元的拨款，内政部平均每年会收到 9 140 万美元的拨款，这分别占美国林务局和美国内政部扑救活动总拨款的 26% 和 21%。即使这样，美国林务局的预算仍然不足。

（5）可燃物管理

在美国的林业管理中，森林可燃物根据空间位置可分为地面可燃物、地表可燃物、梯状可燃物和冠层可燃物。地面可燃物指土表垃圾和杂物，通常不会加剧林火蔓延；地表可燃物包括所有枯死的乔木、草本植物和矮灌木，它们通常是森林中最危险的可燃物，多出现在长期严控林火的森林生态系统中；梯状可燃物是指乔木或高大灌木，它们提供从地表可燃物到高大乔木冠层的垂直连续性；冠层可燃物即上层林冠。

计划火烧和机械疏伐是目前可燃物管理的两种主要方式。美国林务局使用条件等级系统对需要进行可燃物管理的地区进行识别并制定管理的优先顺序。该系统是一种较为粗放的国家分类系统，可用于确定由于火灾扑救而错过的火烧轮回期的数量。一般而言，森林错过的轮回期越多火险就越高。此外，在火灾频发的生态系统中，人为严控火灾发生也使重特大森林火灾发生的风险增加。因此，从 20 世纪 60 年代开始，美国林务局和国家公园管理局允许雷击火在荒野地区燃烧，同时控制燃烧和计划火烧等相关术语也逐渐被应用。如今，以火防火已成为联邦土地管理机构可燃物管理项目中的一个重要环节。

（6）野地—城市交界区域的林火管理

自 20 世纪 90 年代以来，美国在自然植被区及周边（即野地—城市交界区域）新建了大量住宅。据统计，美国有 9 900 万居民生活在该类区域，占美国总人口的 32%，并且还在持续增长。

美国对于野地—城市交界区域的林火管理主要体现在社区管理。21 世纪初，美国林务局、内政部和国家森林工作者协会共同发起了美国适应火灾社区项目（fire adapted community，FAC），旨在降低社区建筑物和植被的可燃性，从而降低建筑物在林火中被点燃的风险。该项目将防火的责任分摊给土地管理机构、地方政府和个人。其中土地管理机构主要负责加强社区基础设施，消除火源；管理可燃物和植被，降低林火的规模和强度；进行社区教育，增强社区居民的防火意识；应对已经发生的火灾。地方政府负责制定发展区划和控制建筑物密度。居民则主要负责改变建筑物周围的植被，减少潜在的火源，以及改变建筑物本身的结构以提高其抗火性。

美国还为处于野地—城市交界区域的社区制订了一项社区林火保护计划（community wildfire protection plan，CWPP）。该计划由地方政府、地方消防机构、监督森林管理的州机构、联邦土地管理机构以及其他相关方共同协作开展，能够有效地解决当地的森林和牧场条件、风险值和行动优先级。其基本要求包括：

①合作。CWPP 是基于合作的保护计划，要求地方和州政府官员必须让社区附近的联邦机构和其他相关方(特别是非政府利益相关方)参与进来。

②优先减少可燃物。CWPP 确定和优先处理联邦和非联邦土地上的危险可燃物。

③建筑物可燃性处理。CWPP 向房主和社区提供有效措施，以降低社区内建筑物的可燃性。

(7) 科研支撑

由于林火的破坏性和复杂性，美国农业部林务局在全国各地建立了林火实验室和研究工作站，研究领域包括：物理火灾科学、生态与环境火灾科学、社会火灾科学、综合火灾与可燃物管理科学等。几个重点实验室包括：米苏拉消防科学实验室(主要研究火行为基本原理、火行为模型，以及生态系统对林火的响应机制等)、太平洋野地火灾科学实验室(主要研究可燃物科学管理、火行为模型以及林火对空气质量、森林生态系统的影响等)、北方研究站(主要研究解决中西部和东北部森林生态系统火灾问题，涉及核心火灾科学、生态和环境火灾科学、社会火灾科学，以及火灾和可燃物管理综合研究)、太平洋西南部研究站(研究主题包括林火监测和预测、全球火灾影响、火险天气预测、可燃物管理等)。此外，美国林务局还与美国国家航空航天局合作，获取先进的火灾影像，帮助消防队员灭火。美国国家航空航天局的火灾和烟雾部门为美国林务局提供全球火灾地图，每 10 d 更新一次，详细展示全球火灾的发生状况和蔓延程度。

美国科研机构开发了各类林火模型并被广泛应用于林火管理。林火模型一般分为 3 种：以实验或历史火灾观测数据为基础的经验模型、以流体动力学原理和能量与质量守恒定律为基础的物理模型、以物理规律为基础的半经验模型。早在 20 世纪 80 年代，美国就开发出了 BEHAVE 模型，BEHAVE 模型采用 Rothermel 模型进行林火行为预报并进行蔓延预测，再以计算机程序的形式将火行为情况提供给用户。Rothermel 模型是应用较为广泛的半经验模型，是在能量守恒的物理基础之上，假定可燃物和地形在空间分布上连续，推算火头的蔓延过程。2002 年，美国洛斯·阿拉莫斯国家实验室开发出 FIRETEC 模型，将热分解、热传导以及大气流向等因素考虑在内，实现对林火预测的进一步完善。

如今，一些特定模型已成为美国联邦战略规划和决策系统的重要组成部分，包括火险模型、火行为模型、火影响模型等。其中火险模型是对火灾事件的可能性和潜在影响的量化，火险的计算可以预计年度损失的形式表示，如总过火面积、总扑救成本或对生态系统服务的影响等，主要用于预估火灾损失和极端火灾事件的可能性。火行为模型是林火燃烧排放的详细物理模型与预估火灾蔓延速率的经验回归模型的结合，美国研究人员已经采取了很多方法来模拟火行为。最近，一些研究尝试将燃烧的物理特性加入现有的火行为模型进行改进。火影响模型是从树木死亡率、碳、土壤和其他生态系统服务的角度来研究火灾潜在影响的模型，在可燃物管理中发挥着重要作用。火影响模型可基于过程或经验。基于过程的模型包括用于预测烟雾扩散的 BlueSky 模型、用于预测火下土壤加热的 FOFEM 模型和用于预测火后土壤侵蚀的 ERMit 模型；基于经验的模型大多是回归模型，包括用于预测火后树木死亡率的 Logistic 回归模型。

10.2.3 加拿大林火管理概况

曾经很长一段时间，加拿大对森林火灾的态度也是以无差别扑灭为主。但从 20 世纪 70 年代开始，该国林火管理部门逐渐认识到扑灭一切林火的政策在经济上不可行、生态上也不合理，自然干扰对保持森林生态系统的健康、生物多样性和生产力有重要作用。许多省级公园机构允许不扑救发生在较大省级公园内的火，并且允许以生态目标或加强野生动物栖息地为目的进行计划火烧。目前，加拿大的多数地区对林火的管理采用分区制，根据所划分区域的特点，分别采取完全扑灭、适度干预和放任的林火管理手段。各省和地区也有不同的分区和管理优先级。

(1) 林火发生情况

1983—2019 年，加拿大共发生林火 268 737 起，过火面积 822 158 km²。加拿大在扑灭林火方面相当成功，只有 4% 的森林火灾面积超过 200 hm²，但这 4% 的森林火灾贡献了 1990—2016 年过火总面积的约 99%。另外，近几十年里发生大火的频率有所增加。根据已发生火灾的保险索赔记录，加拿大损失最严重的火灾包括 2003 年不列颠哥伦比亚省的基洛纳林火 (林火损失 2.52 亿美元)、2011 年阿尔伯塔省的奴湖林火 (林火损失 8.646 亿美元)、2016 年阿尔伯塔省东北部的马河林火 (林火损失 38.4 亿美元，是加拿大历史上损失最严重的自然灾害)，以及 2017 年不列颠哥伦比亚省的林火 (林火损失 1.373 亿美元)。

(2) 管理机构和职责

加拿大约有 6% 的林地为私人所有，其余的 94% 由各省和地区及联邦机构负责 (包括国家公园、原住民保护区和国防用地)。为了促进对所有紧急情况的有效管理，加拿大政府采用了全面管理的方法来管理自然和人为灾害。成立于 2003 年的加拿大公共安全部，提供全国的跨联邦机构协调，针对加拿大联邦土地和财产的应急管理，采取全面的危害处理方法。另外，在联邦政府环境保护部下也设有国家林务局，主要负责森林防火方面的重点科研项目研究和高级专业人才的培养，具体防火工作全部由各省自行管理。各省的权力范围很大，可以制定自己的森林防火法律法规，各省防火机构的分工科学、细致，协调性强。省和地方政府拥有加拿大的大部分森林和其他荒地的所有权，因此对林火的管理负有主要责任，而联邦政府机构则主要负责国家公园和国防用地。

国家层面的应急管理是联邦政府在其专属管辖范围内，负责对其控制的土地和其他资产进行管理。当省或地区无法应对紧急情况时，也需要联邦政府的参与和协助，这种情况约占 10%。当紧急情况产生全国性影响时，联邦政府可以立法授权进行干预或分担管理责任。联邦政府与各省和地区就联邦土地上的林火管理签订了协议。同时，加拿大土著服务部门与省级、地区性林火管理机构签订了消防控制协议，以确保联邦储备系统中的原住民社区能够应对林火的威胁。国防部和各省、地区也达成了类似的协议，以管理国防部拥有的联邦土地上的林火。这些省和地区还与加拿大国家公园签订了协议，共同管理边界沿线的林火。

当林火威胁到社区或危及自然资源时，当地应急管理组织会做出响应以控制局势。如果事故超出当地应急人员的处理范围，则启动省或地区应急管理组织，来帮助协调政府的林火应急响应和恢复工作。省或地区的紧急状态通常会触发省级联邦援助请求，这会进一步促使加拿大公共安全部门启动其政府运营中心(GOC)来监控和共享态势感知信息，并协调各部门对省级联邦援助请求进行响应。

(3)加拿大森林防火协调中心

各省的扑火资源(消防设备、人员和飞机)由加拿大森林防火协调中心(CIFFC)调遣。CIFFC 成立于 1982 年，是一家私营的非营利性公司，为其成员机构(10 个省、2 个地区和 2 个联邦)提供林火管理服务，以改善加拿大的林火管理。CIFFC 主要包括 4 个委员会和 6 个工作组，即协调工作组、培训工作组、航空工作组、设备工作组、气象工作组和地理信息工作组。其中协调工作组主要负责制定和维护国家交流标准、商业惯例和流程，以提供在国内和国际上共享的安全、有效和高效的林火管理资源；培训工作组负责确立、制定和评估有关人员交流的国家培训标准，并支持加拿大教育机构的消防管理课程；航空工作组负责与国家和国际消防管理机构以及其他 CIFFC 委员会和工作组一起，促进安全、有效和高效地使用飞机；设备工作组负责促进、协调和传播国家和国际森林防火设备及相关产品的研究与开发；气象工作组负责就森林和火灾的气象问题向 CIFFC 成员提供咨询和意见，在 CIFFC 成员与加拿大相关外部机构之间促进、协调和支持有效的森林和火灾气象业务活动；地理信息工作组负责通过讨论和演示地理空间工具和应用程序，分享和交换消防管理地理空间知识，制定最佳实践、指导方针和标准，以共享数据信息，同时促进合作机构之间良好的工作关系。CIFFC 的经费 1/3 来源于联邦政府，2/3 来源于各省及地方政府。

CIFFC 管理着一项独特的加拿大内部协议，称为"互助资源共享"(MARS)，以便在机构需要额外资源应急时，以低成本方式共享消防资源。但由于资源短缺日益严重，通过 CIFFC 可获得的机构资源有时并不足以满足国家需求。因此，CIFFC 与美国、墨西哥、澳大利亚、新西兰和南非等国家达成了协议，以便有效地交换资源。

(4)林火管理信息系统

从 20 世纪初期开始，加拿大研究人员便致力于林火管理系统和工具的研发，取得了较大成果。这些工具帮助林火管理人员评估火灾风险、分析火灾行为并预测火灾的威胁，极大提升了加拿大的林火管理水平。

①加拿大荒地火灾信息系统(CWFIS)。加拿大的林火管理基本基于 CWFIS 系统。该系统可以创建全年的每日火险天气和火行为地图以及 5~9 月整个森林火灾季的热点地图。同时，CWFIS 使用卫星探测火灾，并从消防管理机构收集报告的火灾地点信息。

②加拿大森林火灾危险等级系统(CFFDRS)。CFFDRS 旨在评估火灾在森林生态系统中的作用和影响，是加拿大森林火灾管理机构的主要消防情报来源，也是世界上应用最广泛的火灾危险等级系统。该系统主要包括森林火灾天气指数系统(FWI)和森林火行为预测系统(FBP)。森林火灾天气指数系统基于对温度、相对湿度、风速和 24 h 降水的连续每日观测和计算，提供荒地火灾潜在可能性的数字等级，是反映加拿大森林地区火灾危险的一般指标。森林火行为预测系统提供潜在的火头蔓延率、可燃物消耗和火灾强度的定量估计和火灾描述。在链接火灾增长模型后，森林火行为预测系统可以提供火灾面积、周界和周界增长速度，以及火头、侧翼和背部的火行为预测。

③林火威胁等级系统(WTRS)。用于评估火灾风险关键因子：危险性、扑救能力和预期火行为，并生成总体火灾威胁等级。

（5）林火管理策略

①公有土地。省和地方政府拥有加拿大的大部分林地和其他荒地的所有权，因此对野火应对负有主要管理责任。然而由于土地管理目标以及森林资源的价值差异，加拿大各省和地区内的消防管理目标各不相同。许多省采用分区制，对高价值地区的火灾扑救比其他地区更有力度，而对保护力度不大的地区有不同的名称，如观察区（萨斯喀彻温省）和生态消防管理区（阿尔伯塔省）。加拿大省和地方政府的预算中有很大一部分用于消防，然而由于火险天气的年际变化，几乎所有的消防管理机构在消防负荷和支出方面也都经历了很大的年际变化。大多数机构都有一个基本预算，以保障防火和常规的扑救开支，并且在极端火灾时必须从省级立法机构获得更多的资金。

②国家公园和其他联邦土地。国家公园占加拿大国土面积的 2%，其消防管理在 100 多年前就开始了，目前，加拿大国家公园已经指定了专门的消防管理人员负责消防管理的所有方面，包括火灾预防、扑救以及使用计划火烧。消防人员通过 CIFFC、加拿大国家公园管理局，可以向省政府机构争取资源，特别是当国家公园内的火威胁到邻近的省级公有土地时。

③私人土地。在大多数省份，私人森林土地所有者和任期持有者都要为他们土地上的火灾负责。如果公共资源受到威胁，则会向土地拥有者收取费用。在有重大私人持股的省份，个别公司或企业集团也会进行火灾扑救，其中最著名的是魁北克省的消防协会（SOP-FEU）。在温哥华岛上，4 家主要的林业公司多年来一直在经营一个名为林业消防飞机的财团，虽然现在只剩下 1 家成员公司，但它拥有的飞机可以由不列颠哥伦比亚省林业局派遣，并作为省消防飞机队的一部分使用。

④城市和农村消防区域。市政和义务消防部门对城市和农村消防区域内发生的草地、灌木丛和森林火灾进行扑灭。大多数地方政府与邻近司法管辖区签订了相互援助协议，以便在必要时及时补充资源。此外，许多地方政府还与省政府机构签订了协议或操作指南，以便在初期扑救失败时借助省级资源。

（6）扑救力量

据统计，加拿大约有 3 672 个消防部门，2014—2016 年期间消防员总数约为 15 万。其中，职业消防人员 2.6 万，其余为志愿消防人员。加拿大林火扑救充分发挥了空中优势，自 20 世纪 60 年代以来，携带阻燃剂的水上消防飞机和陆基空中消防飞机成为加拿大林火扑救的重要力量。各省防火中心都配备有侦察机、重型洒水机等各种飞机，灭火飞机总数超过 1 000 架。各省拥有或承包的飞机实质上都是国家机队的一部分，在本省不需要时可提供给其他机构（MARS 协议）。很多省份除了可以使用公共、私人以及公私合营企业的飞机，还以合同形式租用直升机和小型飞机进行火情探测。在不列颠哥伦比亚省和育空地区，机队归私人部门所有，以合同方式为省级森林机构提供服务，如 Conair 公司、Air Spray 公司和 Flying Tankers 公司。

（7）科研支撑

加拿大林务局下设 6 个林业研究中心，各中心都有森林防火研究室和一批专家，科研重点是如何引用和推广国内外的先进科学技术。每个科研中心都在区域森林防火中心或防火站设有试验基地，采用边研究、边推广的办法，使加拿大的森林防火研究保持在世界先进水平。目前，加拿大拥有包括林火监测系统、通信系统、扑救系统、情报系统、指挥系统、设备供应系统、燃油供应系统在内的7个基本的林火管控工作系统。其中，加拿大的林火监测系统主要通过卫星监测林区温度，查找火灾隐患，并及时提出针对性的降温灭火措施。

为克服林火管理机构面临的诸多挑战，提升林火管控性，近年来，加拿大提出了一种范式转变以加强扑救能力和价值保护力度。为实现这一目标，各机构需要调整资源倾向，使用基于风险的适当应对方法，既支持灭火，又支持用火。从理论上讲，这种方法提升了林火在景观中的可控性，有助于降低灾害风险。如果林火和计划烧除起到有效的可燃物处理作用，那么它们可以对随后林火的发生产生反馈作用。这种适当应对方法不仅有助于发挥林火的生态效益，而且可以显著节约成本，特别是面对大规模、高强度的林火时。

此外，有学者指出，林火管理人员和运管研究专家需要加强应用决策支持系统的协作开发，以支持加拿大林火策略（CWFS）的实施。2019—2029年加拿大林火科学蓝图就提出要加强横向合作，增加对创新和协作研究的投资，通过提高加拿大林火科学研究能力，进一步推进CWFS的实施。

10.2.4　澳大利亚林火管理概况

(1)林火发生概况

澳大利亚的林地面积约 $4\,200\times10^4\ hm^2$，占其国土总面积的6%，其中 $3\,000\times10^4\ hm^2$ 为国有林，$1\,100\times10^4\ hm^2$ 为私有林，在国有林中有 $490\times10^4\ hm^2$ 划为国家公园。森林主要分布在塔斯马尼亚州、维多利亚州、新南威尔士州、昆士兰州的东部和南部以及西澳大利亚州的沿海地带。澳大利亚天然林多，生长茂密，结构混杂。在旱季，由于气温高、湿度小、风大，而且桉树多油脂、多易燃，因此极易发生火灾，形成树冠火，扑救难度很大。再加上当地居民喜欢在森林中建造房屋，长期定居林区内的居民众多，导致每年都有大量森林火灾发生，往往造成人员伤亡事故和严重的财产损失。例如，维多利亚州每年森林火灾多达5 000余起，烧毁森林数万公顷，起火原因多由林内居民生活、郊游野炊、吸烟、计划烧除、高压线短路、交通运输机械等造成，而雷击火只占15%～20%。

(2)组织机构

澳大利亚没有全国统一的林业或森林消防管理官方机构，但国家层面存在消防、紧急服务和土地管理的最高机构——国家消防和紧急服务委员会（AFAC）和澳大利亚消防协会（FPA），为地方林火管理提供服务。AFAC成立于1993年，目前拥有34个正式成员和23个非正式成员，成员主要来自澳大利亚、新西兰和太平洋周边地区。AFAC主要通过签订合作协议来协助成员地区紧急管理部门进行林火管理和资源援助。FPA是澳大利亚消防安全最高管理机构，支持和代表消防行业。其由近1 900个成员组成，包括澳大利亚各地公司、组织和个人，包括消防产品和服务的制造商、供应商、安装人员和服务人员，以及消防人员、建筑业主、保险公司、设计师和建筑测量师、教育工作者、森林消防顾问和社区工作人员。

澳大利亚各州的森林消防工作自主负责，机构各成体系，名称也不统一。城市市区内的各类火灾由城市消防局负责扑救，州林务局、国家森林公园及野生动物管理局主要负责自身经营的州内森林资源的防火工作。澳大利亚各州的森林消防人员统一着装，佩有统一的森林防火标识。

(3) 消防力量

澳大利亚从事森林消防工作人员分为 3 类。一是为数不多的专职人员，属国家公务员的一部分，是森林消防工作的组织者和管理者，队伍精干，素质较高，如新南威尔士州和昆士兰州的乡村消防局分别有专职人员 350 人和 72 人。主要岗位有指挥官、预防官、培训官、后勤支援官、信息官、下派各大区的管理官员等。二是临时雇佣人员，一般在森林高火险区雇佣一些瞭望人员、巡逻人员或其他特殊情况的雇佣者。三是志愿者，澳大利亚没有专业性的森林扑火队，社会各界的广大志愿者是扑救森林火灾的主要力量。志愿者不计报酬。如新南威尔士州有 4.4 万名志愿者，昆士兰州也有数万名志愿者。一般情况下，年满 16 周岁的公民均可以申请成为志愿者，但消防部门会对志愿者进行资格审查和考试培训。

扑救行动中，澳大利亚消防队员的必备防护设施有安全防护服、防火鞋、手套、防烟眼镜、防烟面具和火盔。常用消防设备包括滴液点火器、麦氏锄耙、钩子、背负式灭火水枪、便携式高压水泵、Cat1/2 型消防车、Cat7/9 型防火车和灭火泡沫，每个消防站（队）均配有 4~5 辆消防车。此外，澳大利亚还有空中消防中心（NAFC），提供用于扑灭丛林大火的空中消防资源。NAFC 目前有 130 架飞机，可以随时支援各地。

(4) 林火预防和监测预警

澳大利亚各州政府十分重视林火预防工作，规定每年 7 月 1 日至翌年 3 月 31 日为森林防火期，在森林防火期内发布森林火险天气预报。除气象部门无偿提供社会化信息外，消防和林业部门在林区设置了大量的气象观测站，如维多利亚州防火中心在林区就建有 100 余处气象观测站，自上而下建立了一套十分完善的森林火险预报系统以确定森林火险等级，通过电台、广播、电视等途径迅速向系统内部和广大公众传播发布。任何一个基层防火单位，都随时可从网上调取当日的气象和火险信息，及时了解第二天的森林火险等级。火险等级主要依据温度、相对湿度、风速、风向和可燃物载量确定，乡村消防局长和负责森林防火主要部门的行政长官根据火险等级发布森林防火戒严令。另外，澳大利亚实施用火许可证制度。许可证由乡村消防局签发，在每个小区都有一位熟悉当地火险情况且大家公认有能力的志愿者专门负责野外用火的审批和监督。澳大利亚也广泛开展计划烧除，他们认为大面积阔叶林下杂灌丛生，使可燃物快速积累，必须用火烧的办法来改变立地条件。因此，每年在春秋季节各州都有计划、有组织地开展较大规模的计划烧除。同美国和加拿大类似，澳大利亚也有社区保护计划，一方面加强林区征占用地管理，鼓励林区居民从森林中搬迁出去，严格控制新建房舍；另一方面以邻近的 10~20 户居民为单位，协助制订联防联保方案。通过这些计划，使林区 70% 以上的居民能够合理定居并掌握自救知识。

澳大利亚的林火监测系统由多部分组成。一是全国各地无偿开通了"000"紧急报警电话，群众发现森林火情后可迅速报警；二是通过瞭望塔监测，高火险时 24 h 观测；三是消防队员巡逻；四是飞机巡护；五是使用红外监测、GPS 在空中定位；六是采用卫星遥感技术监测；七是采用可见光的方式进行航拍；八是空中扫描探测，飞机高空扫描的宽度为 20 km，将收到的实时火点图像叠加在地图上。总体而言，澳大利亚的林火监测已形成了空中与地面相结合、远程与近程相结合、传统监测手段与现代科技手段相结合的立体、交叉监测网络，能够做到早发现、早出动、早扑救。

此外，自 20 世纪 50 年代后期以来，澳大利亚建立了森林火险等级系统（FFDM），后经不断改进，现已被广泛应用。该森林火险等级系统包括 4 个子模型，分别是细小可燃物模型、可燃物含水率估算模型、火线蔓延模型和扑救难度模型。该系统认为地表细小可燃物含水率和风速是影响澳大利亚林火蔓延 2 个重要因子，可用火线蔓延速率和细小可燃物含水率的关系来评估扑救困难程度。该系统可以计算危险指数，分为 5 个等级，范围为 1~100，指数越大表示危险性越高，扑救难度越大。后来由于 2009 年澳大利亚丛林大火的火险指数远超 100，又对该系统进行了更新，设置为 6 个等级，允许指数范围扩大到"100+"。此外，澳大利亚联邦科学与工业研究组织（CSIRO）的林火行为和管理研究组研发了 SiroFire 计算机辅助决策系统，用来协助扑火人员预测不同天气条件下的林火蔓延状况。

（5）扑救体系

澳大利亚 90% 以上乡村地区私营森林的防扑火工作由乡村消防局负责。在州乡村消防局之下，按自然地域和社会区域分为几个大区，再将大区分为几个小区，下设消防中心、消防巡查站、消防队，各级政府为其提供物资保障。当火势较小时，主要由林地所有者和当地基层消防队负责扑救，火场指挥员由消防队中职务最高的组长担任；火势较大时，由大区消防指挥中心负责扑救，中心负责人担任扑火指挥员，有权指挥和调动全区各部门、各消防队，如果火势再大，必须由州乡村消防局负责扑救，通常情况下由乡村消防局局长委托的高级指挥官来具体指挥，有权调动全州的扑火力量或请求其他州进行支援，甚至调用飞机实施空中灭火。因此，乡村消防局是澳大利亚最权威、最专业、最庞大的抢险救灾部门。

（6）社会保障

①社会基础坚实。澳大利亚各州的森林消防机构以乡村消防局为主，广泛动员社会各方面力量，公民自觉参与程度高。庞大的志愿者队伍来自社会各个层面，不计报酬服务于森林消防公益事业。而社会的支持更为直接，各界经常给予森林防火工作捐助，如一些生产厂家赠送消防设施设备，气象局无偿提供信息支持，消防车行驶无需牌照（有消防标志即可），免收消防车的有关公路费用等，使森林消防工作有着坚实的社会基础。

②资金力量雄厚。澳大利亚政府每年都投入大量资金用于森林防火基础设施建设，各州的森林防火投入都在 1 亿澳元以上。经费来源中，州政府、地方政府占 30%，保险公司占 60%~70%，还有社会捐助以及少量出租防火设备的收入。维多利亚州是澳大利亚面积最小的州，仅有 22×10^4 km²，但每年的森林防火经费在 1.3 亿~1.6 亿澳元。由于有雄厚的资金做后盾，各州的森林防火基础设施十分完善，装备精良。

③法律体系完善。澳大利亚森林消防法制化程度很高，各州都有自己的乡村消防法律或条例。如新南威尔士州和维多利亚州早在 1949 年就制定了《森林消防法》，1992 年制定了《乡村消防条例》，1997 年重新修订了《森林消防法》和《乡村防火条例》，对森林消防的管理区划、机构设置及职责、义务消防队的建设、部门间的协调配合、防火期的划分、计划烧除、火灾扑救、扑火指挥、责任人惩罚、资金来源和使用等方面都作出了明确具体的规定。《乡村防火条例》还规定，为加强对森林防火工作的指导和监督，在州政府内设立林

火协调委员会和乡村消防局咨询委员会，专门从事森林防火方针、政策的研究，并对预防和扑救火灾工作中存在的问题提出意见，研究解决办法。澳大利亚非常重视火案的查处工作，严厉惩罚森林火灾犯罪。

④注重人员培训。澳大利亚非常重视森林消防人员的培训工作，在规程制定、教材编写、基地建设、培训时限、经费投入等方面都有严格的规定。乡村消防局设有专职培训官员，主要负责组织对全体志愿者的培训和管理。上层培训中层、中层培训骨干、骨干培训众多的志愿者，形成一个塔式培训结构。培训教材统一编写，培训大纲对不同层次森林消防人员的培训范围、执行标准、考核评价方法等方面都有具体要求。具体的培训工作分初级、高级、小队长、中队长、管理人员 5 个等级，规定初级培训学时每年不少于 20 h，中高级培训学时不少于 60 h。只有达到了规定的学时，并经过实际操作和演练，考试合格后才能晋级，发给相应的等级标志。各基层森林消防站每年要对辖区的义务扑火队员进行 2 次考核，并适当更新。由于认真严格的培训和考核，澳大利亚森林扑火队员的专业扑火水平普遍较高，扑火伤亡事故极少发生。

⑤科学技术支撑。澳大利亚森林消防科技含量很高，消防部门十分重视先进科学技术在森林防火工作中的应用。大量使用计算机系统，在信息采集、信息传输、通信联络、指挥调度等方面建设完善，将地理信息系统用于森林防火并延伸到了小区一级。在组织管理、培训教育、火险预报、火情监测、扑火指挥、火灾扑救等各个环节及森林防火的各个层次，都大量使用了现代化的管理工具和管理技术。国家设有林火研究机构，各州林业局、防火中心及国家森林公园等单位都承担森林防火研究项目，有些科技研究成果居世界领先地位。另外，澳大利亚各州均有独立的森林消防设备研发中心和工厂，生产的设备品种多、换代快，贴近森林防火实际。

复习思考题

1. 如何看待人类活动与林火的关系？

2. 美国林火管理水平已位居世界前列，但近几年重特大森林火灾依旧频发，其原因是什么？

3. 美国、加拿大和澳大利亚三国林火管理有哪些相同之处？

4. 相较于美国，我国林火管理有哪些特点？

5. 根据各国林火管理发展历程，请分析全球林火管理的发展趋势。

第 11 章

林火预警与行为预测

【本章导读】本章主要介绍林火预警和预测预报。林火预警主要介绍林火监测预警系统、林火监测预警手段、国内外林火预警信息系统的研究现状和应用；林火预测预报主要介绍火行为研究历史、火行为预测过程以及火行为预测模型的局限。

11.1 林火预警

为有效预防林火的发生，人们逐渐加强了对林火监测预警系统的研究，希望通过采用先进的技术为防火部门提供资源化的信息，从而帮助人们准确监测森林火灾，进一步提高森林火灾的预警及快速自动定位的能力。

11.1.1 林火监测预警系统

在处理森林防火具体工作时，为迅速地查明和定位火情，精确监测环境中的风向、风速问题，相关人员应加强对火灾遥感监测和火险等级预测技术的重视，以有效地提高该项工作的质量与效率。下面主要介绍森林火灾监测预警系统的功能和组成。

（1）系统功能

对于森林火灾监测预警系统来说，其功能主要有以下几个方面：

①空间定位查询功能。是指对森林火灾监测热点信息进行定位查询并进行标绘等操作。在此过程中，主要根据卫星监测中心监测到的信息进行快速检索，使其在数字地图中显示。根据监测到的信息可以在地图中标绘火场的现状图，使人们对火灾现场的位置、距离、方位及火灾的大小等情况具备一定的认识，从而帮助人们对其采取有效的措施进行处理。

②统计分析功能。主要是在定位查询功能的基础上对森林火灾信息进行相应统计，如对防火信息、火灾档案、地形信息的统计等。

③空间分析功能。主要包括对火灾发生地形地势的分析、可视域分析及最短路径分析，这些功能的实现不仅可以使人们对火灾的情形形成深刻的认识，还可以使人们了解火灾现场与周边各点之间的位置关系，以利于更好地采取解决方法。

④火灾损失评估功能。主要是在森林火灾发生之后，对火灾损失进行一定的统计与分析，如森林树种的损失、森林损失的面积等，以便于根据火灾损失统计制定改善的预防措施。

（2）系统组成

对于森林火灾监测预警系统来说，其主要是由监控中心、数据基站节点、监测节点和传输网络等各部分组成的，在整个系统作业过程中，各个部分都在一定程度上发挥着极其重要的作用。系统中每个监测节点和数据基站节点都有独立的地址编码，并且每个节点的坐标与地理信息系统（GIS）中的位置一一对应，如若一个地方发生火灾，管理服务器便会监测到报警信息，从而将火灾信息直接显示在电子地图上，便于工作人员及时采取有效措施加以处理。这一举措不仅在一定程度上降低了工作人员的工作强度，而且有效提高了防火、救火的科学性和准确性。

（3）系统中 GIS 的操作功能

为有效提高森林火灾的预警及快速自动定位的功能，利用 GIS 技术设计森林火灾监测预警系统可以有效发挥该系统的作用与功能。其中，GIS 是多学科交叉的产物，其主要是以地理空间为基础，采用地理模型分析方法加以实现整个系统的功能。在整个森林火灾监测预警系统中，GIS 的基本功能主要是将表格型数据转换为地理图标显示，然后对显示的数据进行一定的分析与操作。下面主要对该系统中 GIS 的操作功能进行了介绍。

①调图功能。是 GIS 的一大重要功能，其在一定程度上达到了数字化调阅地图的目的，在实际操作过程中主要有以下几种调图方式：经纬度调图、方位角调图、局名调图、图号调图、图名调图等。对于各种不同的调图方式来说，具备各自不同的优点，而且操作起来非常简便，可以在一定程度上满足不同用户的需求，而这也给调阅地图带来了极大的便利。

②绘制态势图。态势图是森林火灾监测预警工作中一项非常重要的工作，GIS 可以充分发挥其功能绘制精确的态势图，且绘制的态势图不仅信息可靠、坐标位置精确，而且进一步完善了火灾现状，更加形象地将火灾情况表现出来，从而为开展火灾救助提供了有用信息。

③模拟制作扑火过程。GIS 具有过程模拟制作、过程模拟推演、演播文件管理等重要功能，加之其可以实现经纬度定火点及三维电子沙盘切换，从而为模拟制作扑火过程的实现奠定了良好的基础条件。

11.1.2　林火监测预警手段

林火监测是发现林火和传递火情的手段。林火探测的措施通常可划分地面巡护、瞭望台观测、空中探测、卫星监测、无人机探测和微波探测。这些手段有机结合形成一个整体，称为林火监测系统。林火监测系统的功能是及时发现火情，准确探测起火地点，确定火的大小、动向，监视林火发生发展的全部过程。

（1）地面巡护

地面巡护是由防火专业人员步行或乘坐工具（如马匹、摩托车、汽车、汽艇等）观察森林，检查、监督防火制度的实施，控制人为火源，发现火情并采取扑救措施。地面巡护是林火监测的重要环节，也是控制人为火发生的重要措施之一。

（2）瞭望台观测

瞭望台观测是利用地面制高点上的瞭望台(塔)观测火情的方法，是一般林区常用的探火、报警措施。瞭望台观测是一种定点探测方法。所以，在其可见范围内可以进行 24 h 观测。而且，若干个瞭望台组成网络，可以消除盲区，准确判定火场位置。这种观测方法有覆盖面积大、探测火情及时和准确等优点，是我国林火观测的主要方法。

瞭望台大多设于人烟稠密、交通方便的地区。应用最佳方案筹设地面瞭望台网，综合考虑地形、交通、生活和森林分布状况，尽可能以少量的瞭望台满足视野的覆盖，消除盲区。边远地区人烟稀少，以飞机巡逻为主。而居民密集的地方，以瞭望台为主，飞机巡逻为辅。如加拿大森林采伐公司在人员多的西部山区，利用高山建立造价低廉的瞭望台，昼夜监视林火的发生。

（3）空中探测

空中探测是利用飞机在空中对林火进行监视和定位的探火方法。空中探测同瞭望台观测一样，是重要的林火探测方法。飞机在林火监测中，不断引用新技术和新方法，自 20 世纪 80 年代开始采用航空巡逻同瞭望台网相结合的方式。在偏远地区和瞭望台间隔区一般都用飞机巡逻发现火情。巡逻飞机大多是轻型的，装有无线收发报机、空对地广播器和空中摄影装置等，有的还载有扑火人员和工具，以便发现小火立即扑灭。近年来，美国采用由快速涡轮发动的飞机进行巡逻，速度由原来的 165 km/h 提高到 270～300 km/h，大大提高了巡逻效率。由于飞机巡视面积大，目前各国在这方面的应用越来越广。

（4）卫星监测

利用卫星监测林火是自 20 世纪 90 年代以来开始应用的探火方法。这种方法具有监测范围广、时间频率高、准确度高、全天候、速度快等优点，可跟踪监测并随时掌握林火发展动态，准确确定火场边界，精确测得森林火灾面积，还可以进行火灾损失的初步估算、植被恢复情况监测、森林火险等级预报和森林资源的宏观监测等工作。国外已利用轨道卫星预报林火，在卫星上安装一种灵敏度极高的火灾天气自动观察仪，用来测定风向、风速、温度、空气湿度以及土壤含水量等方面的数据，并把收到的资料发给监测站，再将资料发给电子计算机中心进行加工后通知近期有火险的地区。

通常用于森林火灾监测的是美国 TIROS-N(即 NOAA)系列气象卫星，由 1 颗上午轨道卫星和 1 颗下午轨道卫星组成一个双星系统，目前在轨工作的有 NOAA-12、NOAA-14 两颗卫星。NOAA 属近极轨太阳同步卫星，轨道平均高度为 833 km，轨道倾角为 98.9°，周期约为 102 min，每天约有 14.2 条轨道，每条轨道的平均扫描宽度约为 2 700 km，2 条相邻轨道的间距为经差 15°，1 昼夜可以至少覆盖全球任一地区 4 次。

（5）无人机探测

无人机系统的运行主要是由飞行系统、地面处理系统以及机载控制系统协调合作共同。其中，飞行系统可以进一步划分为控制器、执行器、通信器、机体、传感器等构件，该系统的主要作用是确保无人机始终处于正常运行状态；地面处理系统则是由处理器、传输器、发射器以及计算机等构件组成，主要作用是通过传输器获取无人机数据信息，然后使用处理器和计算机对这些数据信息进行处理，再将其传输至工作平台；机载控制系统主要由传感器、控制器、CCD 摄像头、执行器等结构组合而成，由于无人机的规模较小，而且承载力较弱，因此机载控制系统需要具备耗能低、规格小、质量轻的基本特征，主要作用是收集森林火灾图像等相关数据信息向地面工作平台进行传输。从宏观角度上来看，无人机系统的基本工作原理为：飞行系统控制无人机的飞行路线，机载控制系统在无人机上将所获取的数据信息传输至地面处理系统，该系统将所获取的信息进行分析和归纳，再传输给工作平台的工作人员。

在国内，2013 年大兴安岭林区内采用 Z5 无人机进行森林防火巡查，这是国内首次采用无人机技术作为森林防火巡查的主要形式。该无人机还配有专业的智能监控系统，不仅可以实时向林区工作人员传输数据信息，还可以对林区内任意位置进行快速定位，有效加强了该林区内的森林防火强度。国内科技公司也曾将无人机技术与 GPS 技术、数据处理技术、传输技术等多项专业技术相结合，共同创造出智能性较强的无人机来完成森林防火等相关工作，提高了森林防火的安全系数，值得推广。在国外，2006 年，美国航空航天局曾使用 Altair 无人机在某模拟的森林火灾上空进行巡航，通过红外扫描仪器对整个森林火灾区域进行扫描和评估，找出其中主要的火灾点，将其相关数据信息传输至工作台，为工作人员的火灾处理工作提供了非常重要的信息。

（6）微波探测

微波探测在林火监测上的应用发展很快，该技术是将微波辐射接收仪安装在飞行器上，根据接收的微波强度和波长来确定林火的存在、判断火场大小及进行林火定位的一种探测方法。如芬兰专家们研制成一种新型雷达，这种设备发射的微波可以穿透森林的各个层次，收集从树木顶端到地面的各种数据。根据这些数据，可识别森林的种类、估计树木的数量、测定树木的高度及森林遭受污染的程度，并可通过微波辐射扫描方式发现林火、拍摄火场、计算火灾面积等。

11.1.3　国内外林火预警信息系统

（1）国外林火预警信息系统

林火预测预报研究开始于 20 世纪 20 年代，近 10 年来，在世界各国发展很快，根据所查资料分析，目前代表性的林火预警信息系统主要有以下几种：

①德国的 Fire-Watch System 林火自动预警系统。其核心是应用数字摄像技术，能够及时识别与定位森林火灾，可以快速监测半径为 15 km、面积为 700 km^2 的区域。

②欧盟研制的林火自动观察系统。每组装置由 4 个可以监视 500 m~10 km 范围的黑白摄像机和 1 个热敏与烟感应器组成，可以在 30 s 内发现烟火，40 s 内确定起火区域。在葡萄牙和法国等地的试验表明，每组装置可以监视近 $1×10^4$ km^2 的森林，准确率高达 95%以上。

③美国采取地面巡护、瞭望台观测、空中探测和卫星监测相结合的方式。美国蒙大拿州米苏拉的美国林务局火灾研究实验室，正在建立一套计算机模型来预测火势的蔓延趋势，以协助消防员的灭火工作，能预示火势蔓延的速度以及那些即将面临火灾危险的地域。

④俄罗斯利用激光开发的林火自动报警系统，可对 $10×10^4$ km^2 的森林进行监测。

⑤西班牙和葡萄牙将多无人机系统应用于林火预警。他们的研究人员曾进行了多次林

火预警实验，使用一组无人机分别携带不同的传感器对林火的各项特征进行监测，并将短距离范围内的图像和数据提供给地面站，由地面站对各项林火特征进行综合分析，验证了多无人机系统应用于林火预警的有效性。

其他系统和方法一般是针对传统火灾监测方法不能远距离进行监测的弊端，如基于视频的火焰和烟雾监测方法，火焰监测使用模糊聚类算法自动选取火焰的变化区域，通过对比这些区域和火焰颜色来触发火焰预警系统。此外，烟雾监测自动选取视频中的火焰形状变化，通过与烟雾图像固有形状特征进行匹配，来判定预警信号。

（2）国内林火预警信息系统

我国森林防火工作是在苏联、美国和日本等国家林火预报研究基础上并结合我国实际发展起来的，近年进展较快。

①基于数字图像信息技术的林火预警系统。该系统是近年兴起的一种林火监测方式。它通过安装在不同位置的摄像机将山林影像信息实时传输到森林防火站，应用数字图像处理和识别软件进行自动判定，并进行火情分析及提出相关灭火建议，实时、清晰地报送森林防火指挥中心。与卫星林火监测方式相比，它具有火情发现速度快、大火和小火都可以监测、不受天气因素影响等优势；与林火人工监测方式相比，它具有监测范围广、昼夜连续监测、智能性等优势。

②基于无线传感器网络的林火监测预警系统。无线传感器网络采集到的数据更为准确，直接反映监控现场的各种情况，在无人值守的环境、灾害扑救等特殊领域具有无可比拟的优势。利用无线传感器网络采集大量温度、湿度、气压、烟雾等数据(图11-1)，利用传感器探测节点把数据发送到汇聚节点，由汇聚节点负责融合、存储数据，把数据通过互联传送到数据库服务器，中心服务器再把数据服务器的数据加以分析整理，从而监测森林火险情况，并将这些信息置于网络服务器中，实现对森林火灾的准确监测预警。

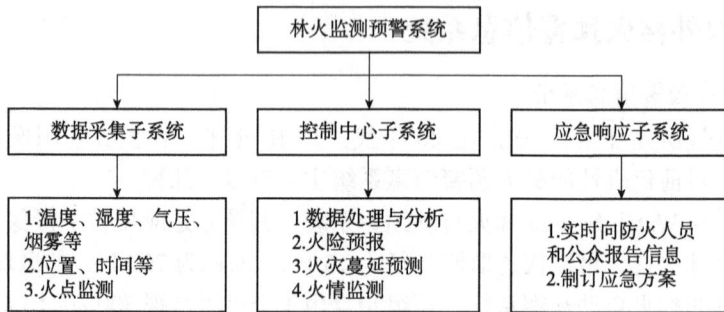

图11-1　基于无线传感器网络的林火监测预警系统功能

11.2　火行为研究历史

在过去的100年中，有关火科学研究以及野火管理方式取得了巨大的发展。对于自由燃烧的野火，其行为(如蔓延速度、方向和大小)充满极大的不确定性。一些火行为研究人员认为，大多数野外消防员对火行为的预判主要基于经验，然而经验判断可能有局限性。因此，有学者认为，成功预测火行为需要将实践经验与分析建模方法相结合，盲目信任模型的输出和完全依赖有限的经验判断都是不可取的。

火行为研究的目标是针对任何特定的可燃物、天气和地形条件，在实际火发生或模拟火发生的情况下，为下列问题提供简单、及时的答案：

①火头的传播速度。

②1 h，2 h，3 h，…后的过火面积、周长和向前传播距离。

③未来火灾会发展为高强度还是低强度？

④未来火灾会发展为树冠火还是地表火？

⑤控制和扑灭的难度。

⑥是否需要地面和/或空载机械设备来控制火灾，或者消防人员能否安全有效地处理火灾？

火行为研究人员需要研究大量各种观测到的火行为变量与环境条件之间的关系，然后通过这些信息来回答以上问题(图 11-2)。

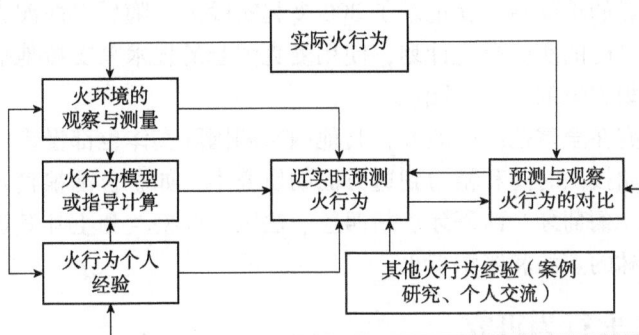

图 11-2　预测野外火行为的流程

(Alexander et al.，2013)

11.2.1　野外林火实验研究

1919 年，美国林务局的造林学家比维尔对火蔓延速率进行了第一次已知的野外实地研究，他记录了加利福尼亚北部黄松林实验性的小型火源的火蔓延，这些实验是于 1915—1917 年的夏天在羽毛河实验站(Feather River Experiment Station)进行的。吉斯伯恩(Harry T. Gisborne)在 1950 年发表的一篇文章中描述了他在 1922 年如何与比维尔合作进行各种点火测试。从 20 世纪 30 年代中后期开始，类似的实验火研究在密西西比州的长叶松树林以及加利福尼亚北部进行，研究主要侧重于探索与火灾探测瞭望塔有关的火势蔓延速度。从 20 世纪 40 年代后期开始一直到 20 世纪 90 年代，美国林务局火灾研究机构和其他有关机构一起在东南部各州的多个地点持续进行了燃烧研究，这些研究也构成在不同的南方松树类型中周期性使用计划火烧的更广泛探讨的一部分。在 20 世纪 60 年代末至 20 世纪 70 年代初，实验火研究还在亚利桑那州的橡树丛林和湖州的笔北硬木林进行。美国开展的火行为相关研究还有防火行动(Operation Firestop)，该行动于 1954—1955 年进行，致力于探索先进的消防方法。20 世纪 50 年代，林务员法内斯托克(George R. Fahnestock)等人在爱达荷州北部的普里斯特河实验森林进行了一项关于伐木后火行为的研究。此外，还有一个名为 Flambeau 的大规模火灾行为的项目于 1964—1967 年在内华达州和加利福尼亚州的沙漠进行。

在加拿大，赖特(Wright，1932)设计了估算可燃物含水率的方法和一个 2 min 的试燃程序，其最初在安大略省东部的佩塔瓦瓦(Petawawa)森林实验站开发和测试，用于评估全国 11 个现场站的森林可燃物可燃性。这些实验产生的数据包含 20 000 多个不同植被和可燃物类型的火灾实验观察结果，至今仍被证明是有效的。这些燃烧实验最终拓展了瓦格纳(Charles E. van Wagner)在实验站中对小(0.2 hm²)红松种植园中线源点火引发的树冠火的研究，也促进了在 20 世纪 60 年代中后期开始的(持续了 2~3 年)对白杨林和其他砍伐后的针叶林中面积达 5 hm² 的实验。

在澳大利亚，联邦林业和木材局的野火研究员麦克阿瑟(Alan McArthur)在草原和桉树林可燃物类型中启动了一项实验性燃烧计划。该计划使用燃烧时间从 30 min 到 1 h 以上的点源点火，最初集中在澳大利亚首都直辖区和新南威尔士州进行，后来扩展到西澳大利亚。最终，仅在干燥的桉树林中就记录了 800 多起实验火。随后，西澳大利亚的野火研究人员着手制订他们自己的实验燃烧计划，使用麦克阿瑟的技术来支持他们在原生森林和外来松树种植园中计划火烧的使用实践。

随着火行为研究在全球范围的展开，其他国家和国际实体也都慢慢认识到在野外进行火实验的价值，开始投入时间和精力到这方面的研究中，如联合国粮食及农业组织以及巴西、南非、肯尼亚、葡萄牙、西班牙、新西兰、法国、苏格兰和土耳其进行的火实验，涉及草原、灌丛和松林的点源和线源点火。

11.2.2 实验室火行为研究

随着时间的推移，火实验也在实验室环境中进行，作为对野外火行为研究的补充。尽管存在规模问题，一些基于实验室的火行为研究实验已被证明对开发实用的火行为模型是有用的(例如，研究坡度对火灾蔓延速度的相对影响)。1938 年，丰斯(Wally Fons)在风洞中进行了第一次实验火研究。有趣的是，当时专门建造的用于研究火行为的风洞位于加利福尼亚北部沙斯塔实验森林的室外，而非室内。最初，丰斯(Fons，1963)还领导了一项由美国林务局进行的模型火灾实验研究——Project Fire Model(1959—1966)。随着美国林务局于在佐治亚州(USDA Forest Service，1993)、蒙大拿州的米苏拉和加利福尼亚州里弗赛德创建了 3 个致力于研究森林火灾的国家森林火灾实验室，室内燃烧实验得到了显著提升。

当然，火行为的实验室研究不仅限于在风洞中进行。近年来，一些研究团队为探究飞火传播机制，搭建了垂直风洞实验平台。其他的火实验室和设备还有开放式燃烧室，其中燃烧了各种可燃物(包括高达 5 m 的圣诞树)，可以倾斜到不同坡度的燃烧台。

此外，在实验室环境中对火行为的研究也不仅限于林业研究机构。例如，英国博勒姆伍德火灾研究站的物理学家托马斯(Phillip H. Thomas)所做的一些工作虽然主要集中在城市或结构性火灾上，但也促进了对野火蔓延、火焰大小和对流柱温度等火行为的理解。近年来，美国国家标准与技术研究院(National Institute of Standards and Technology，NIST)的火研究部一直在马里兰州的大型火实验室中进行荒野—城市交替带的火相关实验。

11.2.3　火行为监测研究

火行为研究的方法可以分为主动观察或事后报告。吉斯伯恩发表了第一个野火案例研究，描述了 1926 年夏天在普里斯特河实验森林附近发生的石英溪大火（Quartz Creek Fire）。此外，他继续对其他野火也进行了几年的主动监测（如 1929 年冰川国家公园的半月火灾，1929 Half Moon Fire），认为这种研究方法可以产生有用的火行为数据。

然而，野火监测并非没有争议。在 20 世纪 30 年代后期，美国林务局的南部森林实验站组织了一些专门致力于研究野火行为的工作人员。他们对很多野火行为进行了观测和研究，包括 1938 年发生在路易斯安那州中北部的蜂蜜火灾（1938 Honey Fire）。研究人员对这场火灾的案例研究报告仍然是经典案例研究之一，但也受到一些争议。尽管他们事先得到了关注和记录这一野火行为的批准，但他们却因没有试图扑灭大火而受到严厉批评。

一般来说，不太可能全面详细地记录快速蔓延、高强度野火的一般特征或获取野火行为谱，除非在实验火烧或计划火烧中发生跑火。就一般的野火案例研究而言，从中收集的蔓延速率数据可以用于火行为模型的构建和测试。然而，收集的有关野火蔓延速率、风速和可燃物信息的可靠性和完整性可能会大不相同。例如，在某些情况下，人们可以通过从空中和地面进行持续监测，获得关于火灾蔓延速率的相当可靠和详细的信息，但是，气象站的分布网络可能非常稀疏，也许只有每小时记录一次的观测，从而限制了获取的信息质量。

11.2.4　计划火烧

计划火烧是指主动地、有计划地设置火燃烧以实现特定的资源管理目标，例如，生态恢复、野生动物栖息地改善或减少危险可燃物。就像偶尔发生的野火一样，火行为研究人员有时会很好地利用从计划火烧中收集某些类型的火行为数据的机会。然而，直到 20 世纪 50 年代中期，这似乎并不是一种常见的火灾研究方式。

最早的一个利用计划火烧进行的火行为研究出现在 1956 年和 1957 年，那是对美国加利福尼亚中部荒野灌木丛受控计划火烧进行的气候调查。这些景观尺度的计划火烧提供了一个可以仔细观察每场火行为与火天气关系的机会。从那时起，火行为研究人员开始收集计划火烧火行为的相关信息，如蔓延速度、火焰方向、可燃物消耗、飞火距离、火旋活动和烟柱高度等。

11.2.5　火行为信息报告

许多火管理机构会为每次野外的火事件填写一份报告表，而这些表格的内容差异很大。通常情况，报告表要求工作人员提供有关火事件的一般行为信息，如初始蔓延速度。火行为研究人员已经将这些报告作为一个很好的火行为数据来源，利用这些数据构建或测试火行为模型（Haines et al.，1986）。麦克阿瑟（Alan McArthur）就很好地利用了报告数据建立了火行为与燃烧环境之间的关系，并将这些结果嵌入火险表中。当然，除了野火，类似的信息也可以在计划火烧的记录中进行归档。

对于报告中的火行为数据，即使没有关于燃烧周长或者起火与扑火之间的间隔时间这样的信息，但最终火面积等简单度量对于刻画火行为也具有价值。美国林务局也曾希望将从森林火灾报告中获得的信息与天气条件和可燃物类型相关联，以此帮助开发估计某些火灾行为特征(如火势蔓延速度)的方法。尽管火灾报告中信息的可靠性普遍较低，但有些火灾报告的数据已被用作评估模型性能和得出总体趋势。例如，通过对此类信息的分析发现，对于发生在美国林务局加利福尼亚地区国家森林中的野火，坡度每增加约30%，火蔓延速度通常会增加1倍。

火行为模型通常分为两大类：经验的和物理的(或理论的)。涉及多种类型的混合模型也存在，如半物理模型、类物理模型、半经验模型、类经验模型。沙利文(Sullivan，2009)综述了预测地表火行为的模型和建模系统。总体而言，各种模型都有自己的优劣势。通过在一定情况下的实验得出的经验的火行为模型在相同的给定情况下几乎总是优于基于理论或物理的模型，但在具有相似又明显不同的可燃物的其他情景中的应用可能更为有限。通常情况下，开发火行为指南或模型时都会采用一些科学调查的经验方法，从物理理论和实验室实验中获得的知识也常与从实验火烧、计划火烧或野火中获得的信息相结合。

在这两大类模型中，物理的模型主要是基于野火中燃烧和传热的化学和物理原理开发的，其复杂程度从仅基于火焰前沿的辐射计算火蔓延率的模型到耦合野火和大气过程的三维模型(如FIRETEC、FIRESTAR和Wildland-Urban Interface Fire Dynamics Simulator (WFDS))不等。基于物理的模型在推进我们对野火动力学的理论理解方面具有很大的前景。然而，考虑到它们的计算要求(尺度模拟通常超过10 h)，基于物理的火行为模型在一定时间内还无法取代其他模型成为最广泛普遍的应用。目前，物理的火行为模型多被视为研究模型，而不是用于预测野外火行为或可燃物管理的实践应用。

此外，在林火行为模型的研究实践方面，野外或经验方法与实验室或理论方法在实践应用方面也存在一些出入。瓦格纳比较了室内和室外林火行为研究的困难和优势，并得出结论，认为关于林火的理论和小规模的建模是非常困难的，以至于不太可能实现预期的实践应用效果。相反，对野火和室外实验火的观察和研究则最有可能获得成功。虽然在实验中可以保持对某些影响变量的控制，如风和死细小可燃物含水率，然而，在进行实验室测试火燃烧时，存在无法实现的火线强度缩放问题和限制。室外实验火提供了能够观察现实世界中火烧条件的明显优势，但即便如此，当到了燃烧的时间时，研究人员仍然只能任由大自然摆布。15年后，范·瓦格纳认识到两种研究实践方法都趋向于相似的实际状态，对于像火行为这样复杂的主题，仅有纯粹的科学逻辑是不够的，还应具有一些艺术思维。

两种实践研究方法的合作也在悄然发生。一些火行为研究人员认为，经验模型研究的数据最终可能会促进基于实验室和基于理论的模型的改进。这已经在一定程度上发生了。例如，我们已经看到，基于理论或物理的建模者很好地利用了从实验火场研究中获得的结果，如火头宽度对蔓延速率建模的重要性。反过来，传统的经验主义者越来越多地将基于物理的火灾行为模型视为解决特定火动力学问题的一种可能手段，例如，解决针叶树叶面水分含量对树冠火势蔓延的相对影响的问题。虽然，两类实践方法之间仍然存在一些冲突，例如，在经验模型和类物理模型中坡度对火势蔓延速率的影响仍缺乏一致意见(图11-3)，但是，两类方法在火行为研究中的结合和相互协助预计会日益广泛，这无疑会进一步促进未来火行为模型的发展。

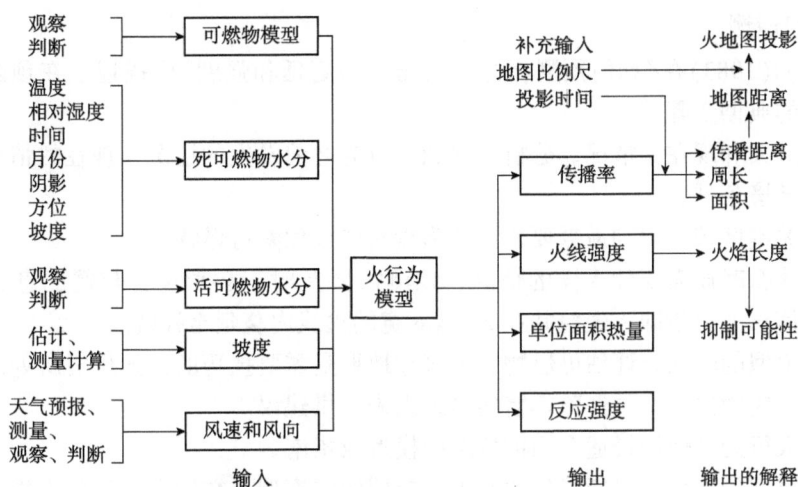

图 11-3　与预测野火行为相关的信息流(Rothermel，1983)

11.3　火行为预测过程

预测野火行为涉及很多不确定性，大多数人使用直觉和其他启发式方法来处理不确定性。使用经验法则是野火管理界非常普遍的做法(Mitchell，1937)。当问题过于复杂并且没有足够的时间来真正分析解决方案时，这些法则可以帮助快速做出决定。然而，在很多时候，人们会过度地相信那些基于经验的法则，好像它们是确定性的一样，而没有认识到什么时候应该谨慎使用这些规则，或者根本不应该使用这些规则。例如，"交叉"概念是加拿大北方森林地区常用的经验法则，作为指示极端火行为可能性的简单方法。它发生在昼夜循环中相对湿度百分比小于或等于气温的情况，这意味着死的细小可燃物含水率减少了 8%～9%。例如，当气温达 28℃ 且相对湿度为 26% 时满足交叉条件，但在气温为 20℃ 和相对湿度为 30% 时则不然。

11.3.1　预测假设

野火行为的预测涉及假设，大多数火行为模型或指南包括以下一般类型的假设(Taylor et al.，1997)：该模型或指南适用于某些特定的可燃物条件；可燃物均匀且连续；使用的可燃物含水率代表着火点；地形简单均匀；风速恒定且单向；火是自由燃烧的，不受灭火活动的影响。

11.3.2　预测过程

无论是在给定的一天(即一个燃烧期)还是在数周甚至数月的时间内，预测火行为的一般过程都涉及 3 个主要步骤：一种评估燃烧环境输入(如可燃物类型、可燃物含水率、风速、坡度陡度)的方法；一种计算火势的两个基本特征的方法，即火势蔓延速度和火线强度；解释火行为其他特征的方法，包括火势随时间的增长。

图 11-3 显示了信息如何流经一个预测火行为的特定系统。

（1）短期预测

Rothermel（1983）在《如何预测森林和牧场火的蔓延和强度》中描述了在预测野火行为过程中采取的典型步骤：

①评估过去和现在的情况。分析观察到火行为之前发生的情况、现在的情况如何以及随之而来的环境条件。

②确定关键区域。识别最需要预测的珍贵资产或危险可燃物。

③确定什么时候需要什么样的信息。预测需要及时，必须包含与情况息息相关的信息，类似的信息如火势即将失控并在 2.5 km 宽的火线内蔓延至社区。

④估计模型的输入。评估可燃物、天气和地形是需要技巧的，如果对所处的情况或区域没有经验，应尝试找一位经验丰富的当地人来提供建议。

⑤计算火行为。使用最适合当前情况的模型或指南。

⑥解释模型的输出。对新报告的着火点应用椭圆模型或在较大、形状不规则的火轮廓的情况下选择几个点进行投影，给出是否可能发生极端火行为的指示。

⑦进一步的火势评估。在火发生的后期（即最初的遏制措施之后），需要关注天气变化导致的偏移或超过防火线的可能性。

正如 Rothermel（1983）指出的那样，估计潜在的火行为可以在一个很短的时间内进行，当整个预测过程被充分理解，就可以很快地意识到可以做出的简化假设有哪些，并在简化过程中仍然保留必不可少的重要因素。一个非常简单的火行为预测被称为"持久性预测"，其借用了气象学概念，假设天气的当下情况与未来一致。这常被用于预测荒野火行为，特别是在时间非常宝贵的情况下。

经常听到有关预测野火行为的模型或软件"不起作用"的报道。例如，2012 年，科罗拉多州的火灾季节就是这种情况，此外，1988 年大黄石区火灾季节也出现了类似的观点。在实际的火灾事件中，火行为模型或建模系统与可燃物情况很可能不匹配，即使是常规的调整程序也无法解决这样的问题。正如 Beighley et al.（1990）发现的那样，最好的方法是"从仔细观察开始，继续分析所见，并应用所学"。例如，与风推火这样被普遍认知的情况相反，任何在初始燃烧期之后仍然燃烧的野火很可能会受到风向和其他火险天气因素、可燃物类型差异以及地形变化的显著影响，所有这些都共同决定了任何特定时刻的火蔓延方向、速度、增长等火行为。在这种情况下，大部分燃烧区域可以在较长时间内保持活跃，因此需要多次预测火灾增长。

Rothermel（1983）的指南仍然是从大型、不规则形状林火的不受控制边缘预测火势蔓延和增长规律的很有价值的参考，即使其中使用的手动方法已在很大程度上被计算机决策支持系统取代。那些学习了原始的手动技术并反过来将其应用到实践操作中的人，可能对 EARSITE、PROMEHEUS 和 PHOENIX RapidFire 等火建模系统的局限性有更好的认识，因为他们了解了火模型背后的理论"黑盒子"。

（2）长期预测

对火势增长的长期预测的正式需求始于 20 世纪 80 年代中期，因为美国的林火管理稳步进入"顺"时间，而不再是"逆"时间的火管理时代，其中，1988 年火季和随后几年在大黄石咸海发生的长期火灾为技术和方法论方面的开发提供了相当多的经验。长期预测往往由火行为学家、火天气气象学家和其他技术专家组成的团队完成。Rothermel(1998)很好地总结了他对火势增长的长期预测所涉及过程的经验和想法。

虽然 1 d 的短期火潜力预测与多天或长期的火行为预测之间存在一些相似之处，但是两者之间还是存在明显的重大差异。长期的火行为预测需要考虑更大的规模和更长的时间框架。问题的症结在于，当存在持续不断的可燃物时，远距离火势的增长在很大程度上取决于随后的天气。但是，由于无法可靠预测 5~7 d 之后的天气，问题就变成了在长期的火行为预测中我们可以做什么？答案是在长期火增长的预测中，大量重点放在气候信息上，而不是关注明天的天气预报，同时，也要考虑可燃物类型的属性特征以及更广泛景观的地形特征。最近的每日火势地图和过去的野火重建图等资料也可以作为检验长期火模拟正确性的一种手段，这一手段也被证明是有价值的。

此外，大火无疑是与强风天气相关的事件。这样一来，长期的火行为预测任务变成了从火季的某个时间点到火季结束将发生多少此类事件。确定此类信息的方法最初是基于咨询气候记录或个人专业知识后的估计。近年来，一些计算机化的决策支持系统，如 PEAS、RERAP(Rare Event Risk Assessment process，罕见事件风险评估过程)和 WFDSS 的火势蔓延概率组件 FSPro(Fire Spread Probability)，已经为长期的火行为预测工作提供了有效的帮助，有些工具似乎已经取代了一般的思维过程。这些类型的决策支持系统通常依赖于气候数据以及火势蔓延和增长模型。

11.3.3　预测的不确定性

在对更好的预测结果的持续追求中，很容易忽视这样一个事实，即模型预测只是一种指导，而对野火行为的完美、实时预测可能永远无法实现。这就是说，所有的火行为模型可以准确预测的内容是有限度的。野火行为预测不可避免地充满了不确定性。迄今为止，火行为模型的实际使用在很大程度上遵循了基于提供输入变量的最佳可能估计的确定性方法。这种方法的一个局限性是它不能提供一个对模型预测不确定性的指示，因此不能量化模型的可预测性。

有些人试图通过在短期和长期预测中考虑"最可能情况"和"最坏情况"的情景来弥补这一事实。多重或集成预测的应用以及数据同化方法有可能减少火行为预测的不确定性。Cruz(2010)展示了一种简单的基于蒙特卡罗的集成方法的应用，将天气输入不确定性纳入草地火势蔓延速率的预测中。在这种情况下，模型的输出并没有提高一般拟合统计量，而是提供了补充信息，如误差范围和概率结果，从而扩展了火行为模型可以回答的问题范围(图 11-4)。随着时间的推进，集成预测也已扩展到用于远程预测的基于地理信息系统(geographical information system，GIS)的火增长模型(如 PFAS、FSPro)。

11.3.4　预测极端火行为

极端火行为被认为代表了一定程度的高强度火行为活动，通过常规方式进行的任何直接抑制行动无法对其使用，因为移动火焰前沿的速度和高温会带来危险。从最广泛的意义上来说，有利于极端火行为发展的条件早已为人所知，其中包括：足够数量和连续排列(垂直和水平)的细小可燃物；足够长的干燥期，以将死可燃物的水分含量降低到均匀的低

确定性方法　　　　　　　集成方法

输入

最佳估计数：空气温度、相对湿度、风速

最佳估计数：空气温度、相对湿度、风速

估计误差：空气温度、相对湿度、风速

随机场发生器

输入条件集合

模型

燃料湿度模型

燃料湿度模型

燃料含水率预测集成

地表火蔓延模型

地表火蔓延模型

火灾蔓延率预测集合

输出

R

平均数 R
中位数 R

蔓延速率 R：
标准差 R
25%~75%

可能性：
$R > 25$ m/min
$R > 75$ m/min

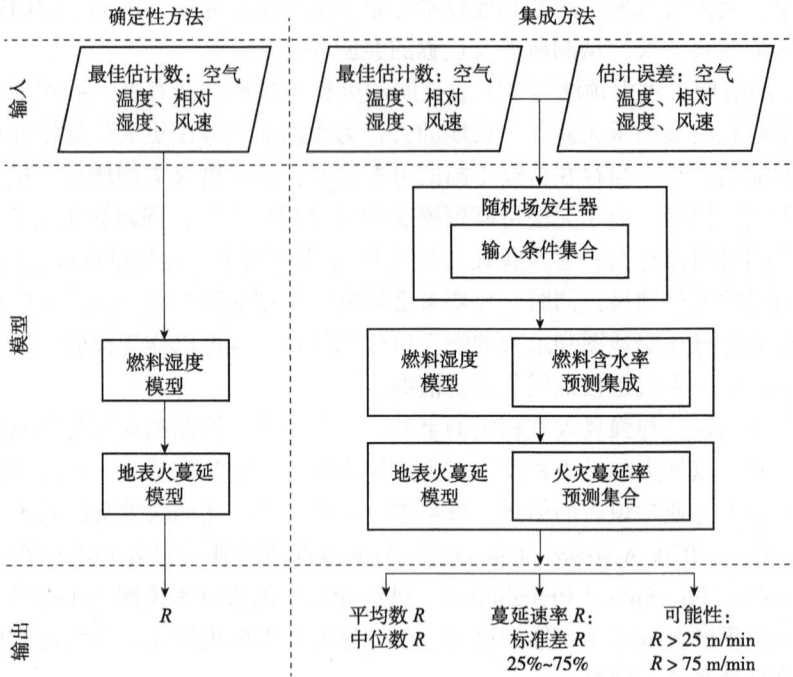

图 11-4　预测火灾蔓延速率的确定性方法的信息流(左)预测火灾扩散速度的集成程序的信息流(右)(包括置信区间和概率密度函数)

临界值，再加上高环境温度和低相对湿度；强盛行风或陡坡；不稳定的大气环境。

对过去大火(即大型、快速移动的大型野火，表现出与极端火行为相关的许多或所有特征)的研究不可避免地表明，它们的发展是上述所有条件同时发生的结果。在某些情况下，昆虫和疾病杀死的林分会出现更为严重的火行为。从缓慢移动的低强度地表火到快速移动的高强度树冠火之间的过渡可以很快发生。针叶林中地表火和树冠火之间的分界线是十分微妙的，在白天燃烧高峰期间，某一关键变量的轻微变化可能足以使安静的、温和的地表火变成不稳定的、高强度树冠火。虽然许多预测火行为的模型能够确定发生预期的极端火行为的阈值条件，但进一步的确认还是必须的，特别是在与更广泛的景观范围内死可燃物和活可燃物湿度水平相关的情况下。极端火行为的阈值条件是通过对与火险天气和火险等级相关的野火活动的当地研究确定的。从一个单一的数字或变量推断出极端火行为的可能性是非常危险的。例如，考虑一下海恩斯指数(Haines Index)，它是基于低层大气的稳定性和湿度程度的大火增长潜力的指标。虽然海恩斯指数与火势蔓延速率之间存在相关性，但它不能直接用于预测火势蔓延速率，这是因为风速不是计算中的一个因素。此外，该指数的最大数值 6 也仅可能出现在冬天有持续的积雪的时候。

极端的火行为通常被认为是不寻常的或出乎意料的。值得注意的是，没有两场火是一样的，野火行为很容易体现"平等"原则，即在开放系统中可以通过许多不同的方式达到给定的最终状态。这种对极端火行为的普遍感觉或态度很可能是对火灾环境评估不当、缺乏对不断变化的火行为和天气条件的监测以及没有将现有指南应用于火行为评估的结果。当然，它也可能是经验水平的反映，包括负责人如何使用他们的直觉来预测火行为。

11.4　火行为预测模型的局限

　　火行为模型和相关的决策支持系统应该对那些已知会影响火行为的参数敏感，如活可燃物和死可燃物含水率、风速和坡度的变化。在 30 多年前就有学者指出，构建模型的数据、理解、假设和数学原理同模型本身一样重要（图 11-5）。我们常常会忘记的是，火行为模型和火行为建模系统都是人工的机械方案，极有可能无法准确地刻画野火等自然现象，所有火行为预测工具都会产生与观察到的火行为不完全一致的结果（图 11-6）。在某些情况下，不同模型结果的分歧甚至可能非常显著。一个实用的火模型系统示例是 Campbell 预测系统（Campbell Prediction System，CPS），其使用实地的火历史和燃烧环境的评估来确定可能的火行为，以制定安全的灭火策略和战术。正如 CPS 的口号所说，从过去中学习来预测未来。CPS 是科学研究和实践知识的结合，在该系统中，对当前火行为的观测可作为未来预测火行为的参考。

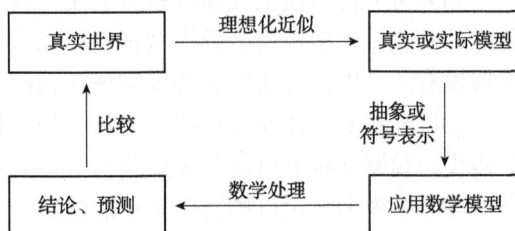

图 11-5　计算机仿真建模的基本步骤

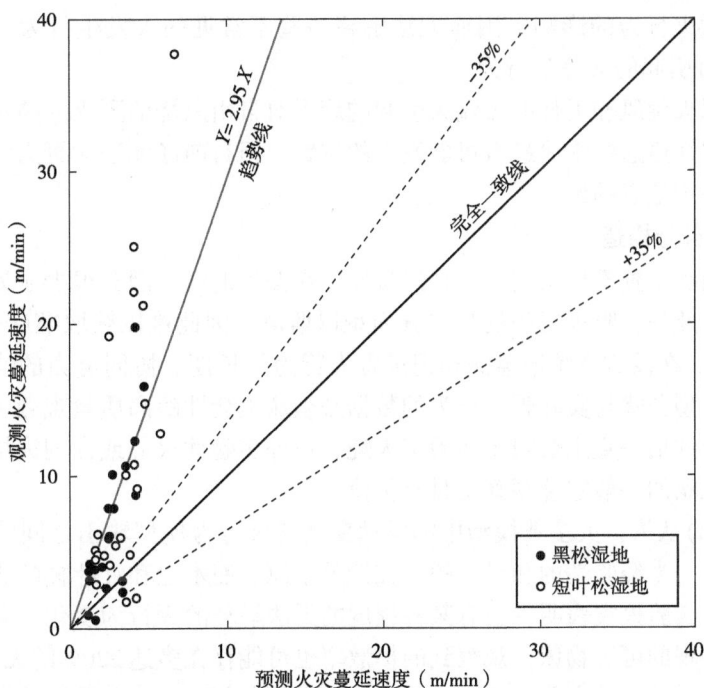

图 11-6　加拿大阿尔塔省和安大略省东北部针叶松伐木湿地火灾蔓延率观测值与 Rothermel（1972 年）描述的可燃物模型预测对比

（虚线表示±35%的误差间隔；Alexander，2013）

通常情况下，火行为的高估可以很容易地重新调整，不会产生严重后果，但火行为的低估可能是灾难性的。火行为预测中最重要的误差来源通常很难完全确定，无论模型是系统性地高估还是低估。在火行为模型或建模系统的实际应用中，预测准确性还取决于用户的能力和知识，如对火环境和当前火状态的正确评估。Albini(1976)认为，火行为预测的主要误差来源包括：模型适用性的缺乏、模型结构性误差以及与输入数据相关的误差。虽然在随后的几年里，火行为建模取得了进展，但这些相同的基本原则仍然有效。

11.4.1 模型的主要误差源

(1)模型的适用性

如果将火行为模型或建模系统应用于其假设中不存在的环境，则与预测相关的误差可能会非常大。大多数火蔓延模型都具有以下几种限制，这些限制都与构建模型时的一些理想假设有关，因此无法用这些模型成功预测出其自身没有模拟的火行为：

①可燃物复合体通常被假定为连续均匀且均质的。实际可燃物情况越偏离这个理想化的假设，预测就越有可能与观察到的火行为不匹配。

②一些模型假设可燃物床是单层的且与地面相邻。换句话说，可燃物层之间没有明显的间隙(例如，具有地表可燃物和树冠或空中可燃物的林分)。

③实验室或基于理论的火蔓延模型或依赖此类模型的火行为建模系统无法考虑所有可能的燃烧条件对火行为的影响，因而无法解释一些不常见的火发生行为，如由短程火点(如飞扬的余烬)引起的火蔓延行为。

④没有模拟火旋风和类似的极端火引起的旋涡对自由燃烧的野火的蔓延或增长速度的影响。尽管通常知道这些漩涡最有可能发生的位置，但目前尚无法对野火中的垂直和水平涡旋活动进行特定地点的预测。

(2)模型的自身构造

野火的时间和位置不可预测，并且经常发生在偏远地区，因此很少成为传统仪器和测量的理想对象。此外，野火行为的某些方面难以监测，因此难以获取准确的记录数据(如最大点火距离)。在没有系统地监测和记录野火行为的长期、协同努力的情况下，用于测试理论或经验模型公式与实际野火行为的数据必须从机会性的高质量观测中缓慢积累。因此，模型测试或评估一直主要限于实验室火烧、户外实验性火烧或计划火烧。然而，即使是对野火行为观察的一般定性观察也具有价值。

Albini(1976)认为，大多数模型中的驱动变量与火行为模型输出之间的因果关系必须被视为弱测试的、半经验性的和异常的。在涉及草原、灌木地和针叶林的非常均匀的可燃物复合区进行的实验火灾表明，会有某种程度的无法解释的火行为变化。即使实验室火烧涉及重复或可再现的可燃物床，观察到的扩散率也可能存在多达±20%的无法解释的变化。鉴于野火行为固有的自然变化，Albini 建议，如果能够使用2~3个数量级范围内的2~3个因子预测火行为的关系，则可以认为模型是成功的。

(3)模型的输入数据

预测模型必须对那些已知容易影响火灾行为的参数敏感，如风速、可燃物含水率和坡度等。如果这些输入数据不准确，反之，模型输出可能会出现严重错误。考虑到在自由燃烧的野火行为中发现的各种关系的非线性性质，模型输出可能对一个取值范围内的特定参数高度敏感，而对不同取值范围内的相同参数则完全不敏感。由于火行为的这种非线性特性，通常很难对输入数据准确度和模型输出准确度之间的关系做出有效的定量说明。因此，必须通过所讨论的模型来确定其对数据准确性的要求，同时考虑用于输入的变量值的范围。

火灾模型用户在预测中面临的最大挑战是对代表性输入值的准确估计，避免"垃圾输入导致垃圾输出"的情况。火行为预测的确定性方法通常对输入条件做一些理想假设来表示燃烧环境。然而，在现实世界中，可燃物复合体不是均匀的、连续的或均质的；不同地方的风速和风向、坡度陡度，以及死可燃物和活可燃物的水分含量也不相同，尤其是在复杂的山区。然而，预测火行为的模型通常假设理想化的燃烧条件。如果严格遵守标准技术和程序，输入数据中的不确定性引起的误差分量就会降低到可接受的水平。如果没有进行直接测量或观察，使用不准确的预测或预测仅基于"猜测"，那么与输入数据相关的误差将是主要的误差源。

11.4.2　模型性能分析

基于独立数据集的模型评估是模型开发过程的重要组成部分。Cruz et al. (2013)对 49 个火蔓延模型评估数据集进行了综合分析，共涉及 7 个广泛可燃物类型组的 1 278 个观测值。他们发现平均误差百分比为 20%~310%，在 49 项研究中只有 3 项的平均误差低于 25%。他们还发现，准确预测火蔓延速率是一个难以捉摸的概念。假设准确预测是误差小于观察到的传播率的±2.5%的预测，则只有 3%的预测(即 1 278 个中的 38 个)在此区间内。根据他们的分析，从严格的研究角度来看，±35%的误差阈值将构成模型预测火蔓延速率的可接受的性能水平。

然而，在模型适用性方面的一些局限性通过进一步研究得以解决之前，模型建立关系的准确性方面的改进不太可能提高预测火行为的整体准确性。值得注意的是，基于物理的模型尚未与多次观测的室外实验火进行全面的比较和分析。如果没有针对涵盖各种可燃物、天气和火行为条件的数据集对这些模型进行校准和评估，则无法确定它们的应用范围或限制是什么。

11.4.3　展望

预测自由燃烧的野火行为是一项复杂的任务，像高密度火点引发的大规模点火效应，这样的现象只是难以准确预测的火行为特征之一而已，使火行为的预测充满困难。未来，火研究的进步预计会提出新技术和新模型来解决目前存在的问题。然而，这一过程是没有捷径可走的，只有通过不断地学习、观察和实践，才能掌握巧妙、有效地预测火行为的能力。

Rothermel(1987)敏锐地指出了野火行为模型的开发者在解决各种火行为从业者的需求时所面临的悖论：模型和系统不够准确；模型和系统过于复杂。尝试解决这些问题中的任何一个都会使另一个问题恶化。据推测，火灾现场需要的是用于预测野火行为的粗略但可靠的决策辅助工具。然而，无论模型或系统的类型如何，火行为研究人员都有专业责任确保他们的产品在应用于特定的火灾和可燃物管理任务之前已经得到充分评估和现场测试。近100年来，野火研究主要集中在野火行为预测的物理原理或者说"科学"方面上。对于火行为预测的"艺术"很少有深入的研究和思考。毫无疑问，就像可以从"科学"中受益一样，野火的管理实践同样会从人文和社会科学的角度对火行为预测的研究中受益。鉴于计算机技术的发展，这无疑是一项特别重要的需求，也会影响野火行为预测领域的发展。

复习思考题

1. 简要说明林火监测的方法及功能。
2. 我国林火预警信息系统与国外有哪些相同点？
3. 阐述计划火烧的概念。
4. 目前常用的火行为预测模型系统有哪些？
5. 简要说明林火行为预测的过程。
6. 火行为预测模型有哪些误差源？

第 12 章

林火研究与卫星遥感技术

【本章导读】本章聚焦卫星遥感在林火动态监测与生态评估中的应用，涵盖热异常监测、火场制图、碳排放估算及植被恢复追踪。结合多源遥感数据融合技术，探讨高分辨率、实时化火情监测体系的发展趋势，推动林火研究的空间信息化转型。

12.1　明火特征的卫星遥感监测

林火作为一种自然现象，燃烧过程释放的火光、热量、烟雾是其基本特性。人们正是通过观察和探测林火基本特性来实现其快速发现和动态监测。卫星遥感特有的宏观视角、连续观测、非接触性等优势，逐渐成为人类及时发现森林明火、掌握蔓延动向的技术途径。

12.1.1　火灾热异常遥感监测

12.1.1.1　热异常遥感监测原理

植被与土壤有机质燃烧时可释放约 2×10^7 J/kg 的热量，其中 10%~20% 的能量以热辐射形式释放。这部分热量的释放速率远高于周边未燃烧区域，从而形成地表热异常。利用热敏感遥感传感器探测地表热异常遵循普朗克辐射定律、斯特藩—玻耳兹曼定律、韦恩位移定律等电磁辐射定律。

普朗克辐射定律量化了黑体辐射出射度（M）与温度（T）、波长（λ）之间的关系：

$$M_\lambda(T) = 2\pi hc^2 \lambda^{-5} \cdot \left[e^{\left(\frac{hc}{\lambda kT}\right)} - 1 \right]^{-1} \tag{12-1}$$

式中，h 为普朗克常数，值为 6.626×10^{-34} J·S；k 为玻耳兹曼常数，值为 $1.380\ 6 \times 10^{-23}$ J/K；c 为光速，值为 2.998×10^8 m/s。

斯特藩—玻耳兹曼定律则构建了黑体总辐射出射度（M）与表面温度间的关系：

$$M(T) = \sigma T^4 \tag{12-2}$$

式中，σ 为斯—玻常数，值为 $5.669\ 7 \times 10^{-8}$ W/(m^2·K^4)；T 为表面温度，K。

韦恩位移定律则描述了物体辐射的峰值波长与温度的定量关系：

$$\lambda_{max} = \frac{A}{T} \qquad\qquad (12\text{-}3)$$

式中，λ_{max} 为黑体辐射强度最大的波长；A 为常数，值为 2 898 μm·K。

韦恩位移定律表明，随着黑体温度的升高，黑体最大辐射峰值波长向短波方向移动；反之，黑体温度降低，最大辐射峰值波长则向长波方向移动。

依据上述定量，地表常温约 300 K，其热辐射峰值对应的波长约 10 μm，位于长波红外大气窗口（8～14 μm）中。火焰温度（如阴燃野火）一般在 500～700 K 以上，其热辐射峰值波长位于中红外大气窗口（3～5 μm）。高强度森林火灾的火焰温度可达 1 000 K 左右，其热辐射峰值波长将低于 3 μm。研究显示，在 8～14 μm 大气窗口中，温度为 1 000 K 火焰的辐射度相比周边环境要高出 1 个数量级，但在 3～5 μm 大气窗口中，要高出接近 3 个数量级。因此，中红外波段是监测明火特征最敏感的波谱区间。

对于地表明火的卫星监测多利用重访周期短、空间分辨率低（千米级）的低轨卫星。绝大多数火灾只能覆盖像元中比例非常小的区域，但是地表火灾可产生强烈的热辐射，使地表电磁波谱信号产生可被卫星传感器监测到的变化。有研究以大气表观辐亮度为例，对比了地表温度同为 300 K 的正常草地像元与包含 0.5% 过火面积（温度 1 000 K）的草地像元。结果显示，尽管过火面积占比小于 1%，二者在中红外（3～5 μm）光谱区间的光谱辐照度仍存在约 1 个数量级的差异，相当于约 80 K 的亮温差异。与未过火的背景区域相比，火灾可导致像元中红外波段的亮度温度至少增加 5～10 K，覆盖大约 0.01% 像素区域的火灾也是可被识别的。大多数的监测算法可以识别遥感影像中包含明火的像元，但是由于地表环境的复杂性也会不可避免地存在漏分、误判（如温度较高的裸地）等情况。

12.1.1.2 火灾热异常遥感监测方法

对于火灾热异常的遥感监测多基于热红外波段的亮温数值异常，围绕该方法发展了一系列的火点监测方法类型，可归纳为：固定阈值法、上下文算法、多时相法、非热红外方法等。

(1) 固定阈值法

固定阈值法是利用火灾的热辐射特性选定敏感波段或波段组合形成的增强型指数，通过与冷背景对比确定一些经验性的阈值。例如，基于中红外波段的亮温阈值：$T_{MIR} > 320$ K，基于中红外与远红外之间亮温差值的阈值 $T_{MIR} - T_{LWIR} > 10$ K。固定阈值法是火灾热异常监测最简单的方法，往往通过统计获取，具有较高的计算效率，但是经验阈值的监测精度可能会随季节性、区域植被特点、热传感器敏感度等产生变化。因此，在实际应用过程中需要针对空间尺度、时相需求、数据特点等情况设定合理的阈值范围与阈值组合。

(2) 上下文算法

上下文算法是当前卫星明火监测最常用方法，最早用于 NOAA AVHRR 火点识别，近年来已被广泛应用于许多低轨卫星传感器（如 VIIRS、MODIS、BIRD 热点识别系统、TRMM 可见光和红外扫描仪）和气象卫星（如 Himawari、风云系列等）的明火监测业务中。上下文算法首先采用固定阈值法初步筛选出候选火点像元，然后以候选像元为中心点进行窗口分析，通过与窗口内非火点像元的亮温均值、标准差等统计量进行对比来判断候选像元是否为火点，窗口大小可根据影像空间分辨率、对于背景统计量的要求等条件合理设置，如 3×3、5×5 或更大。与固定阈值法相比，上下文算法通过采用动态阈值可以提高算法对于不同局地条件的适应性，有助于监测小规模、低温的火灾，从而较大程度上降低错报率。

(3)多时相算法

多数明火监测算法采用单一时相的遥感观测数据进行判定，通过增加多时相观测是消除错报的一种有效途径。常见方法如双时相变化监测法、时间序列分析法。双时相变化监测法多通过对比亮温差异识别明火像元。时间序列方法则注重通过对密集观测数据集进行循环建模以识别由火灾热异常引起的亮温偏差。

(4)非热红外方法

可见光、近红外和短波红外等非热红外波段遥感数据也被用于明火的监测。此方法主要依据明火相比周边环境具有更高的亮度来识别火点像元。由于上述光谱波段的反射率容易受到明亮辐射源以及云雾的影响，故而多用于夜间明火探测。也有少量研究将短波红外与近红外波段用于探测日间火灾引起的短波红外辐亮度增加。

综上所述，夜间火点识别精度通常要优于日间，原因在于：夜间温度低于日间，增加了火点与背景环境的温差，使遥感亮温差异更加突出；日间火点探测容易受到太阳耀斑、水体镜面反射热点、裸地/沙漠地表高温等干扰因素的影响。在实际应用过程中，多引入土地利用/土地覆盖数据、云/水体监测算法、特定的阈值规则等方式减少上述日间干扰因素的影响。

12.1.2　火灾辐射能量遥感反演

火灾是以辐射、对流、传导 3 种方式释放能量，其中对流与传导部分的能量释放较难估算。热红外遥感对热辐射信号较为敏感，是对火灾辐射能量进行估算的重要方法。火灾辐射率(fire radiative power，FRP)是对火灾释放功率的瞬时估测，是指像元范围内火在全角度与全波长范围内释放热量的速率，单位为瓦特。火灾辐射率是量化火灾强度(fire intensity)的重要数量性指标。火灾辐射能量(fire radiative energy，FRE)则是一段时间内火灾辐射率的积分，即

$$\text{FRE} = \sum_{t_0}^{t_n} \text{FRP}_t \Delta t \tag{12-4}$$

式中，FRP_t 为在 t 时刻的火灾辐射率，MW；Δt 为用于 FRP 反演的时间差，s；FRE 为火灾强度、火规模的综合性指标，与火灾消耗的生物量、含碳气体排放量等具有重要联系。

以 MODIS 为代表的极轨卫星由于观测周期长，难以获取火灾蔓延过程中连续的热辐射数据，更多的研究利用静止卫星高频次观测获取日变化曲线以改善估算精度。对于火灾辐射率(FRP)的遥感反演方法主要有 3 种：

(1)Kaufamn 经验法

Kaufman et al. (1998)首次提出了一种直接估算 FRP 的经验推导算法，并利用机载 MODIS 模拟数据进行了验证。该方法假定生物质燃烧释放的能量与燃烧消耗的生物质质量相关并且辐射、对流、传导 3 个组分的能量占比恒定。计算公式为：

$$\text{FRP} = 434 \times 10^{-19} (T_{\text{MIR,fire}}^8 - T_{\text{MIR,bg}}^8) \tag{12-5}$$

式中，$T^8_{\text{MIR,fire}}$ 为目标像素中红外波段（MIR）的亮度温度，K；$T^8_{\text{MIR,bg}}$ 为目标像素周围"背景"的像素亮度温度平均值。

由于该方法特别针对 MODIS 传感器提出，具有明显的经验性与传感器依赖性，主要用于 C1 ~ C4 时期的 MODIS 火灾产品生产。

（2）Wooster 幂律近似法

伴随热红外影像空间分辨率的提升，明火在亚像元尺度占比更高将导致更高的像元亮温，上述方法在拓展至其他传感器时被发现存在明显的低估现象。Wooster et al.（2003）利用针对普朗克函数的幂律近似方法推导出了一种更具物理性的火灾辐射率的遥感反演方法。计算公式为：

$$FRP = (A_{\text{sampl}} \cdot \sigma \cdot \varepsilon) / [(\alpha \cdot \varepsilon_{\text{MIR}})(L_{\text{MIR,fire}} - L_{\text{MIR,bg}})] \tag{12-6}$$

式中，σ 为斯—玻常数，值为 $5.67 \times 10^{-8} \text{J}/(\text{s} \cdot \text{m}^2 \cdot \text{K}^4)$；$\varepsilon$ 和 ε_{MIR} 分别为全波段和 MIR 波段的光谱辐射系数（当火灾通常被视为灰体或黑体时，这两种辐射系数会被抵消）；$L_{\text{MIR,fire}}$ 为明火像元 MIR 波段的光谱辐亮度，$\text{W}/(\text{m}^2 \cdot \text{sr} \cdot \mu\text{m})$；$L_{\text{MIR,bg}}$ 为无火情况下该像元在 MIR 波段光谱辐亮度值（可用周围背景像元的平均值或中值替代）；α 为系数，取决于传感器的 MIR 通道光谱响应；A_{sampl} 是像元面积，km^2。

相关研究发现，MODIS 传统算法与该方法相比会造成火灾辐射能量的明显低估，尤其是对于低温火灾（<600 K）存在重要的低估现象，如泥炭地发生的阴燃。MODIS C5 火灾产品中将 A_{sampl} 作为乘数添加到了原始火灾辐射率算法中，提供以兆瓦（MW）为单位的火灾辐射率估算值。在最新 C6 火灾产品中，对于火灾辐射率的遥感反演则全面采用该方法。

（3）双光谱法

除上述基于单波段的反演方法外，也有研究人员提出了双光谱法。该方法计算公式如下：

$$L_{\text{MIR}} = \tau_{\text{MIR}} p_f B_{\text{MIR}} T_f + (1 - p_f) L_{\text{MIR,bg}} \tag{12-7}$$

$$L_{\text{LWIR}} = \tau_{\text{LWIR}} p_f B_{\text{LWIR}} T_f + (1 - p_f) L_{\text{LWIR,bg}} \tag{12-8}$$

$$FRP = \sigma(T_f^4 - T_{\text{bg}}^4) p_f A_f \tag{12-9}$$

式中，L_{MIR} 和 L_{LWIR} 分别为火点像元在中红外（MIR）和长波红外（LWIR）波段的光谱辐亮度，$\text{W}/(\text{m}^2\text{sr}\mu\text{m})$；$B$ 为普朗克函数，$\text{W}/(\text{m}^2 \cdot \text{sr} \cdot \mu\text{m})$；$\tau$ 为大气透过率；L_{bg} 为环境背景的光谱辐亮度，即非火灾，$\text{W}/(\text{m}^2 \cdot \text{sr} \cdot \mu\text{m})$；$\sigma$ 为斯—玻常数，值为 $5.67 \times 10^{-8} \text{J}/(\text{sm}^2 \cdot \text{K}^4)$；$T_{\text{bg}}$ 为环境背景在不同波段的亮度温度，K；T_f 为有效火灾温度；p_f 为亚像元比例。

该方法存在的问题是 T_f 与 p_f 的观测误差可能较大，尤其是对于低 p_f 火灾的探测，其主要原因在于火灾在长波红外波段发射率较低，难以在亚像元尺度准确区分明火火点与背景环境的热信号。此外，波段间的空间配准误差同样会影响 T_f 与 p_f 的估计精度。也有研究在火点群簇尺度对该问题进行了改进，但总体而言，该方法多用于静止对地观测卫星的火灾辐射率估算，不适用于中低分辨率卫星。

12.2 火后生态效应的卫星遥感评估

火干扰作为一种重要的生态过程能够对陆地生态系统，甚至水生生态系统产生重大影响。以森林生态系统为例，林火在短期内迅速改变了森林的光照条件、物质循环、水文效应等非生物环境以及动物、植物、微生物群落的组成和结构。同时，林火造成的生境变化与树种筛选作用促进了森林演替过程，是驱动森林景观格局演变的重要自然因素。但是，林火的发生和蔓延是高度时空异质的过程，在不同的时空尺度上所受到的控制作用及其产生的生态效应都存在强烈的空间变异。如何量化评估林火的生态效应是理解火干扰与生态系统结构、组成和功能之间关系的基础所在，同时也是科学地认识林火、管理林火、减缓火害的重要研究基石。因此，本节将主要针对卫星遥感技术在当前林火生态效应评估中的应用开展论述，介绍遥感技术在过火面积制图、火灾烈度评估、火后植被恢复监测等方面的重要概念、研究方法以及相关的研究进展。

12.2.1　过火面积遥感制图

过火面积是指受火灾影响的区域，涉及火灾的位置、规模、范围等可空间直观表达的信息。对于个体火灾事件而言，准确获取火灾的过火面积是核算与鉴定火灾引发的经济损失、环境损害、生态破坏等灾害后果以及指导灾后生态修复的基础参考信息。从宏观视角来看，获取全面、长时序的过火面积是量化火灾发生趋势与格局、揭示火灾发生驱动因素、估算气体与颗粒物排放、预测未来火灾潜在格局、评价火灾对于自然与社会系统影响的重大需求。因此，过火面积的信息获取对于土地管理者、气候科学家、政策制定者具有至关重要的作用。

传统过火面积的调查主要依靠人工踏查或航空勾绘等手段。人工踏查是由测量人员手持 GPS 设备围绕火烧迹地踏勘并记录轨迹，从而形成火场边界并借助 GIS 技术计算过火面积。航空勾绘则利用低空飞行的飞机搭载绘图仪器和定位设备，由人工结合地形、典型地物等对火场边界进行绘制。20 世纪 80 年代，研究人员开始利用卫星遥感影像绘制过火区面积，直到现在仍然是热点研究方向。遥感技术，尤其是卫星遥感，可以提供多种时—空尺度的观测方式，相比传统调查方法具有成本低、视角丰富等优势，可满足局域、区域、全球等多种尺度过火面积制图的需求。

根据观测目的、时空尺度的不同，用于过火面积信息提取的数据源、方法技术、数据组织形式也有所不同。在局域尺度上，针对单一或少数火灾事件过火面积的绘制可根据火灾规模、评估时效性、精度要求等选择高分辨率卫星影像进行专题制图；对于区域尺度过火面积的短期评估和长时序追溯则主要利用中高分辨率卫星影像进行制图；对于全球尺度过火面积的绘制则主要利用中等、低分辨率遥感影像。

12.2.1.1　局域尺度过火面积专题制图

在前期，针对过火面积的遥感信息提取方法多注重局域范围内火灾事件专题制图。研究方法总体上可归纳为 3 类，但方法之间并没有严格的界限。相反，方法之间经常存在交叉与融合。具体分为：

(1)基于单时相或多时相的影像信息提取方法

此类方法是在已知火灾存在的前提下进行有针对性的信息获取。传统单时相方法主要利用火灾相比周边正常植被覆盖区的明显光谱差异，通过目视解译对火灾边界进行勾绘获取过火面积的空间分布。多时相方法则基于火灾前、后影像间的光谱差异通过影像间差值、比值等图像运算方法获取光谱变化的像元。总体来说，多时相方法可以避免单时相信息提取是由黑色土壤、山体阴影、水体、云阴影等产生的信息混淆，但是提取精度容易受到影像间空间配置质量的影响。

（2）基于图像变换的信息增强方法

该类方法主要结合光谱指数、影像变换等方法获取过火面积产品或增强后的中间产品，其主要目的是增加过火像元与非过火像元之间的光谱分离度。植被指数法是一种简洁、高效的光谱增强方法，可以结合密度分割、阈值分割等单波段决策判断方法或结合多时相变化监测方法分离过火像元。常用于火灾影像变换方法主要利用主成分分析方法对多维遥感数据进行降维和信息增强以突出过火像元与环境背景之间的差异，从而改善识别精度。

（3）基于影像分类技术的信息提取方法

该类方法主要是利用监督与非监督的方法对包含过火区域的遥感影像进行分类。常规方法以像元为基础分类单元，利用单时相或多时相遥感影像以及地形、土壤等辅助数据集构建特征集，通过机器学习算法实现像元的自动归类。无论监督分类方法还是非监督分类方法，都需要分析人员对研究区地面状况、火灾特点进行充分地了解。影响过火像元分类精度的因素有多个方面，如：分类算法的性能、特征集的解释性、训练数据的数量与质量、分类体系的精细程度等。基于像元的过火区域分类容易受到"同物异谱""异物同谱"等问题影响，分类结果时常会存在"椒盐"现象。基于像元的分类方法对影像光谱信息具有较强的依赖性，故而多用于中、低分辨率的多光谱、高光谱影像。

对于波段数量较少的高分辨率遥感影像而言，基于像元的影像分类结果特别容易受到"椒盐"噪声的影响。实际上，高分辨率影像能够提供丰富的空间纹理信息、空间几何特征，这在像元级分类方法中往往被忽视。近十几年来，逐渐形成的面向对象的遥感分类方法与基于像元的方法不同，它首先通过影像分割技术获取分割单元（即内部属性相对一致或均质程度较高的影像斑块）并对各个单元进行特征参数化，随后基于分类算法对分割单元进行对象识别或标识。由于过火区域在影像中容易形成内部均质性较高的斑块形态和清晰的边界，而且过火区域与未过火区域存在强烈的光谱差异，有利于对象的准确识别。因而，面向对象的影像分类方法特别适用于中、高分辨率遥感影像的过火区域制图，也有研究将该方法应用于 MODIS 过火面积的识别并取得了不错的识别精度。

上述 3 类方法是火灾专题制图的基础性方法，不可忽视的是，这些方法存在人工依赖性（如阈值厘定、模型训练、类别识别等）的问题。由于不同类型生态系统之间的可燃物、火灾特点存在差异，在更大空间范围中推广与应用时方法的适用性、精度一致性等方面较容易受影响。因而，上述方法主要面向较小时空范围的火灾专题制图研究与制图应用。

12.2.1.2　全球过火面积遥感制图

面向区域—全球范围的火灾制图研究在过去十多年中取得了长足进展。高时间分辨率、低空间分辨率遥感数据是获取全球过火面积常用数据源之一。为了避免全球生态系统多样性、数据质量等方面问题对于火灾信息提取产生的影响，此类研究在算法研制上更多注重从本地适用性或基于物理的角度提升制图算法的稳健性与普适性。

基于本地适用性的算法设计宗旨是利用遥感属性特征（如光谱指数、反射率等）来区分过火像元与非过火像元，所构建的判别函数需要实现类别间的变异最大化与类别内部变异最小化。该方法多针对不同地区的火灾特点分别构建判别模型,采用的函数或分类器包括但不限于:贝叶斯分类器、随机森林、支持向量机等。此类方法应用需要注意的问题包括:

(1)判别模型在年际间、区域间之间的普适性问题

许多研究显示基于单一年份、单一区域的模型在其他年份或区域间外推是存在精度大幅降低的问题。通过丰富训练数据集的地域特征、选取高解释性属性特征、多模型数据融合等是改进该问题的有效途径。

(2)不同传感器之间的模型适用性问题

不同传感器由于差异化的参数设定会造成同物异谱现象,若将模型简单、直接地用于不同来源数据集会造成严重分类误差。在实际应用中,需要基于交叉校准或同化方法以改进不同来源传感器之间辐射一致性。

(3)运算耗时问题

在区域—全球尺度上利用识别模型逐像元地判别火灾发生与否会耗费大量的运算资源,而且运算量随空间分辨率增加呈指数级增长。

基于物理的火灾判定方法是当前全球过火面积制图研究中的常用方法之一。该类方法通常会结合遥感获取的明火热点信息与火灾发生前后的多时相光谱信息以及辅助数据构建一系列具有物理性、具备自适应性的判定规则以区分过火像元与非过火像元。其中,遥感光谱信息中对火灾效应敏感的波段会被用于计算光谱指数或被直接(如近红外波段)用于监测和提取受火灾影响的潜在区域。该类方法多分为种子识别和区域生长 2 个步骤。

12.2.1.3 区域过火面积遥感监测

在区域尺度上,中高分辨率遥感影像具备开展生态系统管理和资源管理的最佳空间分辨率。以 Landsat、Sentinel、高分系列卫星为代表的陆地观测卫星数据源的开放获取有力推动了区域尺度过火面积制图算法的发展,尤其是以森林生态系统作为研究对象。该类方法主要以时间序列变化监测方法为主,大致可分为:影像分类法、光谱轨迹分析法。

(1)影像分类法

影像分类法是对时间序列遥感影像逐时段分类后进行比较以确定发生干扰的区域,随后通过与已知的干扰类型进行对比以确定干扰的类型。该类方法是将基于双时相分类后比较的变化监测方法拓展至连续、多时相比较,具有简单、直观的特点,并且该类方法可以避免繁杂的辐射校正处理过程和容易融合其他类型的辅助数据。但是,该方法的监测精度将受到每次分类精度的影响,尤其是对于森林对象的识别精度。

(2)光谱轨迹分析法

光谱轨迹分析法是通过数值分析或决策判断等方法对反射率或光谱指数时间序列中的突变信号进行识别、溯因、参数化的方法。根据监测原理的差异,该类方法大致可分为:规则判断法、轨迹分割法、时间序列分解法、轨迹拟合法,方法之间存在交叉、共通的情况。

总体而言,区域尺度的研究方法更多依赖中—高分辨率陆地资源卫星。空间分辨率的提升能够大幅改进低分辨率过火面积产品中存在的小型火灾漏分问题。但是,中—高分辨率卫星数据由于重访周期长、数据可获得性低等问题也限制了其在更大尺度上的应用。另外,由于光学影像本身不能够直接提供判断火灾的物理性指标,上述基于时间序列分析的方法目前尚不能够专门针对森林火灾或某一类森林干扰类型进行监测。在当前研究中多在森林变化斑块监测后通过额外的干扰类型归因处理来获取各个干扰类型的时—空分布。

过火面积作为描述火灾最基本的特征，在未来的研究中必然会趋向于满足更快响应能力、更高制图精度、更长时间序列、更精细分辨率等实在需求。如何融合多信源、多角度遥感时—空大数据的优势、提升森林火灾制图能力仍将是重要挑战和研究热点问题。

12.2.2　林火烈度遥感评估

烈度(severity)一词是指外力对特定系统的性质与状态产生的负面效应。在火灾领域，烈度是描述火灾情势特征的一项重要指标，是指由火灾引发的环境变化程度或量级，也可指示火灾在社会、生态、经济等范畴内造成的损害水平。在实际应用中，常采用树木死亡率、火焰熏黑高度、可燃物消耗量、土壤性质、火后植被恢复状况的变化等一系列指标来定性或者定量描述火灾对于生态系统的影响。对于烈度的描述总体上是以等级划分的评价方式为主，在不同的时—空尺度上有不同的方式。例如，在火灾事件或样地尺度评估火灾效应时通常采用高、中、低的等级划分进行描述；对于景观—区域尺度或者某种植被类型的烈度描述除采用高、中、低的等级划分外，也会针对植被的死亡率采用低烈度、混合型烈度、更替型烈度进行等级划分。

12.2.2.1　林火烈度的概念

烈度与强度两个术语在汉语中的语义表述常被混淆。实际上，二者之间存在密切的联系但并不可混用。强度是对外力的作用大小或释放能量的大小描述。对于火灾而言，强度多数情况下是用于描述火灾燃烧物理过程的一种指标，常通过火焰温度、燃烧释放热量、二氧化碳、甲烷等气体释放量以及火线长度等物理指标进行量化。近期的研究中，单位时间和单位距离内由燃烧导致的热释放量常被用作强度的指示因子。因此，火灾强度相比林火烈度体现的是火灾蔓延过程中火行为的能量释放特征，不能用于描述火灾对于生态系统的影响。

林火烈度是国内火生态研究中描述烈度的术语，林火烈度与火灾释放能量的多少、火灾类型以及火灾在生态系统中持续的时间长短有关。一般认为，火灾释放的能量越大、持续时间越长，火灾产生的环境变化更加剧烈，火灾的烈度越高；反之，火灾的烈度越低。在相同的森林条件下，树冠火往往比地表火能够造成更高的树木死亡率，故而认为树冠火具有更高的烈度。但是，在地表腐质层较厚、地面可燃物丰富的森林中，地表火也能够造成较高的树木死亡率。对于森林生态系统而言，由于林火对于生态系统的影响及生态系统对于林火的响应之间存在滞后效应，例如，地表火引发的大型乔木死亡可能在火后数月内才能表现出来，而火灾后地表植被的恢复状况可能需要一个生长季或者更长的时间才能确定，烈度的量化与评价不可避免地会涉及时相特征。

实际上，林火烈度涉及火灾烈度(fire severity)与燃烧烈度(burn severity)两个概念，面对各类文献中(尤其是遥感相关)的混用，国外学者对此进行了专门的论证。Lentile et al. (2006)认为火灾烈度综合了正在燃烧的明火特征以及火灾对于当地生态环境的即时影响，因此，火灾烈度是林火烈度概念中与火灾强度最容易产生混淆的部分。虽然火灾强度能够影响火灾烈度，但是二者之间并非一直保持相关性。例如，火灾烈度很多时候更关注于地表可燃物的消耗量，如地表有机质层、粗木质残体、凋落物等消耗量，而且火灾持续时间对烈度的影响超过其对强度影响。燃烧烈度则涵盖了林火对当地和区域生态系统的短期、长期的影响以及部分的生态系统响应的内容（Keeley，2009）。在许多重要的遥感应用的研究和文献中，燃烧烈度的使用明显多于火灾烈度。de Bano et al.（1998）认为燃烧烈度的一些方面可以利用定量的指标来进行描述，如火后的植被、凋落物以及土壤的状况。Lentile et al.（2006）认为燃烧烈度并不是具有物理意义的直接度量指标，而是由研究（管理）目标所驱动的。

12. 2. 2. 2　林火烈度野外评估

林火烈度的评估直接影响到林火对生态系统各种过程影响的理解，例如，植被的恢复和演替过程，碳氮循环过程以及林火情势迁移等。而且，林火烈度的时间和空间变异造成了森林景观中不同年龄和不同类型的森林斑块的镶嵌分布，对于森林生物的生境造成了显著的影响。因而，评估林火烈度的时空异质性对于森林生物的管护以及森林生产经营等实践活动具有重要的指导意义。

根据距火灾发生时间的长短，林火烈度的评价分为：快速评估、初始评估和延时评估。快速评价一般在火烧后 2 周内进行；初始评价一般在火后 8 周内进行；延时评价一般在火烧后 1 年内或数年内进行。林火烈度评估主要针对火后地表变化开展评估，具体是指通过定性和定量的方式判定火干扰对生态系统景观结构参数的短期和长期影响，其判断依据是通过比较诸多富有代表性的地表特征参数在火烧前与火烧后景观中的差异，从而得到针对立地尺度或者特定火灾时间的林火烈度的描述。林火烈度的评估方法主要有野外调查和遥感评估两种。

（1）野外调查法

基于野外调查的林火烈度评估主要是对火烧迹地的地表景观变化进行评价。常用到的评价指标主要包括：土壤颜色变化、土壤透水性和疏水性；植被灰分覆盖变化和植被冠层焦化数量；树疤、有机可燃物消耗量等。鉴于前人研究大多基于火干扰对生态系统影响的某个或某几个方面，并不能全面反映生态系统的变化程度。美国地质调查局科学家 Carl H. Key 和 Nathan C. Benson 于 1999 年提出了综合燃烧指数（composite burn index，CBI）的概念。该方法主要内容为：在野外建立 30 m×30 m 的样地，按垂直高度分为 5 个层，分别是：A 地表可燃物和土壤层；B 草本、低矮灌木和<1 m 高的小树层；C 高大灌木和 1~5 m 的乔木层；D 次林冠层（5~20 m）；E 主林冠层（>20 m）。在每一层中均有 4~5 个变量，对其进行目视估测（取值范围为 0~3，0 代表没有火烧，3 代表最严重的火烧），然后对各层的估测值进行综合，得到整个样地的 CBI。目前，基于 CBI 的野外烈度评估仍然是国内外研究学者所广泛采纳的方法，美国的一些林火管理相关的项目（如 JFSP、MTBS 等）将 CBI 方法作为标准化的烈度评估流程纳入了实际的林火管理实践中。

（2）遥感评估法

遥感能够提供大面积、时空连续的地表观测信息，能够避免野外 CBI 调查中存在成本高、主观性强等不足，是一种理想的林火烈度评估方法。以 Landsat、ASTER 为代表的陆地卫星被广泛用于国内、外林火烈度的研究与应用中。遥感用于林火烈度评估最早可追溯到 20 世纪 80 年代。该阶段的研究多集中于利用数字图像处理手段获取火灾导致的斑块变化信息，然后利用影像分类的方法对火烧烈度进行分级。有研究表明，这类方法虽然能够借助火斑块内部的光谱差异，但是对地表火的烈度评估效果不佳，而且各类别所代表的生态意义并不清晰。此后，由于 NDVI 和穗帽变换的绿度分量等植被指数简单、灵活，并且对干扰引起的植被变化非常敏感，因此常被用于林火烈度的分级，但也有研究指出植被指数对于林冠火烈度可能有较好的指示作用，对于林冠下方的地表变化并不敏感。

1999 年，Carl H. Key 和 Nathan C. Benson 在分析火灾引起光谱变异的基础上提出了归一化燃烧比指数(normalized burn ratio，NBR)，并依照 dNDVI 的差值形式提出了 dNBR 指数。通过与野外调查的 CBI 数据进行回归分析，结果表明，dNBR 能够很好地反映林火引起的树冠及地表特征的变化。指数计算方法如下：

$$NBR = \frac{\rho_{NIR} - \rho_{MIR2}}{\rho_{NIR} + \rho_{MIR2}} \tag{12-10}$$

$$dNBR = NBR_{火前} - NBR_{火后} \tag{12-11}$$

相比单时相的 NBR 而言，dNBR 的优势在于避免了 NBR 中存在的异物同谱现象从而分离出火灾燃烧区域，并且 dNBR 为量化火干扰造成的生态系统变化提供了一个连续的参考尺度，dNBR 值越高表示其燃烧烈度越高。

dNBR-CBI 回归分析方法的提出在很大程度上提升了火灾研究的深度，引起了众多林火研究人员的关注。已有大量研究对 dNBR-CBI 回归分析方法在不同遥感数据源、生态系统类型等方面的适用性进行了验证研究。在亚高山针叶林、北方针叶林、寒温带森林等生态系统中的研究大多表明，该方法对于林火烈度评估具有较高的适用性，但同时也发现了一些亟待改进的问题。主要包括：①NBR 和 dNBR 对于中高烈度区域识别性较低，且更多体现植被层的烈度而对土壤层的烈度响应不甚敏感；②该方法在森林系统中适用性较强，而在非林生态系统中 dNBR 与地面观测指标相关性不高；③NBR 和 dNBR 数值容易受到太阳高度角的季相变化、地形起伏引起的阴影以及植被的物候效应的影响，谷底区域和阴坡区域 NBR 值的低估现象十分明显。

在实际情况中，由于大多数的森林火灾(尤其是历史火灾)难以获取林火烈度的野外观测或验证数据，难以去针对每一场火灾建立各自的遥感—地面烈度定量评估模型。为使发生于不同历史时期火灾的烈度具备可比性，Miller et al. (2007) 提出了 dNBR 的改进形式 RdNBR 指数。指数计算方法如下：

$$RdNBR = \frac{dNBR}{\sqrt{|NBR_{Pre}|}} \tag{12-12}$$

通过与 CBI 值进行相关性分析发现 dNBR 与 RdNBR 指数在对单场火灾烈度的评估总体精度接近，但 RdNBR 在高烈度火的评估误差更小，并且对于不同时间和空间发生的多场火灾的烈度对比而言，RdNBR 具备更直接的可比性，能够部分消除由于火前地表植被类型的空间异质性所引起的烈度评估不确定性。通过在美国大量火灾的研究表明，RdNBR 所得到的林火烈度分类精度要优于 dNBR，尤其是在植被稀疏的地区。但也有研究表明 RdNBR 对于大尺度、长时间范围内的林火烈度评估所起到的改善作用并不明显。

也有研究认为，可通过对近年来的火烧迹地开展大量的野外调查获取当前的 CBI 数据，可以利用这些数据来建立稳健的区域的 CBI-dNBR(或 CBI-RdNBR)总体关系模型并获取相关阈值，最终通过阈值外推来实现对历史或者未来火灾烈度状态的估算。

总体来说，基于 dNBR 及其衍生指数与野外观测烈度指数建立相关模型的方法简单灵活，所得结果有较好的时空连续性，适合于大的时空尺度的林火研究。此外，许多研究人员还在实践过程中提出大量新的方法和思路用于林火烈度的评估，虽然在推广与应用上并没有 dNBR-CBI 灵活和简便，但是也取得了大量卓有成效的成果。例如，有学者提出将辐射传输模型(Radiative Transform Model)应用于地中海气候条件下的林火烈度模拟和评估并取得了不错的结果，也有研究提出新的烈度指数或者采用光谱混合分解的方法来评估林火烈度并取得了较好的研究成果。

12.2.3　火灾碳排放遥感估算

森林火灾消耗可燃物的过程中向大气释放了大量的含碳气体，主要包括：CO_2、CO、CH_4、氯甲烷、非甲烷碳氢化合物等，其中以 CO_2、CO、CH_4 等温室气体为主，分别占各自全球所有源排放总量的 45%、21% 和 44%。众所周知，大气中温室气体浓度的增加是导致全球气候变暖的重要影响因素。据估算，过去 20 年，全球火灾每年约产生 2~3 Pg 碳排放，约占化石燃料消费产生的碳排放量的 70%，是加剧气候变化的重要推手。全球气候变暖对于森林火灾的情势恶化起到了推波助澜的作用。气候变暖大幅增加了森林火灾季节的长度，创造了更多火灾发生的适宜环境。因此，科学、准确地估算火灾产生的碳排放量对于正确理解气候变暖、火干扰与森林生态系统碳循环之间的交互作用具有重要的帮助。

12.2.3.1　火灾碳排放估算模型

对森林火灾释放含碳痕量气体的估算开始于 20 世纪 70 年代后期，主要基于 Seiler et al. (1980)提出的生物量损失估算模型，即

$$C = ABf_c\beta \tag{12-13}$$

式中，A 为过火面积，hm^2；B 为单位面积可燃物质量，即可燃物载量，t/hm^2；f_C 为可燃物中碳所占的比重，即可燃物含碳率；β 为生物质发生燃烧的部分占总质量的比例，即可燃物燃烧效率，%。

在实际情况中，上述模型估算出的碳排放量存在低估现象，主要原因是该模型忽略了地表—地下可燃物(包括凋落物、地衣、活的或者死的土壤有机质)，尤其是在土壤有机质含量丰富的北方针叶林区，据估测火灾消耗的高达 2/3 的物质是来自地表。针对该情况，French 与 Kasischke 等人对上述模型进行了改进，提出了包含地表—地下有机质层消耗的模型。

$$C = A(B_a f_{ca}\beta_a + C_g\beta_g) \tag{12-14}$$

式中，B_a 为地上可燃物载量，t/hm^2；f_{ca} 为地上可燃物含碳率；β_a 为地上可燃物燃烧效率；C_g 为有机质层的碳密度，t/hm^2；β_g 为有机质的燃烧效率。

地表可燃物又可根据组成情况细分为地表凋落物、地表有机质、粗木质残体、土壤有机质等组分，可针对待评估生态系统的实际情况而有选择性地确定模型。

针对某种含碳气体的排放估算模型则通过排放系数法获取，即将上述总碳排放量模型乘以特定含碳气体的排放系数。即

$$E_s = CE_{fs} \tag{12-15}$$

式中，E_{fs} 为某种含碳气体的排放系数，指单位重量碳燃烧后排放的该气体的重量。

理化性质不同的可燃物类型具有不同的碳排放系数，但在实际中往往难以确定特别精细的可燃物排放系数，在宏观估算中大多针对不同的生态系统类型采用差异化的排放系数。

除上述模型外，国内外学者也发展了其他几种碳排放模型或模式。例如，美国林务局科学家提出的一阶火灾影响模式（FOFEM）、火灾消耗模式（CONSUME），加拿大林务局提出的 CanFire、FBP 系统。这些模型大多已开发成相对成熟的软件，碳排放估算仅为评估火灾影响的一部分，所采用的方法多为基于野外调查或实验室研制的经验性关系模型，通过可燃物湿度、类型等特征推算可燃物消耗量或烟气排放量。全球火灾碳排放数据集（GFED）是目前全球尺度较为权威的数据库。它利用遥感数据提取燃烧面积，采用遥感反演与生物地球化学模型相结合的方法估算燃料容载量和燃烧效率，并在得到这些参数后通过前述碳排放模型计算相应的碳排放量。

综上所述，过火面积、可燃物载量、燃烧效率、可燃物含碳率是火灾碳排放估算模型中的主要参数。其中，可燃物含碳率大多通过实验室测定获取，目前，国际上多采用 0.45 或 0.5 作为森林可燃物含碳率取值。过火面积、可燃物载量、燃烧效率均可通过遥感观测或反演获得。前面章节已对过火面积的遥感观测进行了介绍，本节将重点针对燃烧效率、可燃物载量遥感估算进行介绍。

12.2.3.2 燃烧效率遥感反演

燃烧效率是火灾碳排量估算的重要因子，直接影响可燃物消耗量，并间接影响森林生态系统中各碳库的组分变化。燃烧效率受火灾强度、火灾类型、植被类型以及风速、温度、相对湿度等火灾气象条件等因素影响。例如，持续干旱导致的可燃物含水率降低能够提升火灾发生时的燃烧效率。不同生态系统类型的植被构成不同会使燃烧效率差异，例如，稀树草原植被组成使得可燃物以细可燃物为主，因而火灾发生时具有较高的燃烧效率（80%~100%），而森林可燃物以粗可燃物为主则具有相对低的燃烧效率，如赤道或北方针叶林的燃烧效率为 20%~30%。

准确的燃烧效率主要通过实验室测定，利用燃烧实验可获取特定条件下某一类型可燃物的消耗比例。也有研究通过实地评估火灾前、后不同类型的可燃物消耗比例来确定燃烧效率。通过这些方式获取的燃烧效率值可直接用于碳排放估算，但是许多研究指出估算碳排量时必须考虑燃烧效率在时空尺度上的变化，否则将造成碳排放估算的巨大不确定性。另外，控制实验和野外调查成本较高，不适宜大范围推广。由于地物和气象要素的时空分布变化会对燃烧效率具有直接影响，有研究通过测定不同植被的燃烧效率，结合植被与土壤排水条件的关系，建立燃烧效率与土壤排水等级的经验关系。也有研究基于火灾面积、燃烧效率与气温的年际变化之间的相关关系建立不同生态区燃烧效率与火灾面积的线性关系。燃烧效率实际上具有高度的空间异质性，火烧迹地中非连续过火区域要比连续过火区域具有更低的燃烧效率，这些空间变异的光谱特征可通过遥感观测获取。因此，遥感反演也成为获取火烧迹地内燃烧效率空间变异的一种途径。

目前，遥感反演方法主要分为 2 种：一种是通过燃烧效率与光谱、地表温度等遥感可观测要素之间的经验关系构建经验模型来实现空间化评估；另一种是间接调整法，主要借助林火烈度与燃烧效率之间的密切联系，依靠遥感评估的林火烈度等级来调整已有燃烧效率经验值。总体上，相比前一种方法，该方法更具可靠性、应用更广泛。可燃物消耗量是林火烈度评估的重要内容，燃烧效率与林火烈度实际上存在因果关系。基于遥感评估的林火烈度等级或数值，研究人员可通过树木死亡率、枝叶消耗量、可燃物消耗量、有机质层厚度变化等具体林火烈度指标与燃烧效率构建关系，或者根据不同植被类型的燃烧效率来确定最大值和最小值，通过烈度等级来进行插值或经验值的调整。

　　总体而言，燃烧效率的直接反演法研究较少，间接调整法根据遥感反演的林火烈度调整实测燃烧效率值较为实用，但是遥感评估的林火烈度除包含可燃物消耗外，还包含地表特征信息，如何从光谱信息中分离出可燃物消耗相关的信息仍然存在一些挑战。此外，基于遥感方法估算的燃烧效率的不确定性还需要进一步研究和分析。

12.2.3.3　可燃物载量反演方法

　　可燃物载量是可燃物众多性质中的一个重要参量，指单位面积内可燃物生物量的烘干重量，包括活可燃物和死可燃物。森林可燃物载量及其空间分布是林火管理中的基础信息，消防管理人员需依据准确、全面的可燃物载量空间分布信息识别景观中高风险区域并实施可燃物处理以降低火灾风险。可燃物载量同时也是火行为预防和火效应模型的关键输入参数，通过可燃物载量高低可以预测不同可燃物类型的潜在火行为。

　　目前，获取森林可燃物载量的方法有地面调查法、数学模型法、遥感估算法。地面调查方法主要针对典型的样地或样方通过采样、烘干、称重的传统方法获取单位面积内可燃物的干重。数学模型法则通过构建林分结构参数(如胸径、树高、年龄、密度等)与可燃物载量关系模型进行预测。遥感估算法相比地面调查法成本低，相比林分数据获取相对容易，因而得到了广泛的关注。

　　地表可燃物组成复杂、尺寸大小不一、理化燃烧特性各异，通常将特征相似的可燃物归为一类，构建可燃物模型。以往遥感应用于可燃物制图主要是针对可燃物类型划分展开，其过程接近于地表植被类型划分。可燃物载量的遥感估算是在此基础上，是对识别出的可燃物类型通过查找表法从对应的可燃物模型中检索载量数值。因此，这是一种间接的估算方法。该方法适用于草、灌植物主导的生态系统。对于森林而言，由于存在复杂的空间立体结构，冠层的遮挡使遥感传感器仅能接收到冠层表层的光谱反射特性信息，难以获取冠层下部的植被可燃物特性，在存在多层冠层的情况下，利用这种方法得到的可燃物载量存在较大的误差。间接法的优点是原理简单，主要缺点是依赖于可燃物模型，受制于可燃物类型识别精度，而且可燃物载量数值为机械、离散数值。

　　遥感直接估算森林可燃物载量存在较多的挑战。首先，遥感获取的光谱信息多为森林冠层的反射光谱信息，能够部分反映活可燃物的光谱特征，但是难以表达地表草灌植物、枯枝落叶、土壤有机质等重要的可燃物组分；其次，不同龄级、树种组成的森林可能具有相近的光谱特征但是具有差异巨大的可燃物载量。

　　目前遥感直接估算方法主要分为 3 种：中间因子法、林分动态模型法和经验模型法。传统光学遥感技术用于测算与森林结构相关的可燃物载量信息存在比较多的挑战和不足，未来仍然需要从数据源、方法论的角度继续提升估算精度。除上述方法外，干涉雷达(In-SAR)、激光雷达(LiDAR)等能够穿透冠层、反映森林垂直结构的主动遥感技术近年来也被逐渐用于可燃物载量的估算。通过多源数据的融合和有效弥补传统光学遥感方法在可燃物载量估算中的不足。

12.2.4   火后植被恢复遥感监测

森林火灾能够打破生态系统的平衡和稳态，从而引发森林演替或更新并造成生态系统结构和功能的长期波动。林火使森林景观呈现为异龄斑块组成的镶嵌结构，而火后植被恢复过程正是塑造景观格局的重要驱动力，在很大程度上决定了未来森林生态系统的演替轨迹和功能动态。火后初期的植被恢复情况既可以评价林火干扰的生态效应，又可以预测森林组成、结构和功能的动态，对于理解生态系统弹性维持机制、森林景观异质性的形成机理等关键科学问题具有重要的意义。因此，针对火后植被恢复的研究一直是林火生态学的重要研究内容。以往针对火后植被恢复的研究方法主要包括：

①野外调查法。通过长期观测或"空间代替时间"的方法研究火后不同演替阶段群落的组成、结构、功能特征。该方法可准确获取生态系统信息，但费时、费力且具有时效性，难以在大时空尺度上发挥作用。

②森林景观模型模拟。运用计算机技术定量化地揭示森林景观和相邻生态系统中树种生物学特性、种内种间竞争关系及与生态环境干扰因子的综合作用效应，实现景观尺度森林树种组成、结构与功能的动态模拟和预测。该方法可以模拟或预测大时空尺度上植被演替动态，但模拟结果往往受模型的假设条件和输入参数影响，难以反映植被恢复的空间异质性。并且，模型对于复杂生态过程的假设和简化，使模拟结果的精度随模拟时长的增加而变得难以验证。

③遥感监测与反演。通过监测不同地物的光谱特征，利用单期、多期或长时间序列遥感观测数据实现植被恢复信息的提取或动态监测。随着遥感数据时间、空间和光谱分辨率的逐步提高，遥感技术已经成为研究火烧迹地植被恢复动态的主要手段。在实际的研究或应用中，需根据研究时长、时段连续性、目标或主题等方面的不同而选择不同的方法。其中，影像分类、植被指数法、光谱混合分析法是获取植被信息的基础方法，各方法的原理、优缺点等在前面小结已做介绍，在此不再赘述。

遥感植被指数因对植物光谱信号具有增强效果被国内外学者大量用于量化干扰后植被恢复动态。通过时间序列分析能够监测植被恢复速率、达到干扰前指数水平所需时间等参数。但是，遥感观测的早期植被恢复速率并非生态学或林学意义上的森林恢复。加拿大群落生态学家 Han Y. H. Chen 与森林遥感专家 Michael Wulder 联合撰文指出：森林恢复的理解在遥感科学与生态(林)学之间存在分歧但也存在互补的可能性，其关键在于发掘遥感可观测的、具有明确生态(林)学意义的森林结构或功能指标，否则遥感观测的光谱恢复并不能反映森林结构或功能恢复。因此，当前对于火烧迹地的遥感监测所面临的最大挑战在于如何将遥感观测的"光谱恢复"与"森林结构与功能恢复"相联系。

鉴于此，本节将从实际研究与应用的需求出发，介绍遥感技术在火后植被的组成、结构、功能等方面的方法与进展。

12.2.4.1   火后植被组成遥感监测

火干扰通常会引起次生演替过程，火烧迹地内植被物种组成的格局是环境过滤、种间竞争、干扰遗留效应等机制共同作用的结果。在演替的不同阶段植被的组成状况会产生动态变化，从林业管理与生态安全的角度出发，准确获取群落组成或树种组成情况能够有助于指导补植、造林等快速森林恢复与生态修复辅助措施的实施。需要注意，以下介绍主要基于北方森林、寒温带森林为潜在研究对象，面向火干扰后演替早期和中期展开讨论。

（1）乔木与草、灌植物占比

火干扰后的早期（<10 年），视火烈度、火前森林状况的不同，火烧迹地植被主要由活母树、乔木更新苗、草灌类植物组成。在该阶段，乔木更新苗的高度与高大灌木相当，二者呈现出混合存在的情况。光谱混合分析是估算植被组成常用的方法之一。不同植被类型（如针叶树与阔叶树、乔木与草灌植物）则具有不同的物候特征，因此，可通过反解线性光谱混合模型来获取各组分所占的面积比重。需要注意，除非更新苗与背景植被存在明显的物候差异，否则在粗分辨率的遥感影像中难以实现二者的分离。

在对早期火烧迹地的植被组成遥感监测研究中，大多关注存活母树与草灌植物的占比问题。存活母树是火烧迹地的重要种源，也是生态系统响应火干扰的重要指示因子。在垂直高度上，存活母树占据重要优势，树冠能够在地面形成大面积阴影。因此，在高烈度火烧迹地中可通过地面阴影斑块来提取离散存活母树的个体分布。也有研究基于高分辨率（<5 m）遥感影像或结合激光雷达数据，以像元或斑块作为分析对象的尺度，通过聚类分析或监督学习的方法获取乔木、草灌植物的空间占比。高分辨率影像通常具有较少的光谱波段，在遥感数据选择过程中若能够结合二者之间的物候差异则有助于分类精度的提升。

（2）更新苗的树种组成

当乔木更新苗随演替过程逐渐占据火烧迹地的生态位后，获取更新苗的树种组成信息有利于森林管理部门实现对森林景观的未来规划。更新苗树种组成在连片、密集区域区分较为困难，目前大多基于光谱分解的方法进行估测，但由于更新苗树种间的光谱相似性较高，因此难以区分。对于常绿、落叶树种混合的情景可根据生长期末段或冬季无雪影像进行常绿树种专题提取，通过与生长期阶段的总体覆盖度对比分别获取两类树种的占比，而且分析过程中需要注意草、灌植物的光谱信息分离。也有研究结合高分辨率、高光谱影像以及小光斑激光雷达数据从个体对象尺度实现植株个体的树种识别，取得了较高的识别精度。

12.2.4.2　火后植被结构遥感监测

森林结构是指森林植被的构成及其空间组织关系。对于陆地生态过程而言，定量的反演植物生理、结构参数更有利于从大尺度上认识、模拟生态系统恢复对于陆地生态系统关键过程（如碳循环）的影响。同时，植被的结构特征也是评价生态系统健康以及国家森林资源二类调查的关键指示因子。例如，树高、胸径、蓄积量、林龄是传统林业经营中最为关注的森林结构参数。火后初期植被结构可比较精确地预测生态系统未来的功能动态，对于预测未来的演替轨迹、生态系统功能（如净初级生产力）、区域碳平衡具有至关重要的作用。

按照空间划分，森林结构可分为水平结构和垂直结构。光学遥感技术在森林水平结构参数的获取方面具有广泛的应用，但是冠层遮挡、地形、森林复杂组成等情况的影响，在森林垂直结构参数的获取方面存在巨大挑战。

（1）水平结构参数

水平结构为森林植物在林地上地分布状态和格局，在遥感语境中，描述森林水平结构的参数主要包括：植被覆盖度、叶面积指数、生物量等。

遥感植被指数通常被认为能够很好地反映植物冠层覆盖度、叶面积指数，甚至是生物量，因而常被用来与野外观测的植被参数建立经验关系或结合模型模拟关键过程。也有研究对火烧迹地的场景进行了剖析，将火烧迹地的构成要素分为：可光合植被、黑炭/灰分覆盖的土壤、非光合植被、阴影等组分构成。利用混合像元分解的方法对中低分辨率的遥感影像进行亚像元尺度分解，从而获取植被覆盖度。也有研究利用高分辨率影像对火烧迹地开展影像分类，并通过空间聚合处理获得植被的覆盖度。需要注意的是，光学遥感存在信号饱和现象，特别是对于植被的监测能力会随着植被覆盖度、叶面积指数的增加而受限。

生物量与碳储量是与火后植被碳循环过程密切相关的结构参数，遥感获取方法主要采用经验关系法。一种是通过野外调查的标准样地生物量与遥感获取的光谱、年龄、纹理特征以及土壤、地形等辅助信息构建经验关系模型进行推算；另一种是基于生长模型，通过年龄推测胸径、基面积等结构参数，结合植被覆盖度等参数实现生物量估算。碳储量则通过生物量与不同器官含碳率、碳分配比例等经验参数相乘积获取。

（2）垂直结构参数

垂直结构是森林植物地面上同化器官（枝、叶等）在空中的排列成层现象。在遥感语境中，描述垂直结构的参数主要有：树高、冠层结构、叶面积密度等。光学影像用于垂直结构参数主要是基于高分辨率遥感数据，通过影像中立木阴影长度结合成像几何参数来获取林分平均树高。但是应用的场景主要是稀疏林冠区域，对于高密度林分并不适用。近年来，通过分析长时间序列遥感影像可以获得森林更新年龄，通过时相信息与生长模型相结合推算树高也是一种有效方法，但是适用于树种组成简单的林型。

微波遥感与激光雷达具有良好森林穿透性，在垂直结构反演方面相比光学遥感具有更广泛的应用和更加完善的理论基础。微波遥感主要是通过建立后向散射系数与森林垂直结构参数之间的关系并结合光学影像信息来构建反演模型。微波遥感不受天气影响，在林业应用中具有显著优势。激光雷达的应用则主要是基于机载小光斑激光雷达通过低空飞行获取三维点云。通过构建冠层高度模型制作植被垂直高度分布图。可结合单木分割技术实现单株树木的建模与参数化，通过对点云的统计与分析可获取树冠层面的树高、冠幅、冠层容重、株数等森林结构植被。

12.2.4.3　火后植被生态功能遥感监测

森林具有固碳释氧、水土保持、防风固沙、维持生物多样性等重要生态功能。火干扰能够对生态系统碳循环、水循环以及能量交换过程产生长期的影响。火后生态系统恢复同时也是生态功能的恢复过程。植被作为森林生态系统的主体，植被生态功能的恢复状态是衡量森林生态系统是否恢复到火干扰前水平的重要指示因子。由植被主导的碳循环、水循环以及热量交换等关键陆地过程是森林生态服务与生态价值产生的基础。遥感数据反映了时空连续的陆地表面信息，为准确反演和模拟陆地生态系统过程提供了可靠的方法和数据基础。目前，针对植被生态功能的遥感监测主要是对植被固碳能力、水源涵养功能、能量收支等方面开展。

(1)固碳能力

森林生态系统固碳能力是反映生态系统生产力的重要指标，调节和维持着生态系统的生产力与稳定性。净初级生产力(NPP)是生态系统中植被从大气固定的碳量与植被通过呼吸作用释放到大气中的碳量之差，是大气中的碳进入陆地生态系统的主要途径。理解 NPP 对火干扰的响应及其恢复过程是揭示火干扰对生态系统碳循环的间接、长期影响的基础。

植物生产力主要是通过绿色植物光合作用产生的，火干扰打断了生态系统正常的发展阶段。火后初期，地表植被较少，叶面积指数 LAI 较低，NPP 就比较低。随着森林演替的发展，植被逐渐补充空余生态位使植被覆盖度、LAI 增加，并且乔木、灌木的年龄增长也使个体 NPP 增加，生态系统整体生产力呈现出快速增加的趋势。当到达一定年龄后便开始呈现动态稳定甚至下降的趋势。

利用遥感估算火烧迹地植被生产力主要是将获取的光谱时序信息与生理参数反演模型相结合来实现 NPP 的动态监测。根据 NPP 模型的运行机制可分为：气候生产力模型(如Miami 模型、Chikugo 模型等)、生理生态过程模型(Biome-BGC 模型)、光能利用率模型(CASA 模型、VPM 模型等)、生态遥感耦合模型。利用遥感反演的植被指数和叶面积指数信息的光能利用率模型已经被广泛地应用于区域和全球尺度的植被生产力的估算和模拟研究。

由于遥感数据固有的不足和缺陷，以及模型本身存在的不足，对于植被生产力的估算仍然存在诸多的不确定性和不合理性，在火烧迹地植被生产力的估算中有待进一步的改进和检验。

(2)水文过程

火灾对于森林水文过程的影响主要通过降水分配、土壤疏水性、蒸散发过程、地表径流等途径。植被恢复过程中，森林郁闭度和树木密度的增加使植被冠层对于降水截留作用逐渐增强，地表变厚的凋落物层也将重新产生水分二次分配能力。同时，微生物分解凋落物形成土壤有机质，改善由于火烧造成的土壤毛细能力降低、团聚体稳定性降低等情况，增加土壤的蓄水能力与渗透性。逐渐郁闭的森林将降低土壤直接蒸发和地表径流主导的水分流失方式，转换为以林冠截留蒸发和蒸腾作用为主导的蒸散发模式。火烧迹地植被恢复过程中主要通过改变蒸散发过程调节地表径流。通过植被的截留与蒸腾作用以及土壤的持水能力增加可以总体降低地表径流量并减缓山洪的形成，从而减轻次生灾害的发生风险。总体来说，植被恢复对于水文过程的影响或调节主要是通过植被组成与结构、土壤性质的恢复发挥作用。

基于遥感评价火后生态系统水源涵养能力主要是通过流域水文模型来开展。流域水文模型是将整个流域作为研究单元，考虑流域蓄满产流、超渗产流及汇流等概念，并根据河川实测流量来率定模型参数、模拟流域产汇流过程。流域水文模型不仅可以用于水文机理研究、洪水预报、水文设计、水资源管理，也可以用于气候变化、下垫面变化(植被变化、人类活动影响等)等对水文过程的影响以及进行流域的水文与环境过程模拟和预测等。遥感获取的植被指数、叶面积指数、地表反照率以及植被覆盖类型可作为模型重要参数驱动模型的运行。根据水文过程的不同方面可分为火后地表蒸散发与火后流域径流量。

复习思考题

1. 火灾发生前后，森林的光谱特征曲线在哪些谱段变化较为强烈？
2. 对于火灾监测而言，气象卫星、陆地资源卫星各自的优势与劣势分别是什么？
3. 利用遥感变化监测技术开展火灾制图的关键技术点有哪些？
4. 如何选择适宜的森林过火面积制图方法？
5. 请尝试结合某种森林类型及其火行为特点设计林火烈度野外评估调查表格。
6. 请结合辐射传输过程思考光学遥感反演森林可燃物载量存在的缺点有哪些？
7. 请思考光学遥感适用于获取哪些或哪类植被恢复信息？

参 考 文 献

郭林飞，马远帆，郑文霞，等，2019. 大兴安岭 4 种乔木枝叶燃烧碳排放因子分析[J]. 环境科学与技术，42(11)：193-200.

郭贤明，王兰新，2015. 我国林火对生物多样性的影响研究综述[J]. 四川环境，34(3)：122-126.

郭雨萱，魏帽，田明月，等，2021. 云南省八种主要乔木燃烧释放烟气及颗粒物特性分析[J]. 环境科学研究，34(10)：2295-2305.

胡海清，2003. 大兴安岭原始林区林木火疤的研究[J]. 自然灾害学报，12(4)：68-72.

鞠园华，马祥庆，郭林飞，等，2019. 杉木枯落物燃烧释放污染物特征及 $PM_{2.5}$ 成分分析[J]. 林业科学，55(7)：187-196.

李绍阳，马红媛，赵丹丹，等，2021. 火烧信号对种子萌发影响的研究进展[J]. 植物生态学报，45(11)：1177-1190.

刘广菊，胡海清，张海林，等，2008. 火频度和火强度对植物群落结构稳定性的影响[J]. 东北林业大学学报，36(7)：32-33.

刘建华，祁士华，张干，等，2004. 湖北梁子湖沉积物正构烷烃与多环芳烃对环境变迁的记录[J]. 地球化学(5)：501-506.

马远帆，郭林飞，郭新彬，等，2020. 福建省 4 种乔木树种凋落物燃烧释放的烟气颗粒物主要成分分析[J]. 福建农林大学学报(自然科学版)，49(1)：115-123.

吴圣捷，谢海云，杨柳明，等，2018. 稻田耕层土壤黑炭分布特征及影响因素[J]. 环境科学学报，38(2)：737-743.

徐化成，李湛东，邱扬，1997. 大兴安岭北部地区原始林火干扰历史的研究[J]. 生态学报，17(4)：337-443.

杨昆凤，郭贤明，王兰新，2019. 计划烧除对西双版纳地区野生动植物栖息地的影响[J]. 安徽农业科学，47(7)：104-106.

于振江，胡卸文，曹希超，2020. 火烧迹地土壤斥水特性研究及其对火后泥石流诱发机理[J]. 地质灾害与环境保护，31(2)：93-99.

郑文霞，2021. 杉木对林火烟气颗粒物的吸附能力及生理响应[D]. 福州：福建农林大学.

郑文霞，郭新彬，郭林飞，等，2020. 美国野地—城市交界域火灾管理概述及对我国的启示[J]. 生态学杂志，39(1)：300-307.

朱忠盼，郭雨萱，魏帽，等，2022. 可燃物化学性质对燃烧释放 $PM_{2.5}$ 元素成分的影响[J]. 中国环境科学，42(5)：2050-2059.

邹胜利，李仁成，谢树成，等，2010. 湖北金洛加考古遗址土壤中多环芳烃指示的古火[J]. 地球科学学报，21(3)：247-256.

ALBALASMEH A A, BERLI M, SHAFER D S, et al. , 2013. Degradation of moist soil aggregates by rapid temperature rise under low intensity fire[J]. Plant & Soil, 362(1-2)：335-344.

ALBIN D P, 1979. Fire and stream ecology in some Yellowstone Lake tributaries[J]. California Fish & Game, 65：216-238.

ALBINI F A, 1979. Spot fire distance from burning trees：A predictive model [R]. USDA Forest Service, General Technical Report INT-56.

ALBINI F A, 1983. Potential spotting distance from wind-driven surface fires [R]. USDA Forest Service, General Technical Report INT-309.

ALBINI F A, BROWN J K, REINHARDT E D, et al. , 1995. Calibration of a large fuel burnout model [J]. International Journal of Wildland Fire, 5(3): 173-192.

AMIRO B D, STOCKS B J, ALEXANDER M E, et al. , 2001. Fire, climate change, carbon and fuel management in the Canadian boreal forest[J]. International Journal of Wildland Fire, 10(4): 405-413.

ANDELA N, MORTON D C, GIGLIO L, et al. , 2017. A human-driven decline in global burned area[J]. Science, 356(6345): 1356-1362.

ARCHIBALD S, ROY D P, VAN WILGEN B W, et al. , 2009. What limits fire? An examination of drivers of burnt area in Southern Africa[J]. Global Change Biology, 15(3): 613-630.

BALCH J K, BRADLEY B A, ABATZOGLOU J T, et al. , 2017. Human-started wildfires expand the fire niche across the United States[J]. Proceedings of the National Academy of Sciences, 114(11): 2946-2951.

BANDOWE B M, SRINIVASAN P, SEELGE M, et al. , 2014. A 2600-year record of past polycyclic aromatic hydrocarbons (PAHs) deposition at Holzmaar (Eifel, Germany)[J]. Palaeogeography Palaeoclimatology Palaeoecology, 401: 111-121.

BAO T, LIU S, QIN Y, et al. , 2020. 3D modeling of coupled soil heat and moisture transport beneath a surface fire[J]. International Journal of Heat & Mass Transfer, 149: 119163.

BARREIRO A, LOMBAO A, MARTÍN A, et al. , 2020. Soil Heating at High Temperatures and Different Water Content: Effects on the Soil Microorganisms[J]. Geosciences, 10(9): 355.

BERNDT H W, 1971. Early effects of forest fire on streamflow characteristics[J]. Pacific northwest forest & range experiment station, 78(11): 1290-1290.

BISTINAS I, HARRISON S P, PRENTICE I C, et al. , 2014. Causal relationships versus emergent patterns in the global controls of fire frequency[J]. Biogeosciences, 11(18): 5087-5101.

BOND W J, MIDGLEY J J, 1995. Kill thy neighbor - an individualistic argument for the evolution of flammability [J]. OIKOS, 73: 79-85.

BOZEK M A, YOUNG M K, 1994. Fish mortality resulting from delayed effects of fire in the greater Yellowstone ecosystem[J]. Great Basin Naturalist, 54(1): 91-95.

BURGAN R E, ROTHERMEL R C, 1984. Behave: fire behavior prediction and fuel modeling system—FUEL subsystem [R]. USDA Forest Service, General Technical Report INT-167.

BYERS B A, DESOTO L, DAN C, et al. , 2020. Fire-scarred fossil tree from the Late Triassic shows a pre-fire drought signal[J]. Scientific Reports, doi: 10. 1038/s41598-020-77018-w.

CHENEY P, SULLIVAN A, 2008. Grassfires: fuel, weather and fire behaviour [M]. 2nd ed. Clayton: Csiro Publishing,

CLAIRE N, FOSTER, SAM C, et al. , 2020. Animals as agents in fire regimes[J]. Trends in Ecology & Evolution, 35(4): 346-356.

CLARK J S, 1998. Particle motion and the theory of charcoal analysis: Source area, transport, deposition, and sampling[J]. Quaternary Research, 30(1): 67-80.

CUELLO N, LÓPEZ-MÁRSICO L, RODRÍGUEZ C, 2020. Field burn versus fire-related cues: germination from the soil seed bank of a South American temperate grassland[J]. Seed Science Research, 30: 206-214.

DAVIES K W, BOYD C S, BATES J D, et al. , 2015. Dormant season grazing may decrease wildfire probability by increasing fuel moisture and reducing fuel amount and continuity[J]. International Journal of Wildland Fire,

24(6): 849.

DAVIS K P, 1959. Forest fire control and use [M]. New York: McGraw-Hill.

DE BANO L F, NEARY D G, 1998. Fire's effects on ecosystems[M]. New York: John Wiley & Sons, Inc.

DEEMING J E, BURGAN R E, COHN J D, 1977. The National fire danger rating system-1978 [R]. USDA Forest Service, General Technical Report INT-39.

DUNHAM J B, YOUNG M K, GRESSWELL R E, et al. , 2003. Effects of fire on fish populations: landscape perspectives on persistence of native fishes and nonnative fish invasions[J]. Forest Ecology & Management, 178 (1-2): 183-196.

ENGSTROM R T, 2010. First-order fire effects on animals: Review and recommendations[J]. Fire Ecology, 6 (1): 115-130.

FONS W, 1946. Analysis of fire spread in light forest fuels [J]. Journal of Agriculture Research, 7(3): 93-121.

FRANDSEN W H, 1971. Fire spread through porous fuels from the conservation of energy [J]. Combustion & Flame, 16(1): 9-16.

GARDNER J J, WHITLOCK C, 2001. Charcoal accumulation following a recent fire in the Cascade Range, northwestern USA, and its relevance for fire-history studies[J]. The Holocene, 11(5): 541-549.

GILL A M, 1974. Towards an understanding of fire-scar formation: Field observation and laboratory simulation [J]. Forest Science, 20: 198-205.

HANTSON S, LASSLOP G, KLOSTER S, et al. , 2015. Anthropogenic effects on global mean fire size[J]. International Journal of Wildland Fire, 24(5): 589-596.

HANTSON S, PUEYO S, CHUVIECO E, 2015. Global fire size distribution is driven by human impact and climate[J]. Global Ecology & Biogeography, 24(1): 77-86.

HOLDEN S R, ROGERS B M, TRESEDER K K, et al. , 2016. Fire severity influences the response of soil microbes to a boreal forest fire[J]. Environmental Research Letters, 11(3): 35004.

KAUFFMAN J B, MARTIN R E, 1989. Fire behavior, fuel consumption, and forest floor changes following prescribed understory fires in Sierra Nevada mixed-conifer forests [J]. Canadian Journal of Forest Research, 19 (4): 455-462.

KEELEY J E, 2009. Fire intensity, fire severity and burn severity: a brief review and suggested usage [J]. International Journal of Wildland Fire, 18: 116-126.

KILGORE B M, TAYLOR D, 2001. Fire history of a sequoia-mixed conifer forest[J]. Ecology, 82(3): 660-678.

KIMUYU D M, SENSENIG R L, RIGINOS C, et al. , 2014. Native and domestic browsers and grazers reduce fuels, fire temperatures, and acacia ant mortality in an African savanna[J]. Ecological Applications, 24(4): 741-749.

KNORR W, ARNETH A, JIANG L, 2016. Demographic controls of future global fire risk[J]. Nature Climate Change, 6(8): 781-785.

LEE B S, ALEXANDER M E, HAWKES B C, et al. , 2002. Information systems in support of wildland fire management decision making in Canada[J]. Computers and Electronics in Agriculture, 37: 185-198.

LENTILE L B, HOLDEN Z A, SMITH A M S, et al. , 2006. Remote sensing techniques to assess active fire characteristics and post-fire effects[J]. International Journal of Wildland Fire, 15: 319-345.

MORANDINI F, SILVANI X, 2010. Experimental investigation of the physical mechanisms governing the spread of wildfires[J]. Wildland Fire, 19(5): 570-582.

MURPHY S M, VIDAL M C, SMITH T P, et al. , 2018. Forest fire severity affects host plant quality and insect herbivore damage[J]. Frontiers in Ecology & Evolution, doi: 10. 3389/fevo. 2018. 00135

NIMMO DALE G, AVITABILE S, BANKS S C, et al. , 2019. Animal movements in fire-prone landscapes [J]. Biological reviews of the Cambridge Philosophical Society, 94(3): 981-998.

NUGENT D T, LEONARD S W J, CLARKE M F, 2014. Interactions between the superb lyrebird (*Menura novaehollandiae*) and fire in south-eastern Australia[J]. Csiro Wildlife Research, 41(3): 203.

OTTMAR R D, BURNS M F, HALL J N, et al. , 1993. CONSUME users guide [R]. USDA Forest Service, General Technical Report PNW- GTR-304.

PETERSON D L, RYAN K C, 1986. Modeling post-fire conifer mortality for long-range planning[J]. Environmental Management, 10: 797-808.

RAU B M, BLANK R R, CHAMBERS J C, et al. , 2007. Prescribed fire in a Great Basin sagebrush ecosystem: Dynamics of soil extractable nitrogen and phosphorus[J]. Journal of Arid Environments, 71(4): 362-375.

RICHARDS C, MINSHALL GW, 1992. Spatial and temporal trends in stream macroinvertebrate communities: the influence of catchment disturbance[J]. Hydrobiologia, 241: 173-184.

RINNE J N, 1996. Shortterm effects of wildfire on fishes and aquatic macroinvertebrates in the Southwestern United States[J]. North American Journal of Fish Management, 16: 653-658.

ROTHERMEL R C, 1972. A mathematical model for fire spread predictions in wildland fuels [R]. USDA Forest Service, Research Paper INT-115.

RYAN K C, REINHARDT E D, 1988. Predicting postfire mortality of seven western conifers [J]. Canadian Journal of Forest Research, 18: 1291-1297.

RYAN K C, PRTERSON D L, REINHARDT E D, 1988a. Modeling long-term fire-caused mortality of Douglas-fir [J]. Forest Science, 34(1): 190-199.

RYAN K C, REINHARDT E D, 1988b. Predicting postfire mortality of seven western conifers [J]. Canadian Journal of Forest Research, 18(10): 1291-1297.

SANDBERG D V, OTTMAR R D, CUSHON G H, 2001. Characterizing fuels in the 21st century [J]. International Journal of Wildland Fire, 10(3-4): 381-387.

SCHWILK D W, ACKERLY D D, 2001. Flammability and serotiny as strategies: Correlated evolution in pines [J]. OIKOS, 94: 326-336.

SCOTT J H, 1999. NEXUS: A spread sheet based crown fire hazard assessment system [J]. Fire Management Notes, 59(2): 20-24.

STEFAN D C, 1977. Effects of a forest fire upon the benthic community of a mountain stream in northeast Idaho [D]. Missoula: University of Montana.

STEPHENS S L, FINNEY M A, 2002. Prescribed fire mortality of Sierra Nevada mixed conifer tree species: Effects of crown damage and forest floor consumption [J]. Forest Ecology & Management, 162(2-3): 261-271.

STOCKS B J, 1987. Fire potential in the spruce budworm-damaged forests of Ontario[J]. Forestry Chronicle, 63 (1): 8-14.

THOMAZ E L, 2018. Dynamics of aggregate stability in slash-and-burn system: Relaxation time, decay, and resilience[J]. Soil & Tillage Research, 178: 50-54.

VAN WANGER C E, 1972. Duff consumption by fire in eastern pine stands [J]. Canadian Journal of Forest Research, 2(34): 34-39.

VAN WANGER C E, 1973. Height of crown scorch in forest fires [J]. Canadian Journal of Forest Research, 3 (3): 373-378.

VAN WANGER C E, 1977. Conditions for the start and spread of crown fire [J]. Canadian Journal of Forest Research, 7(1): 23-34.

VARELA M E, BENITO E, DE BLAS E, 2005. Impact of wildfires on surface water repellency in soils of northwest Spain[J]. Hydrological Processes, 19(18): 3649-3657.

VENKATESH K, PREETHI K, RAMESH H, 2020. Evaluating the effects of forest fire on water balance using fire susceptibility maps[J]. Ecological Indicators, doi: 10. 1016/j. ecolind. 2019. 105856.

WIGLEY T M L, RAPER S C B, 2001. Interpretation of high projections for global-mean warming[J]. Science, 293(5529): 451-454.

WONDIMAGEGNEHU TEKALIGN, 2016. Impacts of wildfire and prescribed fire on wildlife and habitats: A review[J]. Journal of Natural Sciences Research, 6(23): 2224-3186.

WOTTON B M, GOULD J S, MCCAW W L, et al. , 2012. Flame temperature and residence time of fires in dry eucalypt forest [J]. International Journal of Wildland Fire, 22(3): 270-281.

XU X, LI F, LIN Z D, et al. , 2020. Holocene fire history in China: Responses to climate change and human activities[J]. Science of the Total Environment, 753: 142019.

ZAVALA L M, GRANGED A J P, JORDÁN A, et al. , 2010. Effect of burning temperature on water repellency and aggregate stability in forest soils under laboratory conditions[J]. Geoderma, 158(3-4): 366-374.